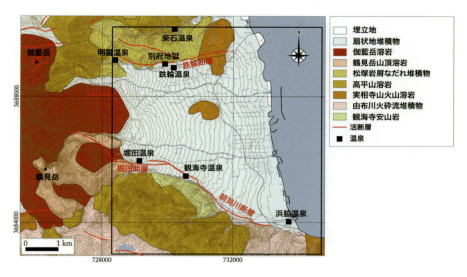

口絵1(p.49 図2.3.1) 別府地域の地質構造。文献[2]を基に作成。

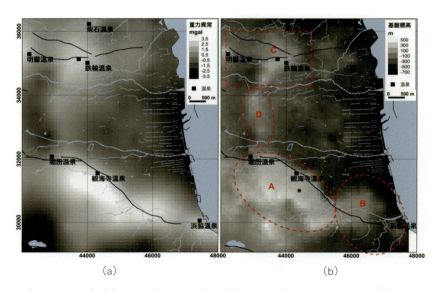

口絵2(p.51 図2.3.2) (a)別府地域の重力異常図、(b)重力異常から推定された基盤深度図。黒線は地表での断層位置を表す。

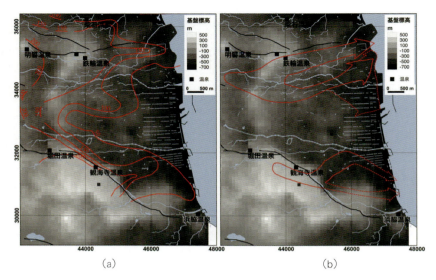

口絵3(p.51 図2.3.3) 重力異常から推定される基盤岩深度と(a)深度100 mの温度分布、(b)温泉の化学成分から推定されるNa-Cl型温泉の流路の比較[4]。

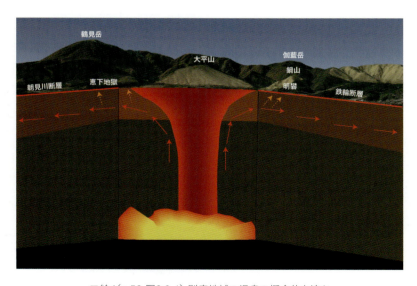

口絵4(p.53 図2.3.4) 別府地域の温泉の概念的な流れ

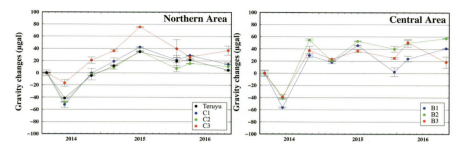

口絵5(p.55 図2.3.7) 相対重力測定結果。(左)鉄輪温泉周辺、(右)南側の温泉が見られない地域。

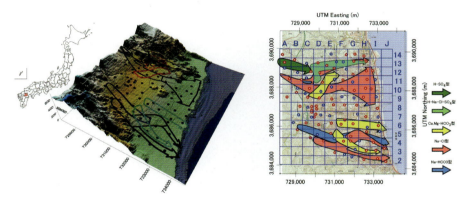

口絵6(p.58 図2.4.1) 調査対象地域鳥観図

口絵7(p.58 図2.4.2) 別府温泉流動図および微動アレイ探査地点

口絵8(p.147 図4.3.3) 山形県の釜磯海岸の砂浜に湧く地下水

  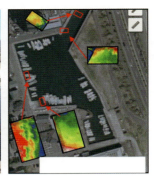

口絵9（p.154 図4.4.2）魚類の観察を実施した亀川漁港の位置（a）および風景（b）。温度センサーを用いて海面水温を測定し、温泉排水の影響を判別した（c）。地図データ：©2018 Google.

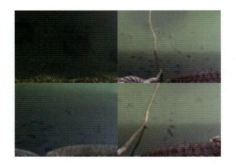

口絵10（p.155 図4.4.3）冬期の調査で観察された魚類。メジナ、ボラ科、スズメダイなどの出現が確認された。

口絵11（p.155 図4.4.4）夏期の調査で観察された魚類。メジナ、メバル属、クロダイなどの出現が確認された。

地熱資源をめぐる水・エネルギー・食料ネクサス

——学際・超学際アプローチに向けて——

馬場健司・増原直樹・遠藤愛子 編著

近代科学社

この本は、総合地球環境学研究所の研究プロジェクト「アジア環太平洋地域の人間環境安全保障─水・エネルギー・食料連環（環太平洋ネクサスプロジェクト）」（本研究期間：2013-2017、プロジェクトリーダー：遠藤愛子）の成果をまとめたものです。

◆読者の皆さまへ◆

　平素より、小社の出版物をご愛読くださいまして、まことに有り難うございます。
　（株）近代科学社は1959年の創立以来、微力ながら出版の立場から科学・工学の発展に寄与すべく尽力してきております。それも、ひとえに皆さまの温かいご支援があってのものと存じ、ここに衷心より御礼申し上げます。
　なお、小社では、全出版物に対してHCD（人間中心設計）のコンセプトに基づき、そのユーザビリティを追求しております。本書を通じまして何かお気づきの事柄がございましたら、ぜひ以下の「お問合せ先」までご一報くださいますよう、お願いいたします。

　　お問合せ先：reader@kindaikagaku.co.jp

　なお、本書の制作には、以下が各プロセスに関与いたしました：

- 編集：石井沙知
- 組版、カバー・表紙デザイン：菊池周二
- 扉イラスト：寺本 瞬
- 印刷、製本、資材管理：三美印刷
- 広報宣伝・営業：山口幸治、東條風太

- ●本書に記載されている会社名・製品名等は、一般に各社の登録商標または商標です。本文中の©、®、™等の表示は省略しています。

- ・本書の複製権・翻訳権・譲渡権は株式会社近代科学社が保有します。
- ・ JCOPY 〈(社) 出版者著作権管理機構 委託出版物〉
本書の無断複写は著作権法上での例外を除き禁じられています。
複写される場合は、そのつど事前に（社）出版者著作権管理機構
（電話 03-3513-6969、FAX 03-3513-6979、e-mail: info@jcopy.or.jp）
の許諾を得てください。

まえがき

　本書は、大学共同利用機関法人・総合地球環境学研究所において、2013年4月～2018年3月に実施された研究プロジェクト「アジア環太平洋地域の人間環境安全保障 水・エネルギー・食料ネクサス」（以下、地球研ネクサスプロジェクト）の成果の一部を取りまとめたものである。

　水・エネルギー・食料は、人間の生存にとって最も基本的かつ重要な資源で、しかも互いに複雑な依存関係にある。これら資源間には、一方を追求すれば他方を犠牲にせざるを得ないというトレードオフ関係があり、資源を効率的に利用・保全することが求められている。このため、自然科学と人文・社会科学による水・エネルギー・食料のつながり（ネクサス）の解明が必要となる。地球研ネクサスプロジェクトは、科学では明らかにしきれない部分も考慮しながら、資源間のトレードオフ状態を解明し、利害関係者（ステークホルダー）間の争い（コンフリクト）を解決することで、人間環境安全保障を最大化する政策立案に貢献することが大きな目的の一つであった。

　このようなプロジェクトを実施するに至った背景として、気候変動や経済発展、都市化やグローバリゼーションの進行等の自然・社会環境の変化が、水・エネルギー・食料資源の安全保障にますます圧力をかけるようになったことが挙げられる。2016年1月に世界経済フォーラムにより発表された「グローバル・リスク報告書」では、潜在的な影響が大きい世界的リスクとして、水危機、食料危機、エネルギー価格ショックが特定されている。さらに、同報告書のリスクの相互関係を示すマップにおいて、水危機、食料危機、エネルギー価格ショックが直接・間接的に相互に関連するリスクとして位置づけられている。

　そこで、地球研ネクサスプロジェクトでは、水・エネルギー・食料ネクサスのトレードオフとコンフリクトを対象に、最適な資源利用・保全のあり方を検討すると同時に、地域レベルとグローバルレベルを結ぶ地球環境研究の推進機関であるFuture Earth（フューチャー・アース）や、国連総会で採択された持続可能な開発目標（Sustainable Development Goals, SDGs）といった課題に貢献し、様々な世界的ネットワークとも連携しながら特定地域の問題解決に取り組むことで、全球的な地球環境問題の解決に資することを目指した。

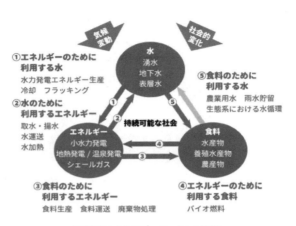

地球研ネクサスプロジェクトの概要

　図は、以上で述べてきた地球研ネクサスプロジェクトの全体像を示したものである。水・エネルギー・食料それぞれと相互のつながりに関わる、自然科学、社会科学の多岐にわたる膨大な研究成果は、個々の論文として各種ジャーナルで発表されてきた。本書では、主として大分県別府市をフィールドとして実施された、水・エネルギー・食料それぞれと相互のつながりに関わる、学際的な研究成果に加えて、ステークホルダーとの協働による超学際的(トランスディシプリナリ)アプローチによる研究成果が収められている。編者らの知る限りでは、和書としては初めてのネクサス問題を扱ったものとなる。

　著者には、プロジェクトメンバーの研究者だけでなく、プロジェクトに何らかの形で関わっていただいた行政や事業者、NPOなどの方々にも加わっていいただいている。このように分野が多岐にわたり、多彩な顔ぶれによる構成となっているため、読者にとっての読みやすさ、理解しやすさはまちまちであることは否めない。各章はそれぞれ単独でも成立するものともなっており、読者は、より関心の高い章から読み進めていただいて構わない。どこを起点にしても、本書の成果が、SDGsなどの具現化を今後図ろうとする各地域での超学際的アプローチのヒントになれば幸いである。

2018年10月

編者一同

目次

まえがき　iii

第1章　水・エネルギー・食料ネクサス……1

1.1　ネクサス・アプローチと統合概念……2
- 1.1.1　統合アプローチ……2
- 1.1.2　学際研究：システム思考・システムマップ・全体的思考……3
- 1.1.3　プロジェクトの概要と成果……5
- 1.1.4　統合モデル構築と将来シナリオ作成に基づく政策提言……8
- 1.1.5　統合アプローチと学際研究へのチャレンジ……8
- コラム1.1　フューチャー・アースと水・エネルギー・食料ネクサス……11

1.2　超学際的アプローチとステークホルダーの関与……13
- 1.2.1　はじめに……13
- 1.2.2　エビデンスベース政策形成の必要性の高まり……14
- 1.2.3　エビデンスとは何か?……14
- 1.2.4　コデザインとは何か?……16
- 1.2.5　エビデンスベース政策形成の阻害要因……18
- 1.2.6　おわりに：阻害要因を超えて……20

第2章　「水」日本の温泉地における文化・制度と別府温泉の科学的特性……23

2.1　温泉科学と温泉文化……24
- 2.1.1　温泉の定義と2つの見方……24
- 2.1.2　機能派と情熱派の壁……25
- 2.1.3　温泉と地熱発電の壁……27
- 2.1.4　温泉科学の発達と2派の相互影響……28
- 2.1.5　壁を克服する取組み……30
- 2.1.6　結論〜温泉における「冷静と情熱のあいだ」……32
- コラム2.1　温泉地の文化と展望……33

2.2 日本における温泉管理制度―「共有地の悲劇」を軸に― … 35
- 2.2.1 はじめに … 35
- 2.2.2 温泉の定義 … 36
- 2.2.3 共有資源としての温泉 … 37
- 2.2.4 温泉利用形態の変化 … 38
- 2.2.5 紛争の解決手法 … 39
- 2.2.6 おわりに … 44

2.3 別府の地下構造と重力モニタリング … 48
- 2.3.1 別府の地下構造 … 48
- 2.3.2 重力モニタリング … 53

2.4 微動探査による別府温泉帯水層の解明 … 57
- 2.4.1 はじめに … 57
- 2.4.2 微動アレイ探査 … 58
- 2.4.3 結果および考察 … 59
- 2.4.4 まとめ … 63

2.5 統合型水循環モデルを用いた水・エネルギー・食料ネクサスの解明 … 64
- 2.5.1 統合型水循環解析モデルの構築 … 65
- 2.5.2 水循環機構の把握 … 69
- 2.5.3 水産資源のポテンシャル評価 … 74
- 2.5.4 まとめ … 75

第3章 「エネルギー」地熱資源の発電・熱利用 … 79

3.1 地熱発電と温泉地との共生―情緒的でなく科学的な視点から― … 80
- 3.1.1 エネルギーに関する地球規模の問題と地熱発電への期待 … 80
- 3.1.2 共生に対する反対意見の分析 … 80
- 3.1.3 地熱発電の温泉への影響の科学的解釈 … 81
- 3.1.4 共生の基本的考え方 … 83
- 3.1.5 共生のための合意形成の方法 … 84
- 3.1.6 おわりに代えて―共通の目標を持つことの大事さ … 88

3.2 国や県における地熱・温泉発電に関連する制度 … 90
- 3.2.1 はじめに〜導入遅れる地熱発電と3つの問い … 90
- 3.2.2 先行研究のレビュー結果 … 91

3.2.3	国や県レベルの行政文書の分析からわかること	92
3.2.4	県レベルでの具体的な取組み	93
3.2.5	本節のまとめ	96

3.3 都道府県別に見た地熱・温泉資源量と導入目標、紛争の相互関係 … 96

3.3.1	はじめに	96
3.3.2	地熱・温泉発電のポテンシャル	97
3.3.3	各県の地熱・温泉発電導入目標	98
3.3.4	国の導入見通しの条件と各県における目標合計の乖離	101
3.3.5	各地における地熱・温泉発電をめぐる紛争の実態	103
3.3.6	おわりに	104

コラム3.1 西日本の温泉発電いろいろ … 105

3.4 別府温泉における新たな地熱開発の現状と影響 … 107

3.4.1	地熱開発に関わる別府温泉の科学	107
3.4.2	別府温泉における2011年以前の地熱開発とその影響	110
3.4.3	別府温泉における小規模地熱発電の導入と懸念事項	113
3.4.4	小規模地熱発電導入に伴う諸問題への対応	115
3.4.5	問題への対応の結果と提言	116

コラム3.2 別府市温泉発電等の地域共生を図る条例 … 119

第4章 「食料」エネルギー・食料・水・生物・生態系のネクサス …… 123

4.1 再生可能エネルギーと熱のカスケード（多段階）利用 … 124

4.1.1	はじめに	124
4.1.2	温泉熱利用の現状と課題	124
4.1.3	温泉熱のカスケード（多段階）利用	125
4.1.4	温泉熱のカスケード利用の推進に向けて	130

4.2 温室イチゴ栽培への温泉熱利用による環境負荷低減 … 134

4.2.1	九州での農業温泉熱利用	134
4.2.2	暖房時の温室の熱収支式	135
4.2.3	熱収支式の検証	136
4.2.4	イチゴ栽培温室における冬期温泉熱利用量の推定	139
4.2.5	環境負荷の低減度合いおよび投資の効果	140
4.2.6	まとめ	142

4.3	沿岸海域における水と水産資源のつながり	143
	4.3.1　はじめに	143
	4.3.2　沿岸海域の生物生産	145
	4.3.3　沿岸海域に流入する陸水と栄養物質	146
	4.3.4　陸水が育む沿岸海域の水産資源	147
	4.3.5　水-水産資源ネクサス研究の事例	149
4.4	別府湾の温泉排水が魚類に与える影響	151
	4.4.1　はじめに	151
	4.4.2　国内有数の温泉地、別府での調査	152
	コラム4.1　温泉熱・蒸気を利用した調理	157

第5章　ネクサスにおけるトレードオフ問題の可視化・問題解決手法……159

5.1	水・エネルギー・食料問題に関する参加型アプローチの横断的分析	160
	5.1.1　はじめに	160
	5.1.2　参加型アプローチのインベントリの作成	161
	5.1.3　参加型アプローチの事例分析	164
	5.1.4　まとめ	168
5.2	共同事実確認を促進する超学際的アプローチ	174
	5.2.1　はじめに	174
	5.2.2　ステークホルダー分析	175
	5.2.3　社会ネットワーク分析	177
	5.2.4　シナリオプランニングとの統合による将来シナリオづくり	182
	5.2.5　おわりに	184
5.3	オントロジーによるネクサス・シナリオの設計・評価支援	186
	5.3.1　はじめに	186
	5.3.2　オントロジー	187
	5.3.3　シナリオ設計・評価への適用	189
	5.3.4　オントロジーによるシナリオ設計・点検の試み	191
	5.3.5　おわりに	196
5.4	質問紙調査による一般市民のネクサス問題や社会的意思決定手法に対する態度の国際比較	198
	5.4.1　はじめに	198

5.4.2	地熱発電所の建設に際してのリスク・ベネフィット認知	199
5.4.3	地熱発電所の建設を巡る4つの側面のトレードオフに対する評価	201
5.4.4	地熱発電所の建設を巡る社会的意思決定方法と受容性に対する評価	202
5.4.5	社会的意思決定プロセスへの関与意向	204
5.4.6	おわりに	208

5.5 オンライン熟議によるステークホルダーのネクサス問題や社会的意思決定方法に対する態度の変容 … 209

5.5.1	はじめに	209
5.5.2	調査と分析の方法	210
5.5.3	質問紙調査データを用いた分析	213
5.5.4	発話データのテキストマイニング分析	222
5.5.5	熟議の場としての評価	227
5.5.6	おわりに	230

コラム5.1 サイエンスアゴラにおける「機能派」と「情熱派」の対話の試み …… 233

5.6 超学際的アプローチによる別府における統合型将来シナリオづくり … 235

5.6.1	はじめに	235
5.6.2	別府市におけるステークホルダー分析2	236
5.6.3	別府市におけるステークホルダーの社会ネットワーク分析	244
5.6.4	ステークホルダー会議での情報共有と現場知のさらなる収集	249
5.6.5	デルファイ法による専門家調査と将来シナリオの作成	250
5.6.6	おわりに：超学際的アプローチによる将来シナリオの今後	257

5.7 別府市内の温泉を対象とした市民参加型温泉一斉調査 … 260

5.7.1	はじめに	260
5.7.2	「せーので測ろう！ 別府市全域温泉一斉調査」の詳細	261
5.7.3	結果の公表	264
5.7.4	市民参加型温泉一斉調査における諸問題	266
5.7.5	市民参加型温泉モニタリング調査	270
5.7.6	おわりに	270

コラム5.2 Onsen文化を世界ブランドに—温泉マイスターを点から線へ、線から面へ— …… 271

第6章 おわりに … 273

索引　289

第1章
水・エネルギー・食料ネクサス

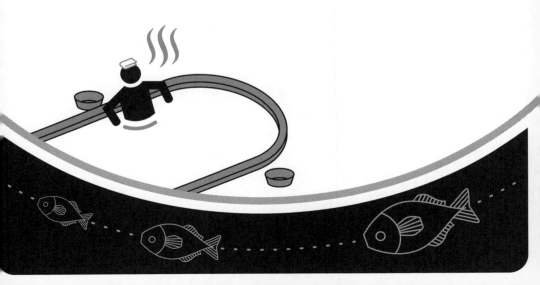

1.1 ネクサス・アプローチと統合概念

1.1.1 統合アプローチ

　水・エネルギー・食料ネクサス（以下、WEFネクサス）研究は、2012年にリオデジャネイロで開催された「国連持続可能な開発会議」において提唱された「グリーン経済」に貢献することを目的に、その前年の2011年11月に開催された「水・エネルギー・食料安全保障ネクサス会議」（以下、ボン会議）を契機に活発に行われている。ボン会議のために準備された背景文書"Understanding the Nexus"では、WEFネクサス研究の目指すべき方向性である、「人口増加、グローバル化、経済成長、都市化等の社会的変化と気候変動が、水・エネルギー・食料資源にますます圧力をかけるようになったこと、3つの資源が相互に複雑に関係・依存していることから、資源間のトレードオフおよびこれらの資源の利用者間のコンフリクトが顕著になってきたこと等により、資源生産性を上げ、トレードオフを軽減し、シナジーを高め、異なる分野やスケールでの関係者の協力を促すことで持続可能な社会の実現を目指すネクサス・アプローチ」が示された。このネクサス・アプローチの大きな特徴の一つは、水、エネルギー、食料資源のそれぞれの分野別生産性を向上させるというよりは、水・エネルギー・食料のつながりを一つのシステムとして捉え、システム全体の効率性に着目している点である[1]。

　ネクサス・アプローチは、環境管理の分野において出現した全く新しい統合アプローチというわけではない。例えば、統合森林管理（Integrated Forest Management）、統合流域管理（Integrated River Basin Management）、統合水資源管理（Integrated Water Resource Management）、統合沿岸域管理（Integrated Coastal Zone Management）、統合環境管理（Integrated Environmental Management）等、様々な環境領域において統合アプローチが既に採用されている。

　そもそも、統合アプローチとは何か？　統合アプローチとは、自然システムへの理解を深めることを目的に、人間と自然の相互依存関係に着目し、さらに、自然システムの利用・管理に関係した複雑な社会・政治構造への理解を促進させるためのアプローチである。そのルーツは、①持続可能な開発、②サイロ化した環境管理の実施に対するフラストレーションの高まりという、2つの相互に関連した課題に関連している[2]。一方で、1987年に開催された「環境と開発に関する世

界委員会」(通称ブルントラント委員会)は、持続可能な開発概念が世界で初めて紹介された会議として知られているが、会議報告書『われら共有の未来(Our Common Future)』において、「我々は、地球規模の懸念とわれら共有の未来に向けて学際的、かつ、統合アプローチの形成を世界に広め、協力すべきである」と述べられているものの、統合アプローチの具体的な理論、概念、手法等は定義されていない[3]。

それでは、どのような要素を持っていれば統合アプローチと呼べるのか？ 統合環境管理を実施する上では、環境と人間システムが相互作用を及ぼす範囲を考慮した包括的(Inclusive)視点をもつこと、環境と人間の相互関係を厳密に観察すること、環境と人間の共通ゴールを明らかにすること、そして、どこに着目すべきかというキーとなる要素を選択識別することが求められている[4]。一方、Mitchelは、異なる管理や時間レベルの視点から、統合水管理における総合(Comprehensive)かつ統合アプローチを議論している[5]。まず、管理レベルに関して、「総合アプローチは、可能な限り広い視点を維持する必要がある戦略レベルにおいて適用すべきであり、運用レベルにおいては、より集中的なアプローチが必要である。」と述べている。さらに、時間レベルについては、「初期段階における問題確認のためには総合アプローチは大変有効であるものの、その後に続く運用レベルでは、より選択的・集中的アプローチである統合アプローチを続けて行うべきである。」と説明し、管理レベル、時間レベルを考慮して、総合アプローチと統合アプローチを区別した。

1.1.2 学際研究：システム思考・システムマップ・全体的思考

ブルントラント委員会報告書では、地球環境問題を解決する上で、統合アプローチと並んで学際研究を実施することが重要とみなされている。学際研究は、Multi-disciplinary、Cross-disciplinary、Interdisciplinary、Transdisciplinaryに分類され、それぞれ異なる定義が存在するが[2]、本節では、本書で紹介する総合地球環境学研究所(以下、地球研)が実施したプロジェクト「アジア環太平洋地域の人間環境安全保障：水・エネルギー・食料ネクサス」(2013〜2017年度実施)で採用したInterdisciplinaryに着目する。

学際研究、つまりInterdisciplinary studiesの定義は既にいくつか存在している。文献[6]では、"Interdisciplinary studies is a process of answering a question, solving a problem, or addressing a topic that is too broad or complex to be dealt with adequately by a single discipline, and draws on the disciplines with the goal of integrating their insights to construct a more comprehensive understanding."、つまり、「学際研究とは、単一の学問領域が適切に扱うには広範で複雑すぎる疑問に答え、課題を解決し、テーマに取り組むプロセスである。そして、より総合的な理解を構築するための知見を統合することを目的に、学問領域を活用する。」(文献[7]を一部修正) と定義している。また、米国科学アカデミーの報告書では、"Interdisciplinary research is a mode of research by teams or individuals that integrates information, data, techniques, tools, perspectives, concepts, and/or theories from two or more disciplines or bodies of specialized knowledge to advance fundamental understanding or to solve problems whose solutions are beyond the scope of a single discipline or area of research practice.[8]" つまり、「基本的な理解を高め、または、単一の学問領域または研究実践の範囲を超えた問題を解決するための2つまたはそれ以上の学問領域または特殊化された知識体系における情報、データ、技術、手法、視点、概念、かつ／または理論を統合したチームまたは個人により実施されている学術研究の方法」と定義され、以上2つの定義が、一般的に広く認められている。

学際研究プロセスの統合モデルは、A. 専門分野の知見を利用する、B. 専門分野の知見を統合する、の2つの部分に大別されている[9]。A部分はさらに以下の6つ、①課題を定義し研究上の疑問を述べる、②学際的アプローチの利用を正当化する、③関連する専門分野を特定する、④文献検索を行う、⑤関連する各専門分野の適合性を高める、⑥課題を分析し各知見または理論を評価する、に段階化されている。続いてB部分にはさらに次の4段階、⑦知見または理論の不一致とその源を特定する、⑧概念や理論の間で共通基盤を作り出す、⑨より包括的な理解を構築する、⑩理解を再考してテストし伝達する、のステップが定義されている。

学際研究を実施する上で、特に上記③を実施するためには、システム思考が重要かつ有効なツールとなる。システム思考とは、①複雑な問題やシステムをその構成部分に分解し、②部分がどの学問領域に取り組まれているのか特定し、③それぞれ異なる因果関係の相対的重要性を評価し、④システムのつながりが単に各部分の合計以上のものであることを認識することによって、複雑な問題とシステムの間の相互関係を視覚化するツールの一つである[7]。システム思考を実施する

ための一次解析ツールであるシステムマップの作成は、システム全体の各部分を視覚化するとともに、部分間の原因・結果というような因果関係を、実例を挙げて説明することであり、学際研究を実施する研究者が、複雑な全体としてのシステムを視覚化するのを助ける[9]。システム思考に基づきシステムマップを作成することは、全体的思考、つまり、現実の問題に直結または相互に関連する学問領域のアイデアや情報を理解する能力[10]を持つことであり、より大きなコンテキストで問題を包括的に捉えるための全体思考をも促進させる[9]。

以上、ネクサス・アプローチを統合アプローチの一形態と捉え、その上でなぜ統合アプローチが必要なのか、統合アプローチを実施するにはどのような要素が必要なのか、どの段階で実施すべきなのか、について過去の文献をレビューした。さらに、地球環境問題解決に取り組むために必要なもう一つのキーワードである学際研究の定義と実施プロセス、また、実施するためにキーとなるシステム思考、システムマップ、全体的思考という3つのルールを紹介した。

次節において、地球研プロジェクト「アジア環太平洋地域の人間環境安全保障：水・エネルギー・食料ネクサス」（以下、地球研ネクサスプロジェクト）において採用・実施にチャレンジした、統合アプローチと学際研究の具体的な取り組みについて紹介する。

1.1.3 プロジェクトの概要と成果

地球研では、地球環境問題を人（Humanity）と自然（Nature）の相互作用の問題として捉え、この相互作用のあり方を解明することで地球環境問題の解決に資するために、自然科学・人文科学・社会科学の文理融合による学際研究に加え、社会と連携して問題解決を目指す超学際アプローチを含めて「総合地球環境学」の構築を目指している。本地球研ミッションに従って、地球研ネクサスプロジェクトでは、学際・超学際研究アプローチを導入したプロジェクトを2013年から5年間実施した。

本プロジェクトでは、水・エネルギー・食料資源が相互に複雑に関係・依存していることから、その複雑性を解明し、研究の結果解明した科学的根拠と、科学的不確実性のもと、3つの資源間のトレードオフ関係の解明と関係者のコンフリクトを解決することで、人間環境安全保障を最大化するための政策立案に資することを目的とした。2011年に開催されたボン会議を契機に、ネクサス・アプロー

チは世界の学術コミュニティでも注目され、2018年現在に至るまで、世界中で様々なステークホルダーにより、様々な空間スケールに存在する問題解決に向けてネクサス研究が実施されている[11, 12]。

　このように世界的に様々なネクサス関連プロジェクトが実施されている中で、地球研ネクサスプロジェクトは、以下4つの特徴を持っている。第1に、食料資源として水産資源に着目したことである。海底湧水が、水循環経路として物質循環の重要な一部を担っていることが科学的に徐々に明らかにされてきている。このことから、陸域における食料・エネルギー生産のための水資源利用が沿岸域の生態系（水産資源）に影響を与える、つまり水資源を巡る陸域活動と沿岸生態系との間にトレードオフが存在するという仮説のもと、特に海底湧水と水産資源の関係に着目した。第2に、開発国および開発途上国を含む世界5ヵ国（米国、カナダ、フィリピン、インドネシア、日本）における11ヵ所のプロジェクトサイトで、専門が異なる約60名のメンバーによって実施され、予算規模も大型であったことである。第3に、水・エネルギーネクサス班、水・食料ネクサス班、ステークホルダー分析班、社会文化班、学際統合班の5つの班で構成され、プロジェクト開始時より、それぞれの班が学際研究チームにもなるようにデザインされていたことである。そして、第4に、プロジェクトの最終ゴールとして、政策立案に資することを目的に掲げたことである。

　2013年に開始したプロジェクトは、まず、各プロジェクトサイトで地域の専門家と協働し、資源間のトレードオフとコンフリクトを特定した。最初の3年間は、水・エネルギー・食料ネクサスシステムの複雑性を解明することに重きを置き、後半の2016年度から2年間は、科学的根拠・不確実性に基づいた、ネクサス問題を解決するための将来シナリオに基づく政策提言に向けた活動を重点的に実施した（表1.1.1）。

　本書では、11ヵ所のプロジェクトサイトのうち日本の別府市において、温泉水資源の多様な利用によって引き起こされる陸域と海域の資源間のトレードオフ関係や、その結果生じる関係者のコンフリクト関係に着目し、その解決に資する温泉水資源の持続可能な利用・管理・保全を目指した研究成果を紹介している。

表1.1.1　地球研ネクサスプロジェクト成果（2018年3月末時点）

水・エネルギーネクサス
・地下環境システム（水・地形・地質・地下構造）の解明（3次元地質・地下水流動モデル、熱水流動モデル） ・効率的エネルギー生産のための水利用分析 ・再生可能エネルギー源の多様化 ・気候変動×水利用×エネルギー生産モデル ・エネルギー生産×水利用脆弱性マップ
水・食料ネクサス
・海底湧水と水産資源/生態系とのつながり解明 ・水資源活用による農・水産物生産の費用便益分析
水・エネルギー・食料ネクサス
・水に含まれる熱と生態系の関係 ・温泉熱活用による農産物生産の費用便益分析
社会・文化
・地域社会の地下水利用の歴史 ・地下水管理の制度分析 ・地域資源の価値計測・訪問意欲調査
ステークホルダー分析
・オンライン質問紙調査による一般市民の意識・態度（変容）の明確化 ・温泉資源保護と発電の両立に向けたガバナンス ・温泉資源ステークホルダーの共通認識社会ネットワーク可視化 ・エネルギー開発に対する社会受容性調査
学際統合
・学際統合ツール開発 ・WEFネクサスシステムマップ開発

統合アプローチと協働生産

統合アプローチ
統合モデル 将来シナリオ
コプロダクション（協働生産）
Accountability：科学の社会に対する責任を高める ・シンポジウム・オープンセミナー等、地域関係者とともに共催 ・出版物による成果共有 Impact：社会における科学的知識の実装化を強化する ・政策提言の実施 ・プロジェクト成果の地域（町・市・Stateレベル）計画への実装化 ・国際社会におけるネットワーク構築・政策提言 Humility：科学的知識生産においてextra-scientific actorsの知識、視点、経験を含める ・シナリオ・プランニング ・別府市温泉一斉調査/温泉・地下水マップによる情報共有/長期モニタリング体制構築 ・民間企業（株）八千代エンジニアリングとの共同研究 ・超学際教育ツール「ネクサスゲーム」開発 ・サイエンスアゴラ2017　①「温泉と地熱発電を科学する！」②「科学で持続可能な未来都市をつくろう！」

※文献［13, 14, 15］より著者作成

1.1.4 統合モデル構築と将来シナリオ作成に基づく政策提言

プロジェクトでは、統合アプローチ・学際研究実施のツールとして、日本の別府市の他に、小浜市、カナダ Peace Region、米国 Pajaro Valley で統合モデルを構築した。

特に別府市では、3次元地質モデル・地下水流動モデル・水収支モデル結果を統合した統合水循環分析・熱水モデル（Integrated Water Cycle Analysis & Hydrothermal Model）を構築した。本モデルの開発には少なくとも10名以上の研究者が関わり、本モデルに基づき、温泉水資源の総量規制や部分規制の指標となる温泉資源量、泉温、泉質に関する将来予測シミュレーションを行った。シミュレーションの結果と、別府市で実施した過去5年間の研究結果のうち別府市から特に要望が強かった、温泉排水が河川・沿岸生態系に与える影響について、別府市長、副市長、観光戦略部長、温泉課長等に対し、研究結果報告および持続可能な温泉資源の利用・管理・保全に向けた政策提言を実施した。

1.1.5 統合アプローチと学際研究へのチャレンジ

地球研ネクサスプロジェクトでは、①自然・社会システムの複雑性を解明すること、つまり、各事象のつながりと因果関係を明らかにし、その変化の連続が全体の自然・社会システムにどのような影響を与えるのかを解明すること、②統合アプローチにより統合モデルを作成し、コプロダクション（協働生産）に基づいてシナリオを作成し政策につなげること、という2つの課題にチャレンジするために、既に述べたシステム思考・全体的思考に基づき[16]、特に手法の開発とその統合に着目した学際研究の実施と、運用レベルにおける統合アプローチの採用を実施した。

言い換えると、対象とする資源、取り組むべきネクサス問題、および空間スケールが異なる5カ国11カ所の研究成果のうち、何を（情報、データ、技術、手法、視点、概念、かつ／または理論）、どのように（Multi-disciplinary, Cross-disciplinary, Interdisciplinary、かつ／または Transdisciplinary）、どの空間スケール（グローバル、リージョナル、ナショナル、かつ／またはローカル）でまとめるのか（統合、総合、包括、かつ／または包摂）、そのためには、どの段階（プロジェクト初期、中期、かつ／または最終段階）で、どのレベル（戦略、運用）を対象に、誰（学術、国・地方政府、研究資金提供者、開発組織、民間企業、市民、かつ／または

これらのインターフェース組織）と実施するのか、それは、何（環境・生態系保全、社会イノベーション、かつ／または生産性向上）のために、誰（現在、かつまたは将来世代）のために実施するのか、そして最終的に、誰に向かって、どのように発信・共有・還元するのかを考慮しつつプロジェクトをデザインする必要があった。

　上記の点について再度簡潔にまとめると、地球研ネクサスプロジェクトでは、主にデータ・手法を学際研究(Interdisciplinary studies)のもと、主にローカルスケールで統合した。そのために、最初の3年間は、WEFネクサスシステムの複雑性を解明すること、つまり班活動に重きを置いていたが、2016年度からの後半2年間は、ネクサス問題を解決するために統合アプローチに基づく統合モデル・将来シナリオ作成を、運用レベルで、主に学術研究者、地方自治体、民間企業、市民グループと協働で実施した。プロジェクトの成果は、環境、社会、経済分野における現在、かつまたは将来世代に向けて、プロジェクト目的を達成するために、表1.1.1で紹介した3つの協働生産活動「Accountability：科学の社会に対する責任を高める」「Impact：社会における科学的知識の実装化を強化する」「Humility：科学的知識生産においてextra-scientific actorsの知識、視点、経験を含める」を実施した[17]。今後は、プロジェクト期間内で十分に実施できなかった成果の社会実装に向けて、個々の研究者が引き続き貢献していくことを期待する。

参考文献（1.1節）

[1] Hoff, J. : Understanding the nexus. Background paper for the Bonn 2011 Conference: The Water, Energy and Food Security Nexus, Bonn, Germany, 16–18 November 2011, Stockholm Environment Institute（SEI）, 2011.
[2] Keskinen, M. : BRINGING BACK THE COMMON SENSE? Integrated approaches in water management: Lessons learnt from the Mekong. Doctorate Degree Thesis, Aalto University, Finland, 3 September 2010.
[3] WCED : *Our Common Future, World Commission on Environment and Development*, Oxford University Press, 1987.
[4] Margerum, R. D. : Born S.M. Integrated Environmental Management: Moving from Theory to Practice, *J of Environmental Plann Man*, 38（3）, pp.371-392, 1995.

［5］Mitchell, B. : *Integrated Water Management, Integrated Water Management: International Experiences and Perspectives* (Mitchell, B., Ed.), pp. 1-21, Belhaven Press, 1990.

［6］Klein, J. T., Newell, W.H. : Advancing interdisciplinary studies. In. J. G. Gaff, J. L. Ratcliff, & Associations (Eds.), *Handbook of the undergraduate curriculum: A comprehensive guide to purposes, structures, practices, and change*, pp.393-415, Jossey-Bass, 1997.

［7］Repko, A. F., Szostak, R. : *Interdisciplinary Research: Process and Theory*, Second edition. SAGE, 2012.（光藤宏行, 大沼夏子, 阿部宏美, 金子研太, 石川勝彦 訳：『学際研究　プロセスと理論』, 九州大学出版会, 2013.）

［8］Committee on Facilitating Interdisciplinary Research, Committee on Science, Engineering, and Public Policy : *Facilitating interdisciplinary research*, p.2, National Academy Press, 2004.

［9］Repko, A. F., Szostak, R. : *Interdisciplinary Research: Process and Theory*, Third edition, SAGE, 2017.

［10］Bailis, S. : Interdisciplinary curriculum design and instructional innovation: Notes on the social science program at San Francisco State University, *Innovations in interdisciplinary teaching* (Haynes, C. (Ed.)), pp.3-15, Oryx Press, 2002.

［11］Endo, A., Tsurita, I., Burnett, K., Orencio, P. : A Review of the Current State of Research on the Water, Energy, and Food Nexus, *Journal of Hydrology: Regional Studies*, 2015.

［12］田崎智弘, 遠藤愛子：「ネクサス」とSDGs－環境・開発・社会的側面の統合的実施へ向けて, 『持続可能な開発目標とは何か－2030年へ向けた変革のアジェンダ』（蟹江憲史編）, pp.89-105, ミネルヴァ書房, 2017.

［13］遠藤愛子：水・エネルギー・食料ネクサスと学際研究アプローチ, 『地下水・湧水を介した陸－海のつながり：人間社会』（小路淳、杉本亮、富永修編）, pp.127-138, 恒星社厚生閣, 2017.

［14］遠藤愛子：水を巡る地球環境安全保障－水・エネルギー・食料ネクサス, 『女性が描くいのちのふるさと海と生きる未来』（下村委津子、小鮒由紀子、田中克編）, pp.182-201, 昭和堂, 2017.

［15］Endo, A. : Introduction: Human-Environmental Security in the Asia-Pacific Ring of Fire, *The Water-Energy-Food Nexus — Human-Environmental Security in the Asia-Pacific Ring of Fire* (Endo, A., Oh, T. (Eds)), Springer, 2018.

［16］Endo, A., Kumazawa, T., Kimura, M., Yamada, M., Kato, T., Kozaki, K. : Describing and visualizing a water-energy-food nexus system, *Water*, 10(9), 1245, 2018. https://doi.org/10.3390/w10091245

［17］Van der Hel, S. : New science for global sustainability? The institutionalisation of knowledge co-production in Future Earth, *Environ. Sci. Pol.*, 61, pp.165–175, 2016. https://doi.org/10.1016/j.envsci.2016.03.012

フューチャー・アースと水・エネルギー・食料ネクサス

　持続可能な地球社会の構築のための研究プラットフォームである「フューチャー・アース」は、「ダイナミックな地球の理解」「地球規模の開発」「持続可能な社会への転換」の3つの大テーマを掲げ、国際学術団体[1]、国連組織、研究資金提供団体[2]などが、2015年から10年計画で研究の推進を行っている。そこでは持続可能な社会の構築に向けて必要とされている「システム知 (system knowledge)」「目標知 (target knowledge)」「転換知 (transformation knowledge)」の3つの知の構築と、それらを社会に生かすために、KAN (Knowledge Action Network、知と実践のネットワーク) として、研究者だけではなく関連ステークホルダーも関与するプラットフォームのネットワーク化を進めている。そのKANの一つに「ネクサス KAN」がある。このネクサス KANは、フューチャー・アースの8つのチャレンジの一つである「すべての人に水・エネルギー・食料を」や、SDGs (Sustainable Development Goals、持続可能な開発目標。図1参照) の目標2「飢餓をゼロに (食料)」、目標6「安全な水とトイレを世界中に (水)」、目標7「エネルギーをみんなにそしてクリーンに (エネルギー)」に関連して、これまで水・エネルギー・食料を個別に議論してきた関係者のプラットフォームをつなぎ、持続可能な社会の構築という共通の目標に向けて、相互学習と知の伝達、持続可能な社会への変革のための行動を共に推進しようとするものである。

　ネクサス課題の登場は、これまでの2項目間の問題としての「作用・反作用・相互作用」を超えて、それ以上の関係要因を加えた3項目以上の問題としての検討が、複雑な地球環境問題の解決と持続可能な社会の構築にとって必要になってきていることを示している。環境や経済、気候変動や貿易などは、お互いに影響を与えあう水、エネルギー、食料といった人と社会の生存基盤としての資源のネクサス構造を変える要素であり、逆にネクサス構造が変わることで結果としてその影響を受ける要素も数多くある。さらに各資源には、生産・輸送・分配・消費などの各プロセスがあり、それぞれのプロセスで、トレードオフ (一方を立てると他方が悪影響を受ける) やシナジー (相乗効果や、売り手良し・買い手良し・世間良しの「3方良し」)

1　例えば、ICSU (International Council for Science、国際科学会議) やISSC (International Social Science Council、国際社会科学協議会) などが知られている。
2　後述のベルモント・フォーラムが代表的である。

を評価する必要がある。またトレードオフには、経済と環境のトレードオフのほか、単位水量から作られる食料の量と食料収益のトレードオフなど様々なものがあり、これらを統合的に評価するモデルと社会システム作りが重要である。さらに、水・エネルギー・食料ネクサスのトレードオフの減少とシナジー効果から生み出される新たな資源を、さらなる開発に回すのか、あるいはSDGsでいわれている"No one will be left behind"（誰ひとり取り残さない）のために使うのかといった議論も必要になる。

　このネクサスの関係性においては、水・エネルギー・食料がそれぞれ異なる空間スケールで連関していることを踏まえ、市町村などのローカルレベルから、国レベル、アジアのような地域レベル、グローバルレベルといった異なった空間スケールでの境界（boundary）を変えて課題を評価する必要がある。英国のEUからの離脱問題（BREXIT）やTPP（Trans-Pacific Partnership）問題など、国とリージョナルといった異なる空間スケールをまたいだ問題等に対して、持続可能な社会の構築といった観点から水・エネルギー・食料ネクサスのあり方を示していく必要がある。

　フューチャー・アースでは、これまでの個別の学問分野や学際研究だけでは乗り越えられなかった課題の解決に向けて、超学際研究（transdisciplinary study、詳しくは1.1節参照）を進め、研究者だけではなく、行政・政策者、産業界、市民などの関係者とともに、共通の視点を共有する「協働企画（co-design、コデザイン）」を

図1　SDGs、持続可能な開発目標のゴール一覧

行い、共に行動を実施する「協働生産（co-production、コプロダクション）」を進め、「協働実装（co-delivery）」していくことが推奨されている。我が国でも、「日本が取り組むべき国際的優先テーマの抽出」として、研究者と関係者が協働企画する取り組みが行われているほか、国際研究資金提供団体のベルモント・フォーラムが超学際研究に対して研究助成を行っており、Sustainable Urbanization Global Initiative：Food-Water-Energy Nexusとして、2018年から3年計画でネクサスの国際共同研究が開始された。

　ネクサス研究の学術としての課題と社会における課題は、ネクサスのタイプ分けやギャップの特定などに加え、フューチャー・アースのNexus KAN development team（開発チーム）が検討した「研究・連携計画（Research and Engagement Plan）」等にまとめられている。Nexus KANの方向性と活動計画とともに参照されたい。

1.2　超学際的アプローチとステークホルダーの関与

1.2.1　はじめに

　前節では、地球研ネクサスプロジェクトにおける統合アプローチ、とりわけ学際的アプローチの内容について詳細に述べられた。地球環境問題の根本的解決には、人間の生存と社会基盤の基礎となる水・エネルギー・食料ネクサスにおいて発生し得るトレードオフやステークホルダー間での認知や考え方（フレーミング）のギャップを超えて合意を形成し、政策を具現化していくことが求められる。つまり、科学的に未解決な問題に取り組むという課題の性質上、既存の研究分野や文系理系などの垣根を越えた、学際的な科学者同士のつながりから生まれる柔軟な発想が重要な鍵となることは間違いない。その上で、これらのエビデンス（科学的知見）を単に弁護科学的に、当事者が自身の主張の裏付けのために利用するのではなく、ほぼすべての当事者が納得できるよう、科学者・専門家等との協働でエビデンスが探索・形成され、エビデンスが政策へ実装化されることが重要となる。このためには、超学際的（トランスディシプリナリ）アプローチが必要とされ、地球研ネクサスプロジェクトではその実践を試みている。

本節ではこのことについて、特に、エビデンスに基づく政策形成やそのためのコデザイン（協働企画）、コプロダクション（協働生産）という観点から、その考え方や視点を整理しておく。

1.2.2 エビデンスベース政策形成の必要性の高まり

政策形成における科学の役割は世界的に大きくなっている。米国では、2009年に科学の健全性確保に関して大統領指示が出され、内務省や大気海洋局（NOAA）などが独自の指針を提示しつつある。欧州でも、英国やドイツで、学界や研究機関らからの政府への科学的助言に関する原則が、政府の指針や学界からの提言として示されている。東日本大震災とそれに続く原子力事故を経験した日本でも、信頼性の高いエビデンスに基づいた適切な政策形成が重要な課題となっている。2012年に科学技術振興機構が提言した「政策形成における科学と政府の役割及び責任に係る原則の確立に向けて」では、例えば気候変動、放射性廃棄物処分、食品安全といった分野において多くの論点について科学者間で異なる見解が存在することを受けて、エビデンスに関わる不確実性や多様性を尊重することなどをはじめとする10原則が提案されている[1]。このように、国内外においてエビデンスベース政策形成の重要性が高まっている。

科学的に未解決な問題に関わる政策形成において、課題設定などの政策プロセスの早い段階からステークホルダーが関与することが重要であることは、多くの研究でこれまでにも指摘されている。直近では、2012年にRIO+20で打ち出された、地球システムに関わる今後10年の国際研究プロジェクトの根幹となる「フューチャー・アース」においても、科学者とステークホルダー、そして市民との協働によるコデザインとコプロダクションといった共創のフレームワークが提唱されている（図1.2.1）[2, 3]。しかしながら、このように繰り返し指摘されていることの背景には、不確実性を伴うエビデンスに基づく政策決定には様々な困難が伴うことも含意している。

1.2.3 エビデンスとは何か？

エビデンスは「現状把握のためのエビデンス」と「政策効果把握のためのエビデンス」に大別される。また、特に後者において、エビデンスには、検討委員会における専門家や実務家の意見から、複数のランダム化比較試験（RCT）の系統的

1.2 超学際的アプローチとステークホルダーの関与

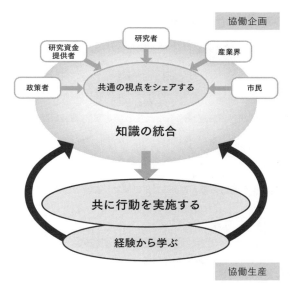

図1.2.1　フューチャー・アースにおける科学と社会との共創フレームワーク（出典：文献[3]）

レビューの結果まで6段階が存在するとされている[5]。ここでRCTとは、施策を実施したサンプルと実施していないサンプルの反応やアウトカムを比較分析することにより施策効果を検証する、ある種の政策実験、社会実験を指している。医療分野では多く実施されているものの、それ以外の政策分野において実施された例は国内ではほとんどないようであるが、近年では、例えば環境省が実施している「低炭素型の行動変容を促す情報発信（ナッジ）等による家庭等の自発的対策推進事業」などは、行動科学の知見を活用してRCTを行う例といえるだろう。

このように、施策の因果関係が不明な場合に、これを明らかにするものとしてRCTが重視されるという一定の傾向がある。しかしながら、現実問題として、エビデンスベース政策形成の実例は国内においては少ない。その背景として、政策評価システムの弱さやRCTの認知度の低さ、RCTに対する心理的抵抗感、行政の無謬性が挙げられているものの、おそらく理由はそれだけではない。RCTの実施のいかんに関わらず、その根底には、ほぼすべての当事者が納得できるエビデンスを、科学者・専門家等との協働で探索・形成することによって、エビデンスを政策へ実装化すること、すなわちコデザインとコプロダクションといった共創の

15

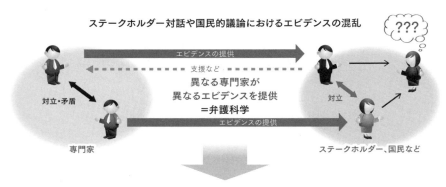

図1.2.2　共同事実確認の考え方（出典：文献[4]）

フレームワークが欠けている、定着していないなどの背景も挙げられるだろう。ここで共同事実確認とは、第5章で紹介される問題解決手法の根底をなす重要な方法論である。米国で1980年代より提唱されてきた共同事実確認（Joint Fact-Finding）は、ステークホルダーがその主張の根拠として異なる科学的な情報や専門家の意見を持ち寄ることで、環境政策に関する紛争が混迷する事態に対応するために開発されてきた（図1.2.2）。本プロジェクトにおいても、この手法を根底に置きつつ様々な形で適用されたことについて、第5章で紹介する。

1.2.4　コデザインとは何か？

ではコデザインとは何か、少し詳しく見ていこう。Evansらは以下のように定義している[6]。コデザインは、参加型の問題解決を支援する研究の方法や専門的な考え方などを指し、そして、何らかの成果を生み出すための学習プロセスの中

心に、市民やステークホルダーを置く。学習プロセスには、①発見と洞察、②プロトタイプ化、③評価と介入のスケーリングという3つのステージがあり、各ステージにおいて、科学者、政策担当者、市民やステークホルダーとの間で相互の関与が求められる。①発見と洞察では、前節でも触れられた「システム思考」が求められる。市民やステークホルダーとともに問題の定義や認知を共有し、同時に様々な市民やステークホルダーによって示される論点に対する幅広い視点も形成する。ここでは統計的有意性を確認できるようなサンプルサイズは不要で、少数の参加者による体験のマッピングなどの質的な情報が主となる。また、②プロトタイプ化とは、中心的な参加者とともに発見された問題をどのように分析するのか実験計画を検討する際に、これにどのように介入するのか、どのような介入が機能するのか、その介入形態を特定することである。そして、③評価と介入のスケーリングでは、RCTなどを用いて、パイロット的な介入の評価を基礎として、科学者、政策担当者、市民やステークホルダーとの協働により政策オプション分析が行われる。

このように、市民やステークホルダーを様々な政策過程に関与させることにより発生する相互学習のプロセスであることがコデザインのキーであり、エビデンスを政策に実装化するポイントとなっている。このようなことが、コデザインがない場合よりも意思決定の質を高めるといえる。

なお、上記をまとめたコデザインの7つの原則としてEvansらは次を挙げている[6]。

① 明確な政策的意図を持っていること、つまりその政策に対するニーズがなぜあるのかなどを把握しておくこと。
② 市民やステークホルダーを学習プロセスと共創の中心に置くこと。
③ 従来の政策過程では必要とされない観察、交渉、共感といった能力が必要とされること。
④ 従来の政策過程とは合致しない発見のプロセスにおいて、学際的アプローチの採用が必要とされること。
⑤ エンドユーザーによる創造的な質問をもって迅速にプロトタイプの解決策を得ること。
⑥ 学習の各ステップで生み出される知識を、組織知として確立する点からこの後に続く潜在的な投資家と対話したり、専門的な考え方などに携わる点から

管理したりすること。
⑦ エンドユーザーのニーズに取り組むことにより、政策課題をどのようにすれば解決できるのか、そしてその解決策が財源的に発展可能であるようにしたり、介入の正統性を確保したりすること。

コデザインがよく機能する条件として、政策の実施環境が非常に複雑でベストな政策オプションが不透明であるとき、市民やステークホルダーから変革が求められているとき、そして従来の知識や情報の伝達システムや分配のシステムが機能せずに、革新的・変革的な解決策が求められているときなどが挙げられている。ネクサス問題はまさにこういった状況に合致する。しかし、コデザインプロジェクトの初期段階は時間を要するものであり、エンドユーザーが深く関与すること、これまで支配的となっている過去データからの延長線上で問題解決を検討するという考え方ではうまくいかないことなどについて、政策決定者が理解する必要がある。これは科学者についても同様であり、超学際的アプローチでは、すべての関係者がこういった考え方を受容する必要がある。

1.2.5 エビデンスベース政策形成の阻害要因

最後に、エビデンスが環境政策で活用されにくい現状について、まず具体的にどのような状態を指すのかについて整理してみよう。Cairneyは以下の阻害要因を指摘している[7]。

① 政策課題とその解決策について信頼できる、争いようのないエビデンスが欠落している。
② エビデンスがあるにもかかわらず、政策担当者が十分に注意を払わない。
③ 政策担当者のしたいことありきで、これに見合ったエビデンスを探すか、政策決定を支持するようにエビデンスを歪める傾向がある。

これらの解決策としては、以下が考えられる。

① 提供するエビデンスの質の改善と、エビデンスに対する需要の開拓
② タイミングの合致と機会の活用

③　政策担当者の能力向上と政府による理解力向上

　①については、その論点に関連するエビデンスやその解決策に関するエビデンスが十分ではないことに原因がある。これには、政策担当者が理解したり関心を持ったりしやすく、また政策変更が実際に発生するかもしれないという期待が伴うようにパッケージ化されていないことも含まれる。②については、科学者が成果を論文誌で公表する時期と政策立案のタイミングがずれることや、科学者が政策課題の優先順位を理解しにくいことなどが含まれている。③については、政府が環境リスクの問題を長期的な計画課題として捉えない傾向があること、政治家は洗練された政策評価ツールによるデータを理解しようとしないこと、主要な政策課題についてですら政策担当者の認識が偏っている場合もあり、このような場合にその認識を変えることは至難の業であることなどが含まれている。

　これらの背景には、学術の世界と政策現場との文化の違いが挙げられる。つまり、言語の相違や時間スケールの相違、また、科学者がエビデンスの（不確実性も含めた）正確さを追求するのに対して、政策担当者は確実性と明確な解決策を求めること、利害調整を重視することなどが含まれる。したがって、これらの文化の隔たりを埋めることがキーとなる。そのためにはコデザインするためのワークショップなどにより、科学者と政策担当者、あるいは市民やステークホルダーとが相互理解を深めるための仕掛けが有効と考えられる。その際、政府や自治体の研究機関に所属する科学者、あるいは地域社会に根付いた地元の大学の科学者、そしてサイエンスコミュニケーターなどの存在は重要であり、特に政府や自治体の研究所に所属する科学者は科学と政策の双方の文化を知っているため、重要な翻訳者となり得る。

　エビデンス自体は、不確実性の問題を解決することはできないが、政策担当者、市民やステークホルダーへの説得と認知や考え方の修正により、エビデンスに対するニーズを変えていくことは可能である。また、偏りのないように準備された多様なエビデンスは、政策担当者の限定合理性[1]の問題に対応できる。この問題に取り組むためには、科学者や翻訳者は、政策担当者が政策課題の認知にどのよ

1　合理的であろうと意図するものの、認識能力の限界によって、限られた合理性しか持ち得ないこと。

うなショートカット（便法）を用いるのか、例えばどのようなヒューリスティック（経験則）を用いているために認知バイアスが発生しているのか、といったことについて理解する必要がある。そうすることによって、政策の優先順位を決定する上で重要な短期・長期のリスク認知や考え方を修正する情報提供のあり方が理解できる。政策担当者に対して経験的、個人的な物語やシナリオを描き、現在とは不連続な将来像を提示するシナリオプランニングなどは有効な手段の一つである。

1.2.6 おわりに：阻害要因を超えて

　地球研ネクサスプロジェクトでは、以上で見てきたようなエビデンスベース政策形成におけるいくつかの阻害要因を解消するべく、超学際的アプローチを行ってきた。

　本書が主たる対象としている別府においても、他に詳細な事例研究を行った小浜（福井県）、大槌（岩手県）においても、研究成果の途中経過を、プロジェクトメンバー全体とステークホルダーを交えて共有する機会を設定した。また、個別の班の研究活動においても同様の機会を複数回持った。これらは科学者と政策担当者、あるいは市民やステークホルダーとが相互理解を深めるための仕掛けであり、コデザインとして十分に機能したかは、本来はステークホルダーらからの評価を得ないとわからないところではあるものの、研究チームからすると、学術の世界と政策現場との文化の違いを埋める場、気づきを得る場であったことは間違いない。

　また、統合アプローチに基づいて、ステークホルダーの現場知と専門家の専門知とを統合して将来シナリオを作成したことは、まさにコプロダクションの具現化であったと考えている。これについては第5章で詳述される。つまり、超学際的アプローチを具現化する各種の可視化・問題解決手法と、別府におけるネクサスの問題を、科学者と政策担当者、市民やステークホルダーが関与して検討した成果が集約されている。これに至る第2〜4章では、水、エネルギー、食料それぞれとそのネクサスについての自然科学的、社会科学的な知見が羅列されており、それぞれに影響を及ぼしあった学際的な研究成果の一端が示されている。残念ながらすべてが完結したわけではなく、また研究チームの計画通りに運んだわけでもなく、おそらく政策担当者やステークホルダーから見ても期待どおりに運んだ

わけでもないとも考えられる。とはいえ、プロジェクトの終了とともに研究成果が放置されるようでは、コプロダクションの意味が大いに損なわれるだろう。そのような事態を少しでも避けるため、一部については持続可能な社会実装の形態を模索しており、このことについては第5章にて触れることとする。

参考文献（1.2節）

[1] 科学技術振興機構：戦略提言 政策形成における科学と政府の役割及び責任に係る原則の確立に向けて，CRDS-FY2011-SP-09, 2012.
[2] International Council for Science : Future Earth Research for Global Sustainability Draft Initial Design Report, 2013.
[3] 日本学術会議フューチャー・アースの推進に関する委員会：Future Earth Research for Global Sustainability 持続可能な地球社会をめざして，2014.
[4] iJFF 共同事実確認手法を活用した政策形成過程の検討と実装 研究開発事業：共同事実確認のガイドライン http://ijff.jp/publications/iJFF-guideline.pdf ［2018/9/17閲覧］
[5] 三菱UFJリサーチ＆コンサルティング：エビデンスで変わる政策形成～イギリスにおける「エビデンスに基づく政策」の動向，ランダム化比較試験における実証，及び日本への示唆～，『政策研究レポート』, 2016.
[6] Evans, M., and Terrey. N. : Co-design with citizens and stakeholders, *Evidence-based policy making in the social sciences Methods that matter* (Stoker, G. and Evans, M. eds.), Policy Press, 2016.
[7] Cairney, P. : *The politics of evidence-based policy making*, Palgrave Macmillan Publishers, 2016.

第2章

「水」日本の温泉地における文化・制度と別府温泉の科学的特性

2.1　温泉科学と温泉文化

2.1.1　温泉の定義と2つの見方

　温泉を考える上で、まず「温泉」とは何であるかを確認しておきたい。「温泉」という言葉を使うとき、意味するところは何であろうか。

　温泉法では、温泉を「地中からゆう出する温水、鉱水及び水蒸気その他のガス」と定義している。端的に言えば、基準を超えた温度か物質かを持つ水や蒸気が地中から湧けば「温泉」なのであり、温泉が温泉たる所以は「熱」と「化学成分」であると国は解釈している。このようにモノとしての温泉の定義は単純であるが、温泉に「科学」や「文化」が付くと「人との関わり」が生じてくる。特に、「誰が見るか」という主体が絡んでくると話は複雑になる。仏語の「一水四見」は、同じ「水」が人間には飲み物、魚には住み家、餓鬼には火、天人には宝石に見えるとの意味である。一つの対象物であっても立場が変われば認識が異なることの喩え、と説明される。

　では温泉は、我々にはどう見えているのであろうか。ここでは単純化して、温泉の見方に2種類あると仮定したい。一つは温泉を「機能」として捉える見方であり、もう一つは純粋に「情熱の対象」として温泉を捉える見方である。「一水四見」風に言えば「一湯二見」となろう。もちろん、ナイフの入れ方で断面が変わるように、これ以外にも様々な切り口があるのであり、あくまで一つの仮定である。

　「温泉を機能として捉える」というのは、例えば温泉発電や地熱発電を思い浮かべるとわかりやすい。この場合、温泉を「エネルギー源」と位置づけており、我々が温泉に求めるのは電力や熱である。おそらく、本書のような「水・エネルギー・食料」という論点の中では、温泉はこのような単なる「機能」として捉えられやすいだろう。また、温泉で病気を治したり体調を整えたりすることを「湯治」と呼ぶが、この場合、我々が温泉に求めているのは「健康増進」という機能である。つまり、「温泉を機能として捉える」とは「温泉がどう役に立つか」を問い、考え、研究し、その振興をする、ということである。

　一方、「温泉を情熱の対象として捉える」というのは、温泉に入ること自体が目的となっているような場合である。あるいは「温泉が好き」と言い換えてもよい。単に好きだから温泉に行くのであって、別段、発電できなくても健康にならなく

てもよい。温泉に入れば楽しく、それだけで満足するのであり、そのためにはお金を払っても休日を返上しても構わない。登山家が山に登る理由が「山があるから」というのに似ているかもしれない。この場合、我々は温泉を「役に立つもの」と捉えてはいない。

2.1.2 機能派と情熱派の壁

本書のように温泉を「水・エネルギー・食料」の文脈で論ずる場合、そこには越境すべき「壁」があると感じる時がある。前述した、温泉には2種類の見方があるという解釈は、その壁を顕在化する手助けになる可能性がある。本節では温泉を「機能」として捉える人々を「機能派」、温泉を「情熱の対象」として捉える人々を「情熱派」と呼ぶことにするが、温泉をめぐるこの2派の間には、どうやら「壁」が生じやすいように思える。

機能派は、あくまで温泉を単なる機能・手段と捉えており、「好き」なわけではない。例えば温泉を熱源すなわちエネルギーと考え、それを電気に変換したり、直接利用したりする。あるいは、療養や健康保全の手段と捉え、湯治場や保養地を形成する。宿泊業・観光業を営んだり、執筆・講演のネタとして利用したりする人々にとっては、温泉は収益源であるし、研究者は研究のフィールドと捉え、合理的に温泉からメリットを享受しようとする。機能派は、いわば温泉の専門家と呼ばれる人々に多い立場であろう。

一方の情熱派は、温泉が好きという感情を持ち、温泉自体が生きがいや趣味である。入湯や飲泉に喜びを覚え、湯の個性やプロフィールを楽しみ、発見し、吟味し、驚く。その喜びをインターネットなどで発信し、そこにコミュニティや仲間が生まれる。それらは情報源として利用されるものの、彼らの目的はあくまで温泉そのものである。機能派が温泉を手段としてコミュニティ形成や仲間づくりを行うのと対照的だ。このような情熱派は、専門家よりも一般人に多いだろう。

もちろん、個々の人々は機能派と情熱派のどちらかの立場に二分されるわけではなく、Aさんは「7：3」、Bさんは「4：6」などと様々であろう。時と場合によって2つの立場を使い分ける人もあるかもしれない。しかし、シンプルに議論を行うため、ここではすっきり2派に分かれるとして話を進めることをご容赦願いたい。2派の特徴を表2.1.1に整理する。この2派の間には大きな「壁」がある。著者がそう考えるに至った2つの事例を紹介したい。

表2.1.1 温泉の見方についての2派

温泉を「単なる機能」と捉える機能派	温泉を「情熱の対象」と捉える情熱派
温泉＝「手段」 温泉が「好き」というわけではない 利益 生活の糧、メシのタネ ・エネルギー（地熱発電、温泉発電、熱利用） ・療養・健康保全の手段（湯治、保養地） ・収益源（宿泊・観光、資格ビジネス、執筆・講演） ・研究のフィールド ・名誉の手段（組織、メディア出演、SNS） ・コミュニティ、仲間づくりの手段 専門家に多い	温泉＝「目的」 温泉が「好き」 喜び 生きがい、趣味 ・入湯や飲泉の喜び ・個性の発見、吟味、驚き ・喜びの発出としての情報発信 ・コミュニティ、仲間は情報源 一般人に多い

　数年前、著者はフランスの温泉医療施設を視察するツアーに参加した。フランスは温泉を医療や健康増進に利用する先進地であり、当地の温泉病院や療養施設を何箇所か見学して、日本の参考にするのが目的であった。

　視察の間、感じ続けたことは、フランスの温泉関係者は「温泉＝薬」だと考えている、つまり筋金入りの機能派であるということであった。あるとき、カンボレバンという温泉地のホテルで面白いことが起きた。ホテルの社長が温泉のプールやジャグジー、泥パックの設備を案内してくれ、その後、利用者向けのダイエットメニューの食事などが提供された。夜の8時に解散となり、さあ、温泉に入るぞ、と意気込むと「温泉はもう閉まっていますよ」とのことである。それなら明日の朝に入ります、と言うと、「午前中は病気の患者さん専用です」。ここで数人が激怒した。「すると何か？　オレたちは温泉ホテルに来たのに温泉に入れないのか？」と社長らに詰め寄ったが、けんもほろろの対応で、フランス人たちはその怒りや悲しみが全く理解できないようだった。「お前たちは病気じゃないんだろ？じゃあ温泉に入る必要ないだろ？」という理屈である。

　つまり、彼らにとって温泉は病気を治す薬という「機能」でしかなく、温泉に入れなくて怒る、というような「情熱」はそもそもないのである。一方、日本から参加した面々にとっては温泉に入ること自体が喜びであり、「効く」という機能はいわばオマケでしかない。機能派と情熱派のギャップが浮き彫りになった瞬間であった。

　もう一つ、例を挙げたい。著者の参加する公的機関の会議で、温泉地を訪れる

旅行者向けのアンケートを作成することになった。「この温泉を利用した目的は何ですか?」という質問の回答として委員が用意したのは、「温泉の効能」「健康増進」「ストレス解消」「美容」「若返り」「なんとなく」であった。それらを見て、著者は決定的に欠落している選択肢があると感じた。「情熱派」の存在が全く無視されているではないか。そこで、「ここに『好きだから』を加えてはどうでしょうか」と提案したところ、怪訝な顔をされ、「それは『なんとなく』で対応しているのではないですか」と反論を受けた。

委員の顔ぶれは医師、学者、行政関係者であった。つまり、彼らは温泉を仕事としている機能派の人間ばかりであり、どうも情熱派の気持ちがピンと来ないようであった。そこで、「例えば、ラーメン屋に行くときは『食べたいから』行くでしょう? コラーゲンを取りたいからとか、経営の勉強をしたいから、という人も中にはあるでしょうが、そんな選択肢ばかりではミスリードしませんか」と問うて、やっと理解が得られた。

思うに、好き、嫌いという感情に理由などない。それは心の底から湧いてくる「情」そのものだ。仔犬を撫でている幼児に「どうして犬が好きなの?」などと聞く大人がいるが、実のところ犬好きに理由などない。幼児の方も「カワイイから」などと答えるが、それは好きな対象物の特徴を述べているに過ぎず、好きな理由そのものではない。幼少のころ、巨人党ばかりの中で唯一のヤクルトファンだった私は「どうして?」とずいぶん聞かれたが、その都度、返答に窮した。どうしてだか考えるが、理由などない。〇〇選手がいるから、などとわかりやすい理由を用意したが、その選手は翌年にトレードされてしまった。しかし、依然として私はヤクルトファンであったから、それが好きな理由でないことは明らかだった。

話が脱線したが、このように「好き」というのは説明のつかない、理屈を超えた感情であろうと考える。温泉が好きという情熱派の人自身にも、多くの場合、それがなぜなのかは説明不能である。「好きだから好き」という世界なのだ。遠く離れれば温泉に行きたくてしょうがなくなり、温泉地に近づけば鼻息が荒くなり、湯につかると全身が幸福感に満たされる。情熱とはそういうことである。

2.1.3 温泉と地熱発電の壁

温泉と地熱発電の問題を考えるとき、機能派と情熱派の間にある「壁」の存在を常に意識する必要がある。地熱発電や温泉発電を進めようとして、推進派と反

対派が対立することがままある。発電事業者は機能派であり、理屈で考えて主張する。「地下構造はこうだから温泉に影響はないはずです」「再生可能エネルギーの普及は社会の発展に重要なことなのです」と。一方、温泉とともに生きる地域住民や温泉マニアのような情熱派は、感情で反対する。「オレの大事な温泉に何する気だ」「もし湯が出なくなったらどうしてくれる」「電気など太陽光や風力でも作れるだろ」「たかが電気のために貴重な温泉を使うな」と。

感情的になりがちな情熱派は、少しは理屈に耳を傾けるべきであるし、理詰めで説得しようとしがちな機能派は、感情に配慮して対応する必要がある。機能派の理屈や科学はどうあれ反対だから反対だ、という感情論も、情熱派が大切に思っている温泉文化、入湯文化をバカにする、揶揄するような理屈、理論の表現も、ともに慎むべきであろう。残念ながら、2派の発表やプレゼンテーションを聞いていると、そのような面がしばしば見られ、お互いに挑発的な言葉も多い。しかし、温泉科学や温泉文化は、お互いを攻撃・牽制しあうための武器や防具として用いるのではなく、理解しあう手段として用いるべきである。

2派はお互い、「あいつらは何をするかわからない」といった不信感を抱いている。それを取り除くには、徹底的な情報開示、情報共有を行い、それを「見える化」していくことが重要である。温泉振興と地熱開発の双方を知る専門家は「地熱事業者と話をしていて、草津温泉や別府温泉を駄目にしても構わないから地熱開発をしようという方にお目に掛かったことはありません」と述べている[1]。一方で、「温泉関係者が恐れているのは、歴史も伝統もある温泉地が、温泉地を荒廃させるつもりはないという意図で地熱発電所を作ったにも拘わらず、長期間の運転の結果として不可逆的な変化として温泉の枯渇が起きるのではないかということ」とも指摘している[1]。対話、情報共有、可視化の重要性がここに端的に表現されており、ネクサス・プロジェクトが提供してきたように「対話」の場を設ける努力を我々は継続すべきである。本書はその一助となることが期待される。

2.1.4 温泉科学の発達と2派の相互影響

温泉科学の発達は、温泉愛好者・マニアすなわち情熱派が喜ぶような湯の個性やプロフィールなど感覚、官能の領域と考えられていた世界を、科学的に明らかにしつつある。少々専門的になるが、2派の相互影響に関わる話であり、紙幅を割くことをご容赦願いたい。温泉法で定義されるように、温泉が温泉たる所以は

熱と化学成分だけと思われがちだが、現実の天然温泉はもっと複雑なものである。大雑把に言えば、この2つのほかに、物理、生物、電気分野からのアプローチにおいても、温泉は特徴的である。

物理的な特徴としては、例えば温泉の中に浮遊する微粒子が挙げられる。天然温泉の中には、青色を呈するものがある。これは湯の中にシリカや硫黄などの粒子が無数に浮遊し、光散乱により美しい青色を示すからであるという可能性が指摘されている[2]。「青湯」以外でも温泉には何らかの粒子が浮遊している。こうした微粒子の浮遊はコロイドと呼ばれ、光の散乱、反射、遮蔽などにより、いわゆる「にごり湯」をはじめとする色つきの湯がもたらされる。

色がついていないように見える透明な湯でも、人間の目には見えない微粒子が無数に浮遊しているほか、微小な気体（泡）も漂っている。湧出したばかりの新鮮な温泉水には気泡が多く含まれ、中には肌に付着し、撫でると大変心地よく感ずるものもある。こうした微粒子は、固体、気体を問わず、温泉の入浴感や見た目に大きく影響を与えている。しかし、湯の中に漂う微粒子は、浴室に掲示される「温泉分析書」には反映されないことが多い。温泉分析書には化学成分の記載はあるものの、物理的な要素は直接には表現されておらず、類推するほかはないのである。

生物的な特徴は、温泉の中に棲息する微生物の影響によって生ずる。天然温泉には想像以上に多くの微生物が生息しており、殺菌済みの水道水の比ではない。80〜100℃といった高温の温泉にも好熱菌と呼ばれる微生物が見られるし、酸性泉であってもその環境を好む微生物が生きている。温泉水で増殖した微生物は特有の臭い（湯の香）の原因となるほか、肌ざわりに影響する場合もある。中には、レジオネラ属のように人体に悪影響を及ぼす微生物もあるため注意が必要だが、天然温泉の個性を生み出す要素の一つがこうした生物的な側面であることは、紛れもない事実である。

電気的な特徴は、例えば酸化還元電位で表現される。これにより天然温泉がどれだけ「湧きたて」なのかという、湯の鮮度を図る試みがある。湧出直後の温泉水は還元系であるが、時間が経過するにつれ酸化され、エージングが進むことが科学研究によって明らかにされてきた[3]。還元系にある新鮮な源泉を提供する温泉施設では入浴感覚も素晴らしいと、情熱派は高く評価する。確かに、新鮮な源泉が大量にかけ流されている温泉施設では、特有の湯の香りが楽しめ、幸福感に満たされることが多い。その一方で、湧いてから時間が経過して酸化された湯は、

やはり劣化した感じを受ける。情熱派は「湯が死んでいる」などと表現する。

このように、これまで情熱派がいわば五感で感知し、言葉で表現してきた温泉の個性やプロフィールが、温泉科学の進展に伴って数値的に表され定量化されるようになってきた。つまり、人間の感覚的な評価が、機能派の研究によって科学的にも裏付けられつつあるということである。こうした温泉科学の流れは、従来、熱と化学成分だけを根拠としてきた温泉法の成り立ちにも、今後は影響を与える可能性がある。

2.1.5　壁を克服する取組み

第5章 コラム5.1で詳述されるように、2017年に科学対話イベントにおいてネクサス・プロジェクトがワークショップを開催した。この行事「JSTサイエンスアゴラ」全体のキャッチフレーズは「越境する」であり、まさに今の社会が様々な「壁」を克服し、越境する方法論やノウハウを強く求めていることを象徴するものであろう。ここでは温泉分野において、「壁」を克服する具体的な取り組みを紹介したい。

（1）せーので測ろう！別府市全域温泉一斉調査

2016年、2017年に行われた別府温泉郷における市民参加型のモニタリングである。第5章 5.7節に詳述されているが、実地に参加した立場から、著者はこの調査を新しい挑戦、試みとして高く評価すべきものと考える。

4〜6人程度のチームは、温泉研究者など専門家1名と一般市民から構成され、別府市内の源泉を数箇所訪問し、所有者からのヒアリングとともに、泉温、電気伝導度を測定し、温泉水のサンプリングを行う。この調査には、「温泉マニア」と呼ばれるような愛好家、すなわち情熱派も多く参加している。彼らはプロフェッショナルの調査に参加することを素直に喜び、その厳格で格調の高い科学的作法に触れることを楽しんでいた。一方、温泉研究者すなわち機能派は、市井のマニアの知識の豊富さ、観察の鋭さ、経験知に触れ、その造詣の深さに驚き、感服していた。いわば機能派と情熱派の相互リスペクトが自然発生したのである。

著者はこれを活かさない手はないと強く感じた。2派はそれぞれ個別に活動することが多いが、両者がともに行動することで情報の共有、知の交流が生まれ、新しい価値、新しい文化や技術が創造されることも大いにあるだろう。こうしたモニタリングを一歩進めて、例えば温泉発電、バイナリー発電が行われる現場に

おいて「リアルタイムな可視化」「工事やメンテナンスの完全公開」を行う、という方法も考えられる。もちろん技術的に開示できない部分は隠すとしても、それ以外はすべて公開すれば、不信感は相当に払拭されるだろう。そのような努力を鋭意進めていく必要がある。

(2) 温泉医療における「自発的でゆるやかなエビデンス」評価の取り組み

　温泉を医療に活用する場においては、科学的エビデンスの重要性がしばしば指摘される。根拠に乏しい「効き目」でPRする温泉施設は今でも見受けられ、現状の温泉業界では、残念ながら科学が尊重される場面ばかりではない。しかし温泉を信頼に足る存在にするには、科学的アプローチは不可欠であり、温泉医学分野の学会において多くの学術研究が行われ、研究者は地道な研究活動を行っている。

　一方、この分野の論文を読むと、実験のn数（サンプル数）が少ないという印象を受けることがある。温泉浴は温度、泉質、環境など多様性に富むため、実験を行おうとすると数多くの困難が伴うのである。

　例えば、温泉は天然のものであり、同じ泉質名であっても濃度や成分比率などは個別に異なるのが通例である。「炭酸水素塩泉」といった表示はあくまで主成分を示すものであり、実際には他の成分も含まれる。このため、効果を示すデータが得られたとしてもそれがそのまま炭酸水素塩泉の効果とすぐには判断しにくい。また、多くの温泉施設は公共の場にあるため、実験においては医師・看護師などスタッフが出向いての測定やサンプリングが必要になるが、作業性も悪く被験者も集めにくいであろう。決定的に不利なのは、入浴環境を「温泉」と「非温泉」で同一にしにくいことだ。カプセルの中身を替えて手軽に偽薬が準備できる医薬品の臨床検査とは訳が違う。つまり、効果に差異が見られても、それが本当に温泉の効果なのか、それとも単なる環境の影響なのか、判別がつきにくいのである。温泉医療の実験において、対照群のデータを精度よく取得するのは容易ではない。

　このような制約から、従来の研究者主導型の実験ではエビデンスは限られた範囲でかつ少ないサンプル数になりやすいと考えられる。したがって、工業製品である医薬品のエビデンス取得に比較して、入浴と健康の因果関係の解明には時間と手間をずいぶん要してしまうだろう。

　この危機感から、著者の参加する研究グループでは、従来はエビデンスとみな

されていない入浴者の体験談を大量に集めて解析することにより温泉効果を示唆する「自発的でゆるやかなエビデンス」として評価する試みを開始した[4]。機能派である研究者は、当然のことながら厳格なプロトコルに従ってエビデンスレベルの高いデータを取得する。そして、これまで温泉医療の分野ではそれのみが科学研究として評価されてきた。その一方で、温泉が好きな情熱派は何の気兼ねもなく数多くの温泉に入り、膨大な経験値を蓄積し続けているが、それらは温泉医療の観点からは無視されてきたと言ってよい。

従来、こうした「個人の意見」はエビデンスとしての評価が低く、一般的な格付け（エビデンスレベル）では「専門家個人の意見：レベル5」ですら「症例報告（n＝1を含む）：レベル4」より低く、最低位に位置づけられている。まして、専門家ではない個人の意見は、そもそもエビデンスとは認められていない。しかし、情熱派をはじめとする一般市民が蓄積し、発信している膨大な「個人の意見」を一顧だにしないのはもったいない話である。抽出方法・ノイズ排除手法の開発により、それらを有益なエビデンス（自発的でゆるやかなエビデンス）として活用できるのではないだろうか。これが可能になれば、エビデンスデータの蓄積スピードは飛躍的に高まり、入浴と健康の因果関係の解明のもととなる膨大なデータベースが、従来と比較にならない短期間で整備される可能性がある。

日本は世界屈指の入浴習慣の根付いた国とされる。温泉をこよなく愛し、情熱の対象と捉える情熱派の存在は、日本の温泉文化の華と言ってもよいだろう。その意味で、この研究は日本ならではのものであり、花開かせることができるよう微力を尽くしたい。

2.1.6　結論〜温泉における「冷静と情熱のあいだ」

本節では具体的な事例も含め、冷静な機能派と、アツい情熱派の間の対立と越境について取り扱ってきた。対話の場は年々増えているように感じられ、両者の越境や歩み寄りに著者は明るい展望を持っている。両者の対話、情報共有、そして可視化は、大きな可能性を秘めている。

単発のイベントに留まらず、継続的で融和的な対話の場を提供することは、ある意味で我々研究者の務めであろうし、真の温泉科学と温泉文化とはそれら両者の対話を土台として醸成されるのではないかと考えられる。

参考文献（2.1節）
［1］浜田眞之：温泉と地熱の共生の可能性についての考察,『温泉科学』(63), pp.329-340, 2014.
［2］大沢信二ほか：温泉の色について 青色温泉水の成因に関する一考察,『大分県温泉調査研究会報告』(48), pp.41-49, 1997.
［3］大河内正一ほか：温泉水および皮膚のORP（酸化還元電位）とpHの関係,『温泉科学』(49), pp.59-64, 1999.
［4］JST未来社会創造事業ウェブサイト：自発・自律型エビデンスに基づくBathing Navigationの実現, 2017.

温泉地の文化と展望

　訪日外国人旅行客、いわゆるインバウンドは、周知の通りここ数年で凄まじい伸び率を誇っている[1]。政府が当初掲げていた訪日外国人数の目標値を既に上回ったため、2020年に4,000万人、2030年には6,000万人まで増やすと大幅に目標値が修正された。インバウンドによる経済効果は大きく、少子高齢化社会による人口減少が進み、観光地等の収益が減少傾向にある日本において、彼らの招地はとても大きな課題である。特に年々物凄い勢いで減少し続けている温泉旅館にとって、この取り組みは不可欠だ。実際に、温泉地を歩いてみると解体さえままならないまま廃業している旅館をたびたび目にし、そのたびに胸が締めつけられる思いを抱く。日本はいわずと知れた"温泉大国"であり、自然や長い歴史の中で築き上げられてきた独特な温泉文化がある。飲泉、むし湯、滝湯、砂湯、泥湯など独特な入浴法だけでも多様だ。これらを活かし、後世に残してくためにも、今こそ温泉文化を見つめ直し、時代に合わせて改革することが必要なのではなかろうか。

　日本にはずっと昔から、豊富な温泉資源やその効能を活かした湯治文化があるが、廃れているのが現実だ。様々な課題やハードルにより温泉医学としては確立されておらず、例えば、現在のドイツのような医療保険制度の適応は今のところ現実的ではない。しかし、湯治場で入浴していると「アトピー性皮膚炎が緩和された」「関節の痛みがなくなって歩けるようになった」など沢山の弾んだ声を聴く。私もその一人で、低体温だったためか病弱で疲れやすく学生時代は休みがちだったのだ

が、温泉に頻繁に通うようになり、今では全くといっていいほど病気にならず健康な毎日を送っている。

　湯治期間は3週間が良いとされているが、現代のライフスタイルにはなかなか合わないし、外国人が湯治だけを目的に日本へどんどんやってくることも考えにくい。しかし、ここ最近"現代湯治""プチ湯治"などといった健康づくりを目的とした温泉地への短期滞在が増えてきており、これは湯治文化を継承しながら時代のニーズやライフスタイルに合わせた一例だ。そこでしか触れることができない個性ある源泉に身も心も癒され、その地域で栽培された米や新鮮な野菜、伝統的な郷土料理を食べその土地の食文化を感じ、美しくも厳しい自然環境に身を置くことで、決して日常では味わえない空間の中で日本の素晴らしさ感じ取れる。外国人はもちろん、様々なストレスを抱える現代の日本人にこそ、こういった体験が必要なのではないか。

　また、生活に根付いている温泉文化もある。温泉の噴気を利用して調理をする別府鉄輪温泉の"地獄蒸し"（コラム4.1参照）、温泉で野菜や山菜などを茹でる野沢温泉の"麻釜"、洗濯場として温泉を利用している満願寺温泉などだ。これらは、人々の暮らしの中の温泉文化を体感できる非常に興味深いコンテンツであろう。全国の温泉地を巡る中で、外国人で賑わっていると感じるのは、湯治場風情が残っている温泉街や日本の原風景を感じさせる田舎の景色だ。日本人でもたどり着くのが大変な山奥の秘湯の旅館にも外国人が押し寄せているのには、心底驚いた。そこへ来ている彼らは、温泉の泉質にこだわるわけでもなく有名シェフの料理を食べたいわけでもなく、ただ日本らしい風景を見て温泉に入り、小さな和室で田舎料理を体験し、浴衣でそぞろ歩きをして写真を撮りたいのだ。"インスタ映え"という言葉が世間を賑わせているが、まさにたった1枚の写真が世界中を巡りリアルに誘客する時代。そんな今だからこそ"日本らしさ"が何よりも大切になってくるのではなかろうか。

　さて、日本の文化を語る上で外せないのが混浴だ。混浴でなくても、名前も知らない初対面の人といきなり裸で出会う入浴文化が世界から驚かれるのも無理はない。スキンシップとして家族で一緒に入浴することですら、世界から見ると信じられない光景だそうだ。そう考えると、未知なる温泉文化を体験するだけでもハードルが高いのに、混浴はなおさらであろう。しかし、最近ではごく当たり前のように日本の入浴文化を受け入れ温泉を楽しんでいる外国人も見かけるようになった。混浴で頭にタオルを乗せたカップルが揃って「Haa～」と大きな声を出して日本人さながらに湯浴みをしている姿を微笑ましく思うと同時に、日本独特の入浴文化が受け入れられ、国境を越えて人を癒していることが誇らしくなった。"裸の付き合い"

とはよくいったもので、日本の入浴文化は性別や国籍を超えて最高のコミュニケーションの場だと感じる。そこで、まだ日本ではあまり普及していない"湯浴み着"が必須アイテムとして活躍するのではないだろうか。そもそも、日本には現代の浴衣の原型とされる湯帷子（ゆかたびら）を着用し入浴していた歴史がある。湯浴み着を利用することで、入浴することへのハードルが下がり、タトゥーや一部の入浴マナーの問題も解消されるのではなかろうか。

　温泉文化を守り続けることはこれからの時代、ますます厳しさを増すだろう。そのためには、原点回帰しながらもこれまでの形を柔軟に変化させてつないでいくことも必要だ。インバウンドだけに頼りすぎるのも良くないし、インバウンドばかりに注力するのは危険である。インバウンドだけに頼りきっていると、地震や豪雨など大きな自然災害が起こった場合、急激に客足が途絶え収益がなくなり、経営が困難になる可能性があるからだ。何より、まず、本来の温泉地の特色や文化を日本人にも"本質的"に伝えきれないようでは、それが外国人に伝わるはずがない。画一化された仕来りやマニュアル通りの"おもてなし"はもはや通用しないだろう。今、温泉業界が大きな分岐点に差し掛かっているのは否めない。これだけの選択肢がある世の中でわざわざ温泉地に足を運ばせるためには、その土地ならではの食、歴史、自然、文化など、訪れるための明確な目的や理由を、温泉文化と共に新たに創出していくことが重要なのではなかろうか。

参考文献
［１］環境省自然環境局自然環境整備課　温泉地保護利用推進室：環境省における温泉地活性化策について，2017．

2.2　日本における温泉管理制度―「共有地の悲劇」を軸に―

2.2.1　はじめに

　温泉に関する学問領域は幅広いが、制度および政策は広く人文社会科学分野のテーマである。この分野における初期の研究成果として、武田軍治の『地下水利用権論』がある[1]。これは地下水の中でも特に温泉利用の法律関係を扱った書籍であり、当時の法令・判例・学説を知る上で有益である。次に川島武宜らによる

『温泉権の研究』[2]、『続温泉権の研究』[3]がある。これは温泉をめぐる法的問題を全国の事例調査を通して理論化した画期的な研究成果である。その後、これと同規模の調査は行われなかったが、近年になり小澤英明が『温泉法・地下水法特論』を発表している[4]。また山村順次は『新版 日本の温泉地』にて、地理学の視点から日本の温泉地の発達の歴史を包括的にまとめており[5]、この他にも高柳友彦が主に熱海温泉に関する詳細な歴史研究を発表するなど着実に研究蓄積が進んでいる[6]。

ところでこうした動きとは別に、近年コモンズ論と呼ばれる学問領域が登場してきた。それはG. ハーディンの「共有地の悲劇」[7]に対する批判的検証を通じて発達した。後に詳述するが、共有地の悲劇とは、水・動植物・大気といった不特定多数の人が使う資源は濫用によって枯渇する傾向にあるという考えである。コモンズ論は、共有資源の濫用を防ぐ制度のあり方を明らかにすることを目的とする[8]。本節との関係でいえば、地下水を対象事例にした研究は散見されるが[9]、中でも温泉に焦点を当てた研究となると、関戸が指摘するようにほとんど見当たらない[10]。そこで本節では試みに共有地の悲劇理論とそれへの対処法という視点を軸に、日本における温泉管理制度の概要を示すこととしたい。

2.2.2 温泉の定義

温泉は広く地下水の一部だが、温度や成分物質の基準によってその範囲を限定されている。例えば温泉法では、温泉を「地中からゆう出する温水、鉱水及び水蒸気その他のガス（炭化水素を主成分とする天然ガスを除く。）で、別表に掲げる温度又は物質を有するものをいう」と定義している。その別表だが、まず温度については採取される際の温度が摂氏25℃以上であること、物質についてはリチウムイオン等19の物質のうちいずれか一つを含むことを条件としている。このように温度が25℃以上か、25℃未満であっても19の別表物質のうち一つでも規定量以上含んでいれば、法律上の温泉とみなされる[11]。

この定義は1911年にドイツのナウハイム温泉で開かれた世界温泉会議での決議に由来する。同決議では20℃以上の湧出泉の温度と16種類の成分の値を参考にして温泉を定義しており、これに倣っている。温度条件は国の年平均気温の差を反映して各地で異なる。例えば韓国や南アフリカは日本と同じ25℃以上、英国やフランスは20℃以上、米国は21.1℃以上である。日本が25℃という条件を設定

した背景には、第二次世界大戦前に台湾が日本の統治下にあり、現在より日本の年平均気温が少し高かったためとされている。また定義に当たり成分が考慮されたのは、温泉が古来より医療目的に活用されてきたためである[12, 13]。

こうした温泉の定義は唯一無二のものではない。例えば人間が冷水と温水を区別できる温度は摂氏34.5℃であるといわれている。これを受け、温泉医学では34.5℃以上の湧泉を狭義の温泉と定義している[14]。あるいは先述の法学分野内でも、その成分又は温度ゆえに特殊の利用価値があると社会的に認められたものは、たとえ25℃より低い温度しかなくとも、あるいは別表記載の成分を含んでなくとも、「温泉」として分析の対象とすべきといった意見が出されている[15]。

2.2.3 共有資源としての温泉

物理的な特性に着目すると、温泉は共有資源の一例といえる。共有資源とは英語でcommon-pool resourceと呼ばれ、「排除困難性」と「消費の競合性」という2つの性質を持つ。前者は、物理的・制度的な手段で受益者の範囲を限定することが困難であることを示す。例えば温泉の発見者がそれを排他的に利用しようと思うと、温泉賦存域に柵をめぐらし、他人が勝手に温泉掘削をしないように常時見張る必要がある。しかし、温泉賦存域は往々にして広範囲に渡るため、排除の実施には多大な費用がかかる。他方、後者は誰かが温泉を汲み上げれば、その分だけ他人が使える温泉が減るというように、一人の資源消費が他者の資源消費可能性を減らすことを意味する[16]。

これらの性質は温泉乱掘の原因となる。排除困難性は、不特定多数の人が同じ温泉を利用できることを意味する。いわゆるオープンアクセスであり、温泉が「入場無料の食べ放題レストラン」として扱われることである。こうした場合、資源節約の誘因は発生しにくい。節水して将来の利用に備えても、他人がそれを使ってしまう可能性があるため、むしろ現時点でできるだけ多く汲み上げる誘因が働く。しかし各自が汲み上げを行えば消費の競合性のため温泉水位が低下し、自分のみならず周辺にも不利益を与える。

このことは地下水全般に当てはまるが、温泉の特殊性は、量のみならず温度についても競合性の問題が生じる点である。つまり温泉汲み上げの結果、温泉水位が低下すると、そこに低温の地下水が混入して泉温が下がる恐れがある[17]。温泉掘削者が多数の場合、個々の掘削に伴う不利益は微々たるものかもしれないが、

これが集積すると結果として温泉資源の枯渇・泉温低下として顕在化する。

　個々の掘削者にしてみれば、できるだけ温泉を掘り、例えば旅館経営の拡大を図ることは「合理的」判断かもしれない。しかし各々がそうした「合理的」判断を行うと、地域全体で温泉枯渇・泉温低下という「非合理的」な結末が生まれる可能性がある。先述の共有地の悲劇はこうした個別合理性と社会的合理性の乖離を指す。排除困難性と消費の競合性という性質は、温泉や地下水だけでなく、水産資源、陸上野生動植物、大気等々、広く天然資源一般に当てはまる。このことから、共有地の悲劇は天然資源の過剰利用——いわゆる環境問題——を説明する有力な分析枠組みとして知られている。

2.2.4　温泉利用形態の変化

　温泉は自然湧出によるものと掘削によるものに大別できる。明治以前は自然湧出によるものが大半だった。温泉は地域住民の共同管理下に置かれ、その利用は地域特有の規則に基づく内部統制に服していた。しかし明治に入り土地の私的所有制度が確立され、民法でこの私的所有権が地下にも及ぶことが規定された（民法207条）。さらに、技術の進化に伴い温泉掘削が可能となった。このような法制度・掘削技術の変化は、個々の土地所有者独自の判断による温泉掘削を可能にし、従来の地域社会集団の内部統制を弱めることになった[18]。

　また、公共交通機関の発達といった社会要因も、温泉利用形態に大きな影響を与えた。明治中頃まで温泉は主に湯治用であり、利用者は農閑期における農民や都市部に住む一部の政財界要人等に限定されていた。交通機関は未発達であり、また滞在期間が長期に及ぶため、温泉場は気軽に訪れるような場所ではなかった。しかし明治後半から1930年代にかけて鉄道等の公共交通が発達したことに伴い、温泉利用が湯治から観光へと変化した。滞在も長期から短期に変わり、さらに利用形態も外湯から内湯へ中心が移行した。外湯とは共同浴場であり、滞在者は宿泊先の外に出てそれを利用した。他方、内湯とは宿泊施設の内部に直接お湯を引き、旅館内部に宿泊客専用の浴場を設けるものである。温泉地の旅館業者は他の競合相手との差別化を図るため、内湯を積極的に開発することになり、その結果、湧出量や温度をめぐり新旧利用者間の紛争が生じる事態となった[19-21]。

　こうした変化の典型事例として、城崎温泉における内湯紛争が挙げられる。城崎温泉は外湯の温泉街として知られているが、温泉は古くから地区住民の共同管

理下に置かれていた。特に宿屋組合から選出された「湯方」が源泉と外湯を管理していたという。1927年、一軒の旅館が経営不振を打開するために内湯設置のための家屋建築許可の申請をした。だが外湯方式を重視する他の旅館は、内湯導入により①乱掘と温泉枯渇が引き起こされる、②採掘資金のある有力旅館とそれ以外の中小旅館の格差が広がる、③宿泊客の外出減少により地元商店街に悪影響が出るとして反対した。この争いは複数の裁判を経て長期に及び、ようやく1950年に関係者の調停が成立し、後述の集中管理方式に至った[22]。

戦後の高度経済成長は旅行者を増やし、日本各地で温泉開発競争を引き起こした。環境省による「温泉行政の諸課題に関する懇談会」(2006年)[23]や「温泉資源の保護に関するガイドライン(改訂)」(2014年)[24]でも、温泉源保護の取り組みが重要課題として提言され、温泉の賦存量に関するデータ等が不足している現状において、引き続き資源枯渇の恐れが継続しているとの指摘が紹介されている。高柳が指摘するように、日本の温泉利用の特徴は拡大し続ける温泉開発とその結果による資源枯渇の危機にあり、それは古くて新しい問題といえる[25]。

2.2.5 紛争の解決手法

これまで、温泉をめぐる共有地の悲劇に対して、どのような対応策が講じられてきたのだろうか。本項ではそれらを(1)共同体による管理、(2)司法を通じた解決、(3)行政による管理、(4)集中管理に分けて概説したい。

(1) 共同体による管理

近世における温泉所有形態は、少数の有力者が独占的に所有して内湯を設ける方式と、総湯(共同浴場)として外湯を設ける方式に大別される。前者の例として伊香保、草津、熱海、別府、後者の例として道後、城崎、山中がある[26]。これらは供給形態(内湯か外湯)こそ違うものの、いずれも結果的に温泉の排除困難性を是正する機能を果たしている。つまり温泉開発を集落内の少数の人数に限定することで、資源のオープンアクセス化を防いでいる。

これは逆にいえば、温泉利用やそれに関連する宿の運営が特権化していることに他ならない。一般にこうした営業上の特権は「株」と称される[27]。これは冬に伐採しても来春に新芽を出す「切り株」に着想を得た言葉で、繰り返し収益を見込める事業を特権的に行う権利を表す[28]。例えば近世の熱海温泉には「湯株」が

あった[29]。こうした温泉利用の特権化——裏返せば掘削規制——は温泉だけでなく、通常の地下水についても報告されている。例えば濃尾平野において19世紀に発達した「株井戸」などはその典型事例である[30]。

(2) 行政による管理

　温泉が行政の対象になったのは、1873年に当時衛生行政を担当していた文部省が各府県に対し鉱泉ゆう出の時代、年月日に関する情報収集を命令して以来とされる。その後、1876年に衛生行政を引き継いだ内務省衛生局が鉱泉試験表式を定めて、泉名・地名・温度等の表記の統一化をはかり、さらに1885年には内務省衛生局医務課が鉱泉取締を規定した。地方においても府県レベルで地方長官による温泉取締規則ないし温泉地区取締規則が定められ、温泉に対する行政の関与体制が整えられてきた。このように早い時期から行政が資源保護に乗り出した点が、一般の地下水とは大きく異なる。しかし温泉取締規則は各地域で内容不統一のまま土地所有権の内容を制限するものであり、所有権の保護について規定した明治憲法第27条との整合性を問われる等の問題を抱えており、さらに府県の中には取締命令すらないところもあった[31-33]。

　やがて第二次大戦の終結を迎え新憲法が制定されると、財産権に対する制限は法律によってのみ可能であると定められた。このことから、先述の地方長官による取締規則はすべて無効となり、新たにこれに代わるべき法律の制定が必要となった。こうしてできたのが1948年制定の温泉法である。

　温泉法の規定は4分類できる。まず「温泉資源の保護」であり、温泉の掘削等に関する許可制や知事による温泉採取制限命令が定められている。次に「温泉利用者の健康保護」であり、温泉を公共の浴用や飲用に供する際の許可制、温泉の成分表示義務付け等を定めている。3つ目に「国民保養温泉地の指定」であり、全国の温泉地のうち、温泉利用の効果があり、周辺の自然環境が優れているといった条件を備えている場所を国民保養温泉地として指定するものである。そして最後に「可燃性天然ガスによる災害の防止」であるが、これは温泉に含まれる可燃性天然ガスの爆発事故を受けて2007年に新たに追加されたものである[34, 35]。

　このうち特に「温泉資源の保護」が温泉法制定の最大の狙いとされる。言い換えれば温泉法は一義的には乱掘の防止のための法律であり、そのため乱掘防止に向けた許可・不許可が法の中心軸となっている[36]。温泉法によれば、温泉をゆう

出させる目的で土地を掘削しようとする者は、都道府県知事に申請してその許可を受けなければならない（同法3条第1項）。他方、都道府県知事は、掘削が温泉のゆう出量・温度又は成分に影響を及ぼす、あるいは掘削が公益を害するおそれがある、あるいは掘削方法等が可燃性天然ガスによる災害防止の面から定められた技術基準を満たさない、と認めるとき以外は許可をしなければならない（同法4条）。先ほど不特定多数の人々が同じ温泉を利用することが過剰利用の一因になることを述べたが、この許可制は温泉利用の入り口に審査を設け利用者を制限することで、資源濫用を是正するものと解釈できる。

このように、既存温泉のゆう出量・温度または成分に与える影響が、新規掘削に対する許可・不許可の判断要素の一つになっているが、内容について具体性に欠ける点は否めない。そこで都道府県の中には掘削等を制限する特別区域を設定したり、既存源泉から一定距離内での掘削を認めない距離規制を行ったりすることで、審査基準の具体化を試みているところが多い。特別区域内の制限方法には、原則禁止・増掘禁止・掘削口径規制・掘削深度規制などが含まれ、2014年時点で26の都道府県で採用されている。また距離規制も様々なレベルがあるが20の都道府県に広まっている[37]。

(3) 司法による解決

このように温泉法は、主として温泉の掘削に対する行政的取締を主眼とするものであり、温泉を得ようとする者同士の紛争処理については特に規定していない[38]。不特定多数の人が限りある温泉を利用する場合、井戸枯れや泉温低下等を通じて当事者同士の紛争を招くことになる。その解決には希少な温泉を当事者間でどのように割り当てるのか、すなわち配分ルールが必要となる。例えば先取優先にする、あるいは所有する土地の大きさに応じて配分する等のルールが考えられるが、温泉法はこうした規則を備えていない。ただしこれは温泉法に配分機能が全く備わっていないということを意味するわけではない。温泉法では知事の許可・不許可が結果的に温泉の最終配分に影響を与える構造になっているためである[39]。

温泉の私的利用の利益は、温泉法制定以前から、裁判を通じて保護されてきた。いわゆる「温泉権」である。これは他にも温泉専用権、湯口権、源泉権、温泉利用権、温泉源を利用する権利等々、様々な呼び名で表現されており、しかもその内容も統一されていない[40]。

川島らの研究グループは、温泉に関わる権利形態をその供給の経路から以下のように分類した。すなわち、①温泉湧出箇所が存在する地盤に対する権利、②湧出箇所で温泉を採取・利用・処分するための物質設備に対する権利、③湯口において直接湯を採取し管理する権利（湯口権）、④引湯しまた分湯・配湯を受けて利用する権利（引湯権・分湯権）である。ここでいう湯口とは、温泉が地上に顔を出し人間に利用・処分され得る状態を指す。そして湯口権とは、温泉の利用・処分のみならず増掘・浚渫・埋め立て等々、すなわち温泉の湧出そのものを統御する包括的な権利と規定し、これを第一次温泉権と称している。また温泉はその湧出場所で利用されるとは限らず遠く離れた場所まで運ばれてそこで用いられることがある。④がそれであり、第二次温泉権と名付けられた[41, 42]。

　温泉権は、温泉湧出箇所が存在する地盤の土地所有権に基づくものなのか、それともそうした土地所有権とは独立した物権なのかという意見の対立がある。前者は「土地の所有権は、法令の制限内において、その土地の上下に及ぶ」という民法207条の規定を拠り所とする考えである。他方、後者は長年の慣習のほか、温泉が土地そのものよりも格段に高い経済価値をもった独立の取引客体になる事例に基づく考えである[43]。

　判例・学説は後者の物権説を支持しているとの意見もあれば[44]、前者が基本であり後者は特別な慣習がある場合などに限定されるとの指摘もある[45]。小澤は、物権説の問題点として、民法175条の物権法定主義（物権は民法またはその他法律に定めるもののほか創設できないとする規則）に反する、温泉のような流動資源に対して物権は成立しにくい、土地所有権の譲渡先等の第三者に対する対抗要件が不明確であるといった点を指摘している[46]。

　これら類型のどちらが有効かは、争われる事例に左右される部分が多いが、いずれにせよ裁判はあくまで紛争後の処理に重きを置くものであることから、その他立法措置等による紛争の未然防止によって補完されることが望ましい。温泉法の立法時に温泉権の規定を置くことについても検討が加えられたが、さらなる研究が必要とのことで、今なお先送りされたままである[47, 48]。現行の温泉法においては、知事の許可・不許可の決定が紛争の未然防止策としてある程度機能しているものの、今度は不許可とされた温泉開発業者がその判断の不当性を訴えるといった新たな紛争を巻き起こす事態に至っている。

(4) 集中管理

　集中管理には、工学的定義と法学的定義がある。前者の場合、集中管理とは複数の源泉から湧出する温泉を混合して配分することであり、配湯方式の設計が重要課題となる。他方、後者の場合、集中管理は複数の温泉権（源泉権および第二次温泉権）をある主体に集中させ、その主体が温泉を管理（特に配分）することであり、権利の移動（言い換えれば意思決定の統一化）が焦点となる[49]。

　資源がオープンアクセスの状態にあると、新規掘削者は既存温泉に与える外部不経済（水位低下・泉温低下）を十分に考慮せずに個別に意思決定を行い、その集積が過剰掘削として表面化する。しかし集中管理の下では外部不経済は集中管理者主体自身に跳ね返ってくるため、より慎重な掘削を促すことになる。

　現時点での集中管理導入件数は不明だが、中央温泉研究所による『平成12年度温泉の集中管理指導マニュアル作成調査』には約130の温泉地が記載されており、その中には草津、伊香保、城崎といった有名温泉が含まれている。細谷によれば、集中管理を実施した有名温泉地の背景には、すべて過剰採取による温泉の枯渇現象があるという[50]。紙幅の関係上、そのすべてを説明することはできないので、ここでは先述の城崎温泉の事例を紹介したい。

　城崎温泉は兵庫県豊岡市にある温泉街で、約1400年の歴史がある。城崎温泉で内湯紛争が生じたことは先にも触れたが、それはとりもなおさず温泉が地域住民全体のものであるという意識が根付いていたことを意味する。温泉に対するこうした認識は、温泉の集中管理導入を推進する一因となった[51]。

　城崎温泉の主たる管理主体は、時代と共に変化した。江戸末期には、一部の有力宿屋から構成される「湯方」が中心だったが、明治になると商店を加えた「湯会」が主な管理主体となった。湯会は城崎各地に点在する泉源と浴場ごとに設けられ、そこで指名された支配人が温泉管理に従事していた。しかしこの方式は1959年に廃止され、それ以降、湯島財産区による直営管理に移行した[52]。

　城崎温泉の集中管理の狙いは、乱掘防止による源泉の保護涵養、温泉紛争の防止、温泉の持つ公共性の強調にある[53]。1927年から続いた内湯紛争は1950年に当事者間で和解が成立し、それに基づき「城崎町温泉利用条例」が制定された。この条例は2006年の「城崎温泉利用条例」の成立に伴い廃止されたが、両者の基本構造は同じである。ここでは原点ともいえる前者に焦点を当てる[54]。

　この条例は城崎における温泉利用の基本ルールだが、上記の狙いを実現するよ

う制度設計されている。まず第1条にて温泉を利用する権利の適正運用、温泉源の保護、公共の福祉の増進という目標を明記し、温泉のもつ公共性を強調した。次に乱掘防止については、新規掘削を計画する者に対しては、1948年制定の温泉法に基づく知事の許可に加え、城崎町長（当時）の承認（条例第7条）、湯島区議会の議決（条例第8条）を経ることを求めるなど、掘削までの許可のハードルを上げることで乱掘を防いだ。

温泉源の保護については、内湯紛争の経験から温泉の配分優先順位を定めた（条例第10条、附則第3条）。優先順位が高いほうから「外湯による区民の温泉利用」「訴訟当時の温泉所有者の内湯用温泉」「その他一般旅館の内湯温泉」になる[55]。日本には数多くの地下水条例が存在するが、こうした地下水の配分優先順位を明記している例は宮古島市条例等があるものの決して多数ではなく[56]、この点が本条例の大きな特徴となっている。

集中管理は、こうした規則だけでなく物理的なインフラストラクチャーによっても支えられている。一般的な温泉の供給方式としては、魚骨方式・循環方式等がある。前者は配湯タンクから延びる直行的な配湯管が区域内各所に温泉を配りながら最終的には末端部へ到達するものである。直線的な主要配湯管とそこから各旅館に分岐する二次的配湯管（給湯管）があたかも魚の骨の構造に似ていることから、魚骨方式と呼ばれている。この方式の下では、一度配湯タンクを出た温泉は再び戻ることはないので、各旅館で使用されないときは無駄な放流となる。他方、循環方式の場合、各泉源からの温泉はまず配湯タンクに集められ、そこから各区域内を一巡し再びタンクへ戻ってくる。城崎温泉はこちらを採用している。この場合、温泉が各旅館で使用されない場合、その余分量は再びタンクに戻るので無駄が生じない。また、再びタンクに戻ることで温泉の温度低下が予防できる[57, 58]。温泉をめぐっては水量枯渇のみならず熱低減という共有地の悲劇が起こり得ることを先に述べたが、集中管理は意思決定方式の修正およびインフラストラクチャーの双方を用いることでその2課題を解決する方法といえる。

2.2.6 おわりに

本節では温泉をめぐる共有地の悲劇とその対処法を軸に温泉管理制度の概要を説明した。共有地の悲劇という理論的視点は場所を問わず適用可能だが、対処法は各地域の自然環境・文化・歴史を色濃く反映したものであり、さらなる個別研

究を要する。一般に天然資源の管理手法は、政府規制、市場原理、慣習・伝統に大別できる。これまでの研究の多くはいずれか一つに焦点を当ててきたが、複数の組み合わせを考えることで新たな管理手法が生まれる可能性がある。いわゆる環境ガバナンスである[59]。人口減少を迎える中、温泉資源は地域振興の起爆剤になり得る。温泉を末永く活用するためにも、これまでの温泉研究をこうした複合型管理手法の面から再評価することが今後の課題として挙げられる。

参考文献（2.2節）
[1] 武田軍治：『地下水利用権論』，岩波書店，1942．
[2] 川島武宜・潮見俊隆・渡辺洋三編：『温泉権の研究』勁草書房，1964．
[3] 川島武宜・潮見俊隆・渡辺洋三編：『続温泉権の研究』勁草書房，1980．
[4] 小澤英明：『温泉法－地下水法特論』，白揚社，2013．
[5] 山村順次：『新版日本の温泉地』，日本温泉協会，1998．
[6] 高柳友彦：温泉地における源泉利用，『歴史と経済』，第191号，pp.41-58，2006．
[7] Hardin, G. :Tragedy of the commons, Science, 162, pp.1243-1248, 1968.
[8] Diez, T., *et al.* :The drama of the commons, *The drama of the commons* (edited by Ostrom, E., Dietz, T., Dolsak, N., Stern, P.C., Stonich, S. and Weber, E.U.) p16, National Academy Press, 2002.
[9] Endo, T. : Groundwater Management: a search for better policy combinations, *Water Policy*, vol.17 (2), pp.332-348 (doi:10.2166/wp.2014.255), 2015.
[10] 関戸明子：コモンズとしての温泉—草津における温泉の利用・管理の事例を中心に—，『地下水流動—モンスーンアジアの資源と循環—』（谷口真人編），pp.222-243，共立出版，2009．
[11] 安部慶三：温泉をめぐる諸問題と温泉法の課題，『立法と調査』，No.244，p.50，2004．
[12] 佐藤幸二：科学的な温泉の定義，『温泉の百科事典』（阿岸祐幸編集代表），p.19，丸善出版，2012．
[13] 山村順次：『47都道府県・温泉百科』，pp.2-3，丸善出版，2015．
[14] 山村順次：『新版日本の温泉地』，p.1，日本温泉協会，1998．
[15] 川島武宜：序論，『温泉権の研究』（川島武宜・潮見俊隆・渡辺洋三編），p.7，勁草書房，1964．
[16] Ostrom, E. *et al.* : Revisiting the commons: Local lessons, global challenges, *Science*, 284, pp.278-282, 1999.
[17] 益子安：温泉の集中管理，『温泉科学』，第32巻，p.55，1981．

[18] 渡辺洋三：温泉権の成立,『温泉権の研究』(川島武宜・潮見俊隆・渡辺洋三編), pp.408-411, 勁草書房, 1964.
[19] 山村順次：『新版日本の温泉地』, p.47, 日本温泉協会, 1998.
[20] 関戸明子：『近代ツーリズムと温泉』, pp.76-108, ナカニシヤ出版, 2007.
[21] 高柳友彦：近現代日本における温泉資源利用の歴史的展開,『一橋経済学』, 第7巻, 第2号, pp.21-42, 2014.
[22] 城崎町史編纂委員会：『城崎町史』, pp.732-735, 993-999, 1044, 城崎町, 1988.
[23] 環境省：『温泉行政の諸課題に関する懇談会報告書』, 2006.
https://www.env.go.jp/nature/onsen/council/gyousei/report.pdf（2018年2月20日アクセス）
[24] 環境省自然環境局：『温泉資源の保護に関するガイドライン（改訂）』, 2014.
https://www.env.go.jp/nature/onsen/docs/hogo_guidelinekaitei1.pdf（2018年2月20日アクセス）
[25] 高柳友彦：近現代日本における温泉資源利用の歴史的展開,『一橋経済学』, 第7巻, 第2号, p.40, 2014.
[26] 山村順次：『新版日本の温泉地』, p.34, 日本温泉協会, 1998.
[27] 宮本又次：『株仲間の研究』(宮本又次著作集第一巻), p.59, 講談社, 1977.
[28] 石井良助：『日本法制史概説』, p.523, 創文社, 1971.
[29] 熱海市史編纂委員会：『熱海市史』, p.350, 熱海市役所, 1967.
[30] 遠藤崇浩：輪中における株井戸の発達とその分布について,『地下水学会誌』, 第60巻, 第1号, pp.29-40, 2018.
[31] 武田軍治『地下水利用権論』岩波書店, pp.42-64, 1942年.
[32] 金子浩二：温泉行政の流れと最近の動向について,『水環境学会誌』, 第28巻, 第9号, pp.7-10, 2005.
[33] 小澤英明：『温泉法・地下水法特論』, 白揚社, p.316, 2013.
[34] 金子浩二：温泉行政の流れと最近の動向について,『水環境学会誌』, 第28巻, 第9号, pp.8-9, 2005.
[35] 布山裕一：温泉資源の保護に関する課題と展望,『温泉科学』, 第61巻, p.150, 2011.
[36] 大崎康：温泉と法律（その1）温泉乱掘防止の法理,『温泉工学会誌』, 第9巻第3号, p.29, 1974.
[37] 環境省自然環境局：『温泉資源の保護に関するガイドライン（改訂）』, 2014.
https://www.env.go.jp/nature/onsen/docs/hogo_guidelinekaitei1.pdf（2018年2月20日アクセス）
[38] 田中整爾：温泉専用権,『別冊ジュリスト続判例百選第二版』, pp.76-77, 1965.
[39] 小澤英明：『温泉法・地下水法特論』, 白揚社, p.6, 2013.
[40] 安藤雅樹：温泉と法に関する考察,『信州大学法学論集』, 第17巻, p.301, 2011.

[41] 川島武宜：序論,『温泉権の研究』(川島武宜・潮見俊隆・渡辺洋三編), pp.10-11, 勁草書房, 1964.
[42] 潮見俊隆：引湯間敷設の法律関係,『温泉権の研究』(川島武宜・潮見俊隆・渡辺洋三編), p.435, 勁草書房, 1964.
[43] 『判例タイムズ』, 676号, pp.109-110, 1988.
[44] 『判例タイムズ』, 390号臨時増刊, p.47, 1979.
[45] 小澤英明：『温泉法・地下水法特論』, 白揚社, pp.7-13, 2013.
[46] 同上
[47] 第2回国会参議院厚生委員会会議録第18号, p.2, 1948年6月28日.
http://kokkai.ndl.go.jp/SENTAKU/sangiin/002/0790/00206280790018.pdf (2018年3月18日アクセス)
[48] 北條浩・村田彰：『温泉法の立法・改正審議資料と研究』, pp.16-17, 御茶の水書房, 2009.
[49] 川島武宜：法律上の問題としての温泉の集中管理,『続温泉権の研究』(川島武宜・潮見俊隆・渡辺洋三編), pp.1-2.
[50] 細谷昇：近未来型温泉集中管理への入門,『地熱』, 第40巻, 第1号, p.75, 2003.
[51] 小澤英明：『温泉法・地下水法特論』白揚社, p.420, 2013.
[52] 城崎町史編纂委員会：『城崎町史』城崎町, pp.1000-1001, 1988.
[53] 城崎町史編纂委員会：『城崎町史』城崎町, p.1042, 1988.
[54] 兵庫県豊岡市：「城崎温泉利用条例」(平成18年3月22日条例第4号)
http://www3.city.toyooka.lg.jp/reiki/reiki_honbun/r269RG00000592.html (2018年3月12日アクセス)
[55] 城崎町史編纂委員会：『城崎町史』城崎町, p.1051, 1988.
[56] 千葉知世, 地下水保全に関する法制度的対応の現状：地下水条例の分析から,『水利科学』No.337, pp.76-77, 2014.
[57] 久保田庄吉：城崎温泉集中管理の実際,『温泉工学会誌』, 第10巻, 第2号, pp.31-32, 1975.
[58] 益子安：温泉の集中管理,『温泉科学』, 第32巻, pp.53-54, 1981.
[59] Lemos, M.C. and Agrawal, A. :Environmental governance, *Annual Review of Environment and Resources*, pp.309-312, 2006.

2.3 別府の地下構造と重力モニタリング

　温泉を利用する上で、その持続可能性を評価することは非常に重要である。そのためには、温泉の流路や帯水層となる地下構造を明らかにし、温泉の貯留量変化をモニタリングする必要がある。最終的には地下構造やモニタリング結果を基に温泉流動モデルを作成し、現在の揚湯量に対して将来の帯水層の貯留量変化を予測することで、持続可能性を評価できる。本節では、別府温泉の持続可能性を評価する上で必要となる地下構造とモニタリング手法の一つである、地表での重力変化から地下水や温泉の水位変化を検出する試みについて述べる。

2.3.1　別府の地下構造

　別府は大分県東部に位置し東側は別府湾に面しているが、残り3方は鶴見岳や伽藍岳といった活火山をはじめとする第四紀火山に囲まれている（図2.3.1）。別府市はこれらの火山に囲まれた扇状地にあり、西から東側の別府湾にかけて扇状地堆積物に広く覆われている。また、本地域は中央構造線[1]の西端部に位置し、南部には活断層である別府−万年山断層帯に属する堀田−朝見川断層が存在する。また、北部には鉄輪断層の存在が推定されている[1]。本地域には約2,300の源泉が存在し、1日当たり約5万tの温泉の採取水量が推定されている[3]。

　温泉地域の地下構造を調べる手法としては、地表に出ている岩盤や井戸掘削時に得られた岩石サンプルなどの観察や分析などを行う地質学的調査、地下の岩石物性に起因する物理的な特性（密度、地震波伝播速度、比抵抗など）を地表探査で検出する地球物理学的調査、地下水や温泉水のサンプル分析から温泉の生成温度や流路などを推定する地球化学的調査といった様々な手法が用いられる。これらの調査結果を統合・解析することによって地下構造や温泉の湧出機構を推定することが可能となる。

　温泉の湧出機構を理解するためには、3つの要素（熱、水、構造）を明らかにする必要がある。本地域ではこれまでに様々な調査が行われ、その知見が蓄積されているが、温泉の流路や帯水層となる「構造」に関する知見が不足している。この

1　長野県諏訪湖付近から四国を通り熊本県八代まで東西に伸びる大断層。

2.3 別府の地下構造と重力モニタリング

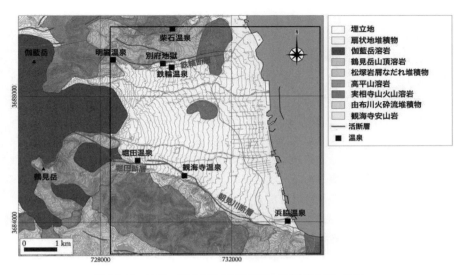

図2.3.1（口絵1）　別府地域の地質構造。文献[2]を基に作成。

構造は主に空隙の多い堆積層や断層運動によって生じる破砕帯からなることが多い。これらは、周辺の地層に比べて岩石の密度が低くなると考えられる。この岩石密度の違いを地表で検出する手法の一つとして、上に挙げた地球物理学的手法の中の重力探査がある。

　地下における密度構造の違いは、地表において微小な重力の違いとなって現れる。ただし、測定された重力には密度構造の違いの他に測定点の標高の違いや周辺の地形の影響などが含まれている。そこで通常は、測定された重力から均質な密度で近似した地球の重力効果、標高の違い、周辺の地形の影響などを補正した重力異常を用いて、地下の密度構造を推定している。現在使用されている重力計は9桁程度の精度を持っているが、地下の密度構造の違いによる重力異常の違いは5～7桁目に現れるため、十分検出することが可能である。重力異常から推定できる地下構造は、密度が低い岩石の分布（厚さ）や断層の位置などであり、このうち断層は温泉の流路や貯留層を考える上で非常に重要な役割を果たす。重力異常が高異常から低異常に急激に変わるところに断層の存在を推定することができる。

　我々は、本地域で過去に行われた重力探査のデータ[4]から重力異常を求めると

49

ともに、地下の岩石は密度の高い基盤岩（古い安山岩）とその上に堆積した扇状地堆積物の2層構造であると仮定して、本地域の地下構造を推定した（図2.3.2）[5]。図2.3.2を見ると、本地域南側には堀田温泉と観海寺温泉を結ぶ線上に基盤が北に向かって急激に深くなる構造（断層）がある（図2.3.2（b）のA）。これは、地質調査等から推定されている朝見川断層（活断層）（図2.3.1）と一致している。また、観海寺温泉から浜脇温泉を結ぶ線上には地質調査から推定されているところではなく、北側に「へ」の字を書くように断層が分布している（図2.3.2（b）のB）。これらの断層周辺には断層運動によってできた破砕帯が発達しており、温泉の流路や帯水層の役割を果たしていることが考えられる。

次に北部の鉄輪温泉付近に注目すると、鉄輪温泉と別府地獄を含む地域に基盤岩の盛り上がりが見られる（図2.3.2（b）のC）。この構造は古い時代の火山岩の貫入によるものと考えられ、この基盤岩の盛り上がりの周辺には貫入時にできた亀裂が発達しており、温泉の流路や貯留層の役割を果たしていると考えられる。さらに、鉄輪温泉と堀田温泉を南北に結ぶ線上には、東西方向に200m、南北方向に1,700mの基盤の盛り上がりが見られる（図2.3.2（b）のD）。

以上が重力異常から見た本地域の温泉の容れ物に当たる構造の特徴である。これらの結果は、本地域で行われた微動探査（地震波が伝わる速度という観点で地下構造を明らかにする手法）から得られた地震波伝播速度構造[6]とも非常に整合的であり、本地域の温泉の流動を規制する構造は上記の通りだと考えてよさそうである。

次に過去の調査・研究で得られている熱や水に関する知見との比較を行い、本地域の温泉の湧出機構について考察を行う。図2.3.3（a）は先述の重力異常から推定された基盤構造と地下の温度分布（深度100 m）[7]との比較図、図2.3.3（b）は基盤構造と温泉の化学成分から推定されるNa-Cl型温泉の流動経路[8]との比較図である。なお、本地域の温泉はNa-Cl型温泉、SO_4型温泉、$NaHCO_3$型温泉など多様な泉質が存在するが、このうちNa-Cl型温泉は地下深部に起源を持ち、深部から上昇してきた温泉が本地域のどの構造を流動しているかを見るのに適しているため、ここでの比較に用いている。

図2.3.3（a）を見ると、南部の堀田温泉および観海寺温泉付近には朝見川断層に沿って200℃の等温線が伸びており、この断層が高温の温泉の流動経路になっていることがわかる。この等温線の分布は観海寺温泉の東側まで朝見川断層に

2.3 別府の地下構造と重力モニタリング

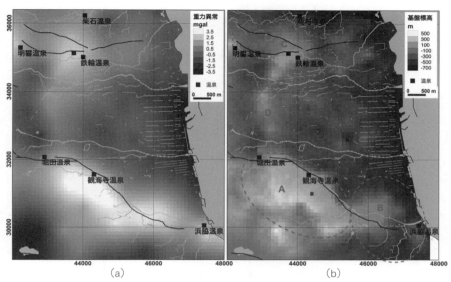

図2.3.2（口絵2）　(a)別府地域の重力異常図、(b)重力異常から推定された基盤深度図。黒線は地表での断層位置を表す。

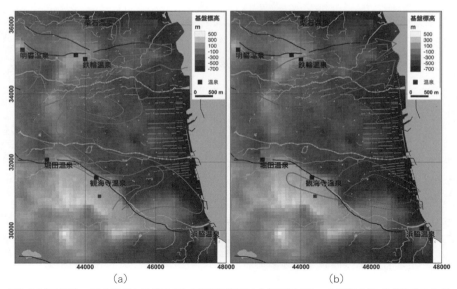

図2.3.3（口絵3）　重力異常から推定される基盤岩深度と(a)深度100 mの温度分布、(b)温泉の化学成分から推定されるNa-Cl型温泉の流路の比較[4]。

沿って分布しているが、重力異常から推定された北側に「へ」の字を書くような基盤岩の盛上りを回り込むように50〜150℃の等温線が分布している。また、図2.3.3 (b) の特徴も同様な傾向を示すことから、図2.3.2 (b) のA、Bの構造は深部から上昇してきた高温の温泉が堀田温泉から観海寺温泉を通って浜脇温泉へ流動する流路を規制する構造となっていることが明らかになった。

次に、鉄輪温泉周辺について注目すると、図2.3.2 (b) のCの構造を取り囲むように150℃の等温線が分布しており、図2.3.2のCの構造を含む広い範囲で温泉が分布していることがわかる。また、鉄輪温泉の西には明礬温泉があり200℃の等温線が西に向かって広がっている。図2.3.3 (b) では明礬温泉の南側から東（別府湾）の方へNa-Cl型温泉の流路が推定されており、鉄輪温泉の南側を通り基盤岩中を流動する流路と基盤岩の盛り上がりの南側の流路が推定されている。これまでに行われた電磁探査の結果より、本地域の深部からの温泉水は明礬温泉の西約500mに位置する鍋山の南側から上昇していることが推定されている。上昇してきた温泉水は図2.3.2 (b) のCの基盤の盛り上がりの周辺にある亀裂を流路として別府湾に向かって流動していると考えられる。

図2.3.2や図2.3.3を見ると、鉄輪温泉と堀田・観海寺温泉の間は温度が低く、温泉の流路が見られないことがわかる。これは、図2.3.2 (b) のDの構造が壁となって上流からの温泉の流動を妨げていることに加え、地表に降った雨が空隙の多い扇状地堆積物に浸透して別府湾に流動していることから、温度が低くなっているためと考えられる。

以上をまとめた本地域の概念的な温泉流動図を図2.3.4に示す。これまでに述べた調査結果とこれらを基に本地域の温泉の流れを数値計算（シミュレーション）した結果[9]や温泉の化学成分の分析結果[10]から、本地域の温泉は従来推定されている鍋山の南側に加えて、堀田温泉の西側付近の深部から高温の熱水（Na-Cl型温泉）が上昇し、熱水から分離した高温の蒸気が地下水に吹き込むことにより、SO_4型温泉（明礬温泉および恵下地獄）が生じ、残りの熱水はNa-Cl型温泉として浅見川断層や鉄輪断層に沿って別府湾へと流動していることが考えられる。また、両断層に沿ってNa-Cl型温泉が流動する際に一部が地下水と混合することによりNa-H-CO_3型温泉などの多様な温泉が生じていることが考えられる。今後これらの調査結果に基づく概念的な熱と水の流れは、温泉帯水層の熱水流動シミュレーションで検証する必要がある。

2.3 別府の地下構造と重力モニタリング

図2.3.4（口絵4）　別府地域の温泉の概念的な流れ

2.3.2 重力モニタリング

　別府地域の温泉の水質や水位変化においては、過去より様々な調査が行われており、温泉井の水位や温度や化学成分などのモニタリングが行われている。一般に温泉や地下水など地表から水位変化を見ることができないものについては、井戸の水位を監視することが古くから行われてきた。しかし、温泉や地下水の流路となる地下構造は、局所的な地下構造に規制されており、あるところではつながりがあったり、別のところではつながりがなかったりと非常に複雑である。井戸の水位はこの流路のある地点での水位の変化であり、温泉が貯留されている帯水層全体を評価することは難しい。

　このような水位変化を面的に捉える手法の一つとして、先述の重力変動観測がある。温泉や地下水の水位変化は地下構造の違いによる重力差より小さく、7〜9桁目で現れるので、現在の重力計で十分検出することが可能である。地表における重力の測定時間は2〜3分程度で、測定機器の設置には50cm四方程度の空間があればよいので、別府市内のような市街地においても様々な場所で測定を行うことが可能である。本手法は1990年代[11]や2014年以降[12]に別府市で適用されており、本地域の温泉や地下水の水位変化と見られる重力変動が観測されている。

　重力測定は、重力の絶対値を測定する絶対重力測定と、基準になる地点（重力基準点）とは別の地点の重力差を測定する相対重力測定の2種類がある。絶対重

力測定に用いる測定器（絶対重力計）は価格が高額であること、1カ所当たりの測定に時間がかかる（1～数時間）こと、測定器を設置するのに約2m四方の面積が必要であることなど制約が多いため、通常は重力基準点の重力変動を観測する目的で使用されることが多い。本地域では、京都大学地球熱学研究施設（BGRL）、大分県花き総合指導センター（C3）および照湯温泉駐車場（TERUYU）の3観測点において絶対重力測定を行っている（図2.3.5）。一方、相対重力については鉄輪温泉およびその南側の温泉が見られない地域をカバーするように10観測点を設置している。観測では米国Micro-g LaCoste社のA10絶対重力計およびカナダScintrex社のCG-5相対重力計を使用している。

基準点（BGRL）の重力変動（図2.3.6）を見ると、2014年7月から11月にかけて33µgal（1gal ＝ 1cm/s^2）の重力増加が観測され、2015年2月には同程度の減少が観測されていることがわかる。これ以降は絶対重力計の故障により観測データが得られなかったが、約1年間の観測で約30µgalの重力の増減が観測された。この重力変動と地下水位変化を比較すると非常に良い対応が見られる。ここで地下水帯水層の形状を無限に広がる平板と仮定した場合、空隙率を23.6 %と仮定すると観測された重力変動を説明することが可能である。一般的な扇状地堆積物（沖積層）の空隙率が20％程度であること[13]を考えると、観測された重力変動は地下水位の変化によるものと考えてよさそうである。

次に、各観測点の重力の経時変化を見ると、鉄輪温泉周辺と南側の温泉が見られない地域とで経時変化のパターンが異なっていることがわかる（図2.3.7）。なお、この経時変化は、絶対重力計で観測された基準点（BGRL）の季節変化を補正した結果である。また、観測データがない2015年3月以降の基準点の変化については、地下水位変化から推定した重力変動で補正を行っている。

鉄輪温泉周辺の観測点では、2014年から2015年の夏にかけて重力が増加した後、重力は安定している。この重力増加の原因としては、観測点の標高変化（この場合は標高の低下）、温泉や地下水の流入などが考えられるが、今のところこれらの変化を裏付けるデータは得られておらず、今後も観測を継続してその原因を明らかにする必要がある。一方、鉄輪温泉の南側の観測点では、夏から秋にかけて重力が増加し、冬から春にかけて減少するという地下水位の季節変化と同じ変化をしていることから、地下水量の変化を捉えていると考えられる。これらのモニタリングデータは、今後本地域において温泉の持続可能性を評価する際に行われ

2.3 別府の地下構造と重力モニタリング

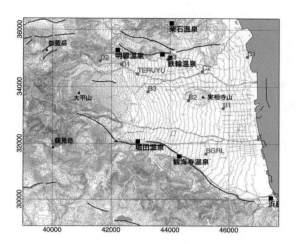

図2.3.5 重力測定点配置図。絶対重力測定は京都大学地球熱学研究施設(BGRL)、大分県花き総合指導センター(C3)および照湯温泉(TERUYU)で行っている。

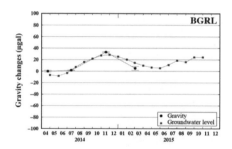

図2.3.6 重力基準点(BGRL)における重力変動と地下水位変化の比較

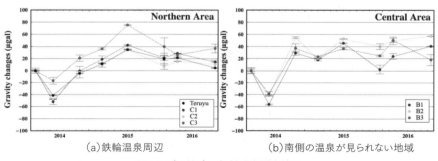

(a)鉄輪温泉周辺　　　　　　　　　　(b)南側の温泉が見られない地域

図2.3.7(口絵5)　相対重力測定結果

る温泉帯水層の数値シミュレーションで、より現実的な結果を得るための拘束条件として活用される予定である。そのためには今後も定期的な重力測定を継続していく必要がある。

　本節ではこれまで明らかになっていなかった別府地域の温泉の通路や貯留層の役割を果たす地下構造を重力の場所によるわずかな違いや重力変化から明らかにすることを試みた。ここで得られた結果は今後別府温泉の持続可能性を評価する上で非常に重要な役割を果たすと考えられる。

参考文献（2.3節）

［1］文部科学省研究開発局・国立大学法人京都大学大学院理学研究科：『別府－万年山断層帯（大分平野－由布院断層帯東部）における重点的な調査観測 平成26〜28年度成果報告書』，pp. 10-12，2017.

［2］星住英夫，小野晃司，三村弘二，野田徹郎：『5万分の1地質図幅 別府』，地質調査所，1988.

［3］由佐悠紀，大石郁朗：別府温泉の統計―昭和60〜62年における採取水量および熱量―，『大分県温泉調査研究会報告』，第39号，pp. 1-6，1988.

［4］独立行政法人産業技術総合研究所地質調査総合センター：『日本重力データベースDVD版』．

［5］Nishijima, J. and Naritomi, K.: Interpretation of gravity data to delineate underground structure in the Beppu geothermal field, central Kyushu, Japan, *Journal of Hydrology: Regional Studies*, pp. 84-95, 2017.

［6］宮下雄次，濱元栄起，山田誠，谷口真人，先名重樹，西島潤，成富絢斗，三島壮智，柴田智郎，大沢信二：別府温泉の流動経路と微動アレイ探査によるS速度分布との関係，『日本地球惑星科学連合2017年大会講演要旨』，2017.

［7］Allis, R. G. and Yusa, Y.: Fluid flow process in the Beppu geothermal system , Japan, *Geothermics*, 18 , pp. 743-759, 1989.

［8］大沢信二，由佐悠紀，北岡豪一：別府温泉南部地域における温泉水の流動経路，『温泉科学』，44，pp. 199-208.

［9］太田賢翔，西島潤，大沢信二，藤光康宏，茂木透：別府における温泉水生産量の持続可能性評価に向けた自然状態シミュレーション，『日本地熱学会平成29年学術講演会講演要旨集』，p. 46，2017.

［10］大沢信二，三島壮智，酒井拓哉：別府・恵下地獄の地球科学的調査，『大分県温泉調査研究会報告』，第66号，pp. 17-28，2015.

［11］福田洋一，馬渡秀夫，由佐悠紀，Hunt, T.：精密重力測定による別府地域の地下水変動の研究，『日本測地学会誌』，第42巻，pp. 85-97, 1996.
［12］Nishijima, J., Naritomi, K., Sofyan, Y., Ohsawa, S., and Fujimitsu, Y.：Monitoring hot spring aquifer using repeat hybrid micro-gravity measurements in Beppu geothermal field, Japan, *The Water-Food-Energy Nexus, Human-Environmental Security in the Asia-Pacific Ring of fire* (Endo, A., Oh, T.（Eds）), Springer, 2018.
［13］日本地下水学会：『地下水ハンドブック』，1979.

2.4 微動探査による別府温泉帯水層の解明

2.4.1 はじめに

　別府温泉は標高1,375mの鶴見岳東麓の扇状地に広がる国内最大規模の温泉地であり、2,200を超える源泉から日量5万tを超える温泉が湧出している[1]。古くから温泉開発が行われてきた南部や北部では深度が100m前後と浅いのに対し、中央部に向かうにつれて深くなっている[2]。しかし、文献[3]では「別府地方の温泉掘削は扇状地の砂礫層という軟質地盤の掘削が主であったため、そのほとんどが衝撃式の上総掘りで行われ、試料の採取ができなかったと思われる。その後、ロータリーボーリングが行われるようになってからも、掘削孔数が余りに多く、ボーリングコアの収集がほとんど行われておらず、垂直的地質構造の記載や観察は全くない」と述べられている。このため、国土地理院による5万分の1地質図幅「別府」[4]においても、当該地域は、扇状地堆積物の礫・砂および火山灰に覆われているとの記載があるが、扇状地堆積物層内の地質構造については、ほとんど記載されていない状態である。

　一方、温泉の水質分布を詳細に調べた大沢ほか[5]および大沢・由佐[6]は、別府温泉南部地域ならびに北部地域における温泉水が、溶存成分により3種類（南部地域）および5種類（北部地域）に分類され、西部の扇状地高地部から東部の沿岸部方向に、湾曲・分離しながら、一部では交差して流下していることを明らかにした。図2.4.1に別府温泉地域の地形および温泉流動経路を示す。しかし、前述したように帯水層や基盤等の地質構造がほとんど不明であったことから、流動経路と地質構造との関係については、南部地域において掘削された深さ300mの実験

第2章 「水」日本の温泉地における文化・制度と別府温泉の科学的特性

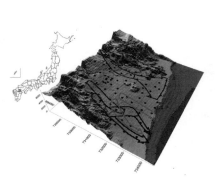
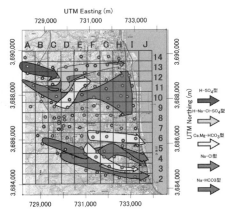

図2.4.1（口絵6） 調査対象地域鳥観図

図2.4.2（口絵7）
別府温泉流動図および微動アレイ探査地点

井における帯水層と水質区分との関係が示されたのみで、広域的な流動経路と地質との関係については明らかにされていない。

2.4.2 微動アレイ探査

　微動アレイ探査は、常時微動探査法の一つであり、自動車の走行などの人間活動や、風や波などの自然現象によって発生する微小な表面波を、地表面で群（アレイ）設置した微動計により観測し、周波数ごとの位相速度から地盤のＳ波速度構造を推定する手法である。Ｓ波速度は土質や岩質の種類や硬さによって異なることから、Ｓ波速度構造から基盤の深度や、粘土層などの難透水層分布などの地質構造を推定することができる。粒径別のＳ波速度については、文献［7］において、表土・埋土では38〜373（平均166）m/sec、粘土・シルトでは55〜299（平均134）m/sec、砂では97〜403（平均247）m/sec、礫では203〜805（平均428）m/sec、岩盤では236〜3,974（平均2,045）m/secの値が報告されている。概ね1,000m/sec付近を未固結岩と岩盤の境界と見なすことができ、1,000m/sec以下の範囲では、粘土やシルト層などの難透水層は相対的に遅く、砂や礫などの帯水層に相当する土質のＳ波速度は相対的に速いことが示されている。また微動アレイ探査では、アレイ配置する微動計の間隔により探査できる深度が異なり、一般的には、微動計間の距離を長くするほどより深部を探査できるとされている。この

ため、同一地点でアレイ間隔を変えて探査を行うことで、浅部から深部までの連続的なS波速度構造を解析することが可能である。

そこで本調査では、地表面浅部から温泉の帯水層となる沖積層内の地質構造および基盤の形状を把握し、温泉の流動経路と地質構造との関係を解明するため、複数のアレイ配置を組み合わせた微動探査を行い、浅層から深部までの連続的なS波速度構造について解析を行った。観測した微動データは、先名ほか[8]により示された手法を用いて解析を行った。

今回の調査において、微動アレイ探査を行った地点を図2.4.2に〇印で示した。微動アレイ探査は、対象地域内を500mメッシュに1地点の間隔で行い、中心に1台と中心から半径0.6mの円周上に等間隔で3台の計4台の微動計を配置する「極小アレイ配置」での探査を105地点で行った。また、極小アレイ配置による微動探査を行った地点に重ね合わせる形で、探査地点の状況に応じて、半径100m未満の円周上に微動計を配置する「小アレイ配置」による探査を28地点、半径100〜355mの円周上に配置する「中アレイ配置」による探査を17地点、3台の微動計を二等辺三角形に配置し頂点からの距離を5〜25mに設定した「不規則アレイ配置」による探査を104地点で行った。

2.4.3 結果および考察

微動探査を行った105地点でそれぞれ解析されたS波速度解析深度は、最も浅い探査地点で深度19mまで、最も深い探査地点で深度3,049m（図2.4.2中のメッシュ番号F5地点）に達し、全地点における平均解析深度は398mであった。一方、得られたS波速度は3〜3,569m/secまであり、区間長により加重平均した深さ100mまでのS波平均速度は641m/secであった。またS波速度は深くなるほど速くなる傾向が見られた（図2.4.3）。

(1) S波速度構造解析結果とボーリングによる地質断面との対比

京都大学地球熱学研究施設における微動アレイ探査解析結果を、同施設におけるボーリング柱状図[9]と比較した結果を図2.4.4に示した。図2.4.4（b）は、浅層部分のみの探査データ（アレイ半径0.6mおよび15m）を用いた解析結果であり、図2.4.4（c）は、アレイ半径355mのデータを合わせて解析した結果である。

ボーリング柱状図と微動アレイ探査結果を比較した結果、深度150m前後の岩

相の違いがS波速度の変曲点と一致しているほか、深度61.5mにおける砂礫層と凝灰角れき岩との境界部において、S波速度が不連続となり、砂礫層部分でS波速度の低下が見られるなど、良い相似関係が見られた。

アレイ半径355mのデータを加えて解析した結果（図2.4.4（c））、深度365mでS波速度が約3,200m/secへと急激に速くなっていたことから、本探査地点における基盤深度は約365m付近にあることが推察された。

(2) 別府温泉の流動経路と微動アレイ探査によるS波速度3次元分布との関係

得られたS波速度の鉛直データを用いて、図2.4.2のメッシュ範囲における標高500〜−1,000mまでのS波速度3次元分布モデルを作成した。作成した3次元モデルの地表から深度(a) 200m、(b) 500m、(c) 100m、(d) 230m面におけるS波速度分布を温泉流動経路と重ねて図2.4.5に示した。なお図中の丸印は、当該深度までS波速度の解析ができた探査地点である。作成したS波速度分布と温泉流動経路から、次に示す関係性が示唆された。

①北部地域　Ca-Mg-HCO_3型の流動（GL（地表）−200m面）（図2.4.5（a））

北部地域におけるCa-Mg-HCO_3型の温泉流動は、流動の起点から地形に沿って東向きに流下した後、北側に湾曲する形状をしている。この湾曲部の東および南側では、地表から深さ150〜250mくらいまで、S波速度1,000〜1,500m/sec程度の高速度域（低透水域）が分布していることから、これら高速度域を迂回して、北側に湾曲して流下していると推察される。

②北部地域　Na-CL型の流動（GL−500m面）（図2.4.5（b））

北部地域におけるNa-CL型の温泉流動は、北方に分離・湾曲して東方に流下する流動と、東方に直進し徐々に拡散する2列に分岐している。地表面下500m付近のS波速度分布では、北側に分岐している流動は、400〜800m/sec付近の中程度のS波速度分布域に沿って流下している。このS波速度が礫に相当することから、透水性の高い礫層部分に分離したNa-CL型温泉が合流していると推察される。一方、東方に直進する流動部分では、S波速度が1,000m/secを下回る相対的な低速域（高透水域）が局所的に出現しており、この低速度域を通過して東側下流方向に流下していると推察される。

2.4 微動探査による別府温泉帯水層の解明

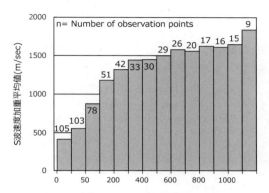

図2.4.3 深度別S波平均速度（図中の数字は当該深度まで微動探査できた地点数）

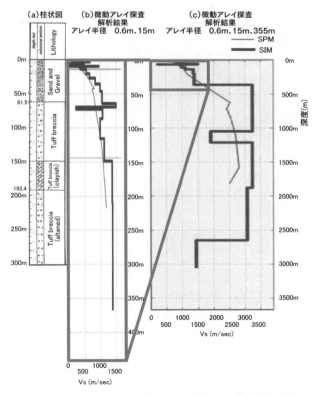

図2.4.4 メッシュ番号F5地点における微動アレイ探査解析結果

第2章 「水」日本の温泉地における文化・制度と別府温泉の科学的特性

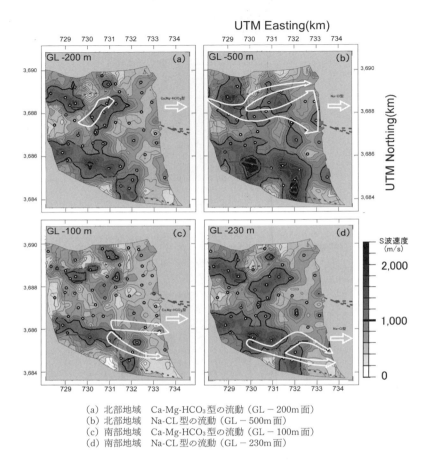

(a) 北部地域　Ca-Mg-HCO₃型の流動（GL－200m面）
(b) 北部地域　Na-CL型の流動（GL－500m面）
(c) 南部地域　Ca-Mg-HCO₃型の流動（GL－100m面）
(d) 南部地域　Na-CL型の流動（GL－230m面）

図2.4.5　温泉流動経路とS波速度分布

③南部地域　Ca-Mg-HCO₃型の流動（GL－100m面）（図2.4.5（c））

　南部地域におけるCa, Mg, HCO₃型の温泉流動は、中央部よりに地形に沿ってほぼ東向きに一直線に流下する流動と、より南側にある流動起点からやや南東向きに流下する2列の流動系で構成されている。このうち南側の流動では、流動経路の中央部付近に、地表から深さ30m～130m付近までS波速度1,000m/sec以上の高速度域（低透水域）が南北に2つ並んで出現し、その間の低速度域（高透水域）の谷部に沿って南東方向に流下していることが明らかとなった。また、深さ130m

で低速度域がなくなることから、南側のCa-Mg-HCO$_3$型経路の下端に相当すると推察される一方、中央部寄りの流動経路では、深さ500m付近まで高速度域が見られないことから、より深部まで温泉流動経路が分布する可能性が示唆された。

④南部地域　Na-CL型の流動（GL－230m面）（図2.4.5（d））
　南部地域におけるNa-CL型の温泉流動は、東南東方向に一直線に流下する経路と、2列ある南部Ca-Mg-HCO$_3$型の南側の経路と交差する位置で北方に湾曲し、南東方向に流下する経路の2列に分岐している。このうち北側に迂回する流動経路では、深さ230m付近でS波速度1,000m/sec以上の高速度域（低透水域）が湾曲部東および南東側に分布する一方、北東側には、600～1,000m/secの低速度域（高透水域）が分布していることから、この高速度域を北に迂回して低速度域部分を流下しているものと推察される。また、この低速度域は、深さ250m以深は1,000m/sec以上の高速度域となり、低速度域の経路を塞ぐ形になることから、この深度がNa-CL型の下限だと推察される。

2.4.4 まとめ

　微動探査によって得られたS波速度分布から、深度1,000mまでのS波速度3次元分布モデルを作成し、南部および北部温泉流動経路との関係について考察を行った。その結果、温泉流動経路が湾曲している地点では、透水性が相対的に低いS波速度の高速度領域が分布し、その領域を迂回する形で、湾曲していることが明らかになった。また、北部において温泉流動経路が交差している部分では、深さの異なる2つの温泉流動経路のうち、上側の温泉流動経路が低速度域の領域を迂回する形で湾曲して流動しているのに対し、下側の流動は低透水域の中に局所的に分布する高透水域部分を選択的に通過することで、2つの温泉流動経路が交差していることが明らかとなった。

謝辞
　微動探査データの解析をするに当たり、防災科学技術研究所主幹研究員先名重樹氏にご協力いただいた。ここに記して感謝いたします。

参考文献（2.4節）

［1］由佐悠紀, 野田徹郎, 北岡豪一：地熱地域を含む温泉地からの流出水量, 熱量及び化学成分量—別府温泉の場合—,『温泉工学会誌』, 10(3), pp.94-108, 1975.
［2］由佐悠紀, 川村政和：化学成分から見た別府市中央部の温泉,『大分県温泉調査研究会報告』, 22, pp. 55-65, 1971.
［3］森山善蔵, 川西博：別府市内および湯布院町の温泉孔における岩芯調査報告,『大分県温泉調査研究会報告』, 15, pp. 56-63, 1964.
［4］星住英夫, 小野晃司, 三村弘二, 野田徹郎：『5万分の1地質図幅「別府」』, 地質調査所, 1988.
［5］大沢信二, 由佐悠紀, 北岡豪一：別府温泉南部地域における温泉水の流動経路,『温泉科学』, 44, pp. 199-208, 1994.
［6］大沢信二, 由佐悠紀：温泉水の化学成分から推定される別府北部地域の地下温泉水の流動経路,『地熱流体流動過程と地下構造に関する研究, 平成7年度科学研究費補助金研究成果報告書』, pp. 103-114, 1996.
［7］土木地質のための物理探査研究会：S波速度について,『物理探鉱』, 23 (3), pp. 179-182, 1970.
［8］先名重樹, 長郁夫, 藤原宏行：微動を用いた浅部構造探査の高度化（その2）〜自動読み取りアルゴリズムの適用〜, JpGU2014, SSS35-P02, 2014.
［9］由佐悠紀, 北岡豪一, 神山孝吉, 竹村恵二：掘削による地下温泉水の層構造の検出—別府温泉南部地域での試み—,『温泉科学』, 44, pp. 39-44, 1994.

2.5　統合型水循環モデルを用いた水・エネルギー・食料ネクサスの解明

　別府温泉郷は火山地熱地域に位置し、これまで数多くの温泉井戸掘削が行われ、現在2,217の源泉数[1]がある全国有数の温泉地となっている。しかし、近年、低地部の温泉の温度低下、泉質変化が生じはじめていることが、これまで継続的に実施されてきた温泉一斉調査結果[2]により指摘されている。また、新たに温泉が有する熱エネルギーの利用による温泉発電開発も進んでおり、陸域における過剰な温泉（水）の利用による水環境の悪化が懸念されている。さらに、淡水地下水の海底湧水や温泉排水は生態系（水産資源）に影響を与えていることが最新の調査・研究[3]により明らかになってきており、別府湾を取り巻く温泉資源および水

2.5 統合型水循環モデルを用いた水・エネルギー・食料ネクサスの解明

循環環境の健全な保全は重要な課題となっている。

そこで、本節では、別府湾奥部を対象に表流水〜地下水〜海水に至る水循環機構の解明と定量的な把握を、地下水と熱エネルギー（熱量）の移動現象を完全に連成させた地圏流体シミュレータGETFLOWS[4]を用いて実施した、統合型水循環解析の事例を紹介する。また、解析結果を用いて、人の活動と環境保全に果たす水の機能が適切に保たれた健全な水循環系を保持し、持続可能な水資源、社会構造のあり方を検討するための水収支による現状把握と水産資源のポテンシャル評価の方法についても言及する。

2.5.1 統合型水循環解析モデルの構築

(1) 地圏流体シミュレータ（GETFLOWS）の概要

別府湾奥部の水循環機構の解析には、降雨流出と地表水の流れ、地下水の流れ、人為的水利用を含めた地表水と地下水のやりとり、熱エネルギー移動の現象を表現する必要がある。

GETFLOWSは、これらの現象について解析可能な機能を実装しているシミュレータである。大気には雨量と気温の気象条件を、地表には標高、土地利用、植生の状況を、深度方向には地質構造や地温を反映させることができ、ダムや堰等の河川取水や地下水揚水の人為的な水利用を表現することで、実環境を自然らしくモデル化することが可能である。

(2) 解析領域の設定

地下の水理ポテンシャルは、水文（降水量、表流水等）の地域分布が時間的に変動すると地下地層中の3次元分布も変動することから、地下水流動方向の変化面（地下水面の分水嶺）は地表水の分水嶺となる地形起伏とは異なる場合がある。そのため、地下水流動を伴う解析で任意領域を扱う場合は、水循環域は地表水の流域界と地下水の流動域が平面位置で一致しないこと、河川流域のように明確でないことに留意して解析領域を設定する必要がある。

別府湾奥部の解析領域は、別府湾奥部に流れ込む河川流域の外側の地形起伏、河川の流れ、地質構造および想定地下水流動を踏まえて設定した（図2.5.1）。

図2.5.1　解析領域の設定

(3) 3次元モデルの構築

　平面格子は非定型格子とし、平均的な水平分解能を100m程度とした。また、地盤中の流体移動および地熱変化がモデル底部に与える境界条件により干渉しない十分な距離として、深度方向は標高−1,000mまでをモデル化するものとし、平面格子分割を深度方向へ押し出して3次元格子モデルを作成した。

　陸域標高は国土地理院の5mメッシュ基盤地図情報（数値標高モデル）[5]、海域標高は海底地形デジタルデータ[6]、地質構造は国立研究開発法人産業技術総合研究所の20万分の1シームレス地質図[7]から第三紀層を風化・緩みゾーンと新鮮部に区分し、主要平野に分布する第四紀層に対しては分布域と基底面標高を設定して厚さ1mの表土層を設定し、前節で記載した微動探査[8]を実施した範囲は、詳細な地質情報を組み込んだ3次元格子モデルを構築した（図2.5.2、図2.5.3）。

(4) 人為的な水利用モデルの構築

　人為的な水利用は、水道用水取水（地下水揚水、ダム貯留水取水、導水）と温泉水揚水をモデル化した。

　水道用水取水のうち、地下水揚水は別府市水道統計[9]から取水位置と取水量を整理し、揚水はストレーナ深度とモデル化した地質構造を踏まえ揚水可能な地層

2.5 統合型水循環モデルを用いた水・エネルギー・食料ネクサスの解明

図2.5.2　3次元地形モデル　　　　図2.5.3　3次元地質構造モデル

から行うものとし、還元（排水）先は近傍河川と仮定してモデル化した。また、朝見浄水場の鮎返ダム、乙原ダムの貯留水取水および大分川からの導水は、浄水場から河川下流域に分水され、その還元（排水）先は、終末処理場になることから河川への還元は行わないものと仮定してモデル化を行った。一方、温泉水揚水は、正確な使用量は調査資料がないため不明であることから、現在想定されている5万m³／日[10]をモデル化した。

(5) 妥当性検証

モデルの妥当性検証は、解析領域内の河川（図2.5.4）で流況観測[11, 12]が実施された2013～2014年を対象として実施した。

気象条件は、図2.5.5に示す解析領域内および近傍の気象観測所の日雨量および日平均気温をティーセン分割[1]により解析領域内に空間分布させて設定した。なお、平均気温は標高による低減率（-0.7℃/100m）を考慮し、蒸発散量はハーモン式[13]で評価を行った。

熱条件は、モデル底面には活動度指数（図2.5.6）[14]から推定した地下温度、大気には上記の日平均気温、海底には、理科年表の「日本近海の表面水温」から別府湾の水温が2月で16～18℃、8月で26～28℃であることを踏まえ、年間の平均的な値として22℃を海底温度として設定した。なお、モデル内部には、地温勾配3.0℃/100mと沸騰曲線で補間した初期温度を設定した。

また、水理物性値（透水係数、間隙率）、比熱、熱伝導率の各パラメータは、参考

1　雨量観測所を結ぶ直線の垂直二等分線によって各観測所の回りに多角形を作成する方法。

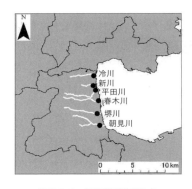
図2.5.4　流量観測所地点

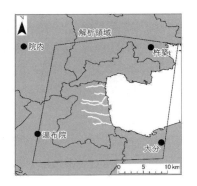
図2.5.5　使用した気象観測所の位置図

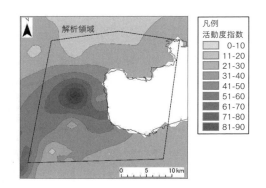
図2.5.6　活動度指数

資料[15]から地質区分ごとに一般的な値を設定した。
　以上の条件で解析を実施し、地表層直下の温度分布を図2.5.7に、流量観測所地点の解析流量と観測流量のマッチング結果を図2.5.8にそれぞれ整理した。その結果、観測流量と解析流量のオーダーが整合し、降雨応答も良好であることから、構築したモデルの妥当性を確認した。また、平田川の中流部に位置する鉄輪温泉の河川への還元は流量観測所地点より上流側であり、水利用を考慮すると流量が増加するが、一方、朝見川では別府温泉の河川への還元は流量観測所より下流側であり、水利用を考慮すると流量が減少するといった人為的な水利用モデルによる効果も適切に表現できていることを確認した。

2.5 統合型水循環モデルを用いた水・エネルギー・食料ネクサスの解明

図2.5.7　温度分布図（表層直下）

　なお、地下水位、地温については検証に使用できるモニタリングデータがないことから、今後のモニタリング調査によりデータを蓄積し、解析モデルの精度向上に反映させていくことが課題である。

2.5.2 水循環機構の把握

　流域全体で健全な水循環系を保持し、持続可能な実効性のある社会のあり方を構築するためには、自然や社会の変化が水循環系に及ぼす影響を明確にし、共通認識のもと温泉（水）利用、利害関係者間の調整を行う必要がある。

　そのため、前述の解析モデルを用いて渇水年、平水年、豊水年の各パターンについて解析を実施し、陸域の降水量、水利用等の変化が水循環量および地温に及ぼす影響の把握を行う。なお、対象とする渇水年、平水年、豊水年は前述で示した雨量観測所の過去40年間（1977～2016年）の年間降水量の最小年、平均値程度、最大値の年とした。

　由佐らが整理している250m四方ごとの温泉採取量の地域分布[9]を参考に設定した水循環量集計エリア（図2.5.9）における水循環量の水収支結果を、図2.5.11～2.5.13および表2.5.1に整理した。また、図2.5.10に示す主要温泉4地点の震度方向の温度分布結果を図2.5.14に整理した。なお、各パターンの人為的な水利用の条件は下記のとおりとした。

第2章 「水」日本の温泉地における文化・制度と別府温泉の科学的特性

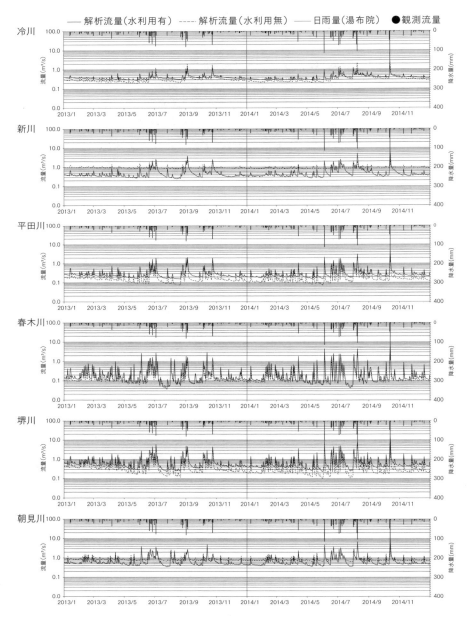

図2.5.8　観測流量と解析流量のマッチング結果

2.5 統合型水循環モデルを用いた水・エネルギー・食料ネクサスの解明

図2.5.9 水循環量および海底湧水量集計範囲

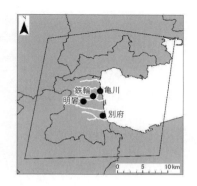

図2.5.10 温度検証地点

<水循環量算定における人為的な水利用の条件>
- 水道用水量：検証で用いた観測データをもとに、日データが存在する地下水揚水（水道）は、水利権量と平均的な実績取水量から使用率を算出し、水利権量に乗じた値。
- 温泉水揚水量：正確な使用量は不明であることから、現在想定されている5万m^3／日をベースに設定（前述と同条件）。

渇水年、平水年、豊水年の各パターンの水収支図および温度分布の比較から以下のことが確認できた。

- 蒸発散量、地表水変化量は各パターンともほぼ同程度と評価できる。
- 渇水年では、水道用水の地下水揚水量は、平水年および豊水年に比べてわずかに少ない。
- 降水量の大小と流入量（地上・地下）、流出量（地上、地下）、地下水涵養、湧出は比例関係にある。
- 地下水貯留量は、豊水年はわずかにプラスになっているが、平水年および渇水年においてはマイナスと評価され、年間降水量が平水年以下で推移すれば地下水貯留量は減少していく。そのため、将来の気象条件、さらなる新規温泉開発や熱エネルギーとしての温泉（水）利用が増えれば水環境の悪化、温泉（水）資源の枯渇も懸念される。なお、地下水貯留量は、水循環量集計範囲のうち、揚水

第2章 「水」日本の温泉地における文化・制度と別府温泉の科学的特性

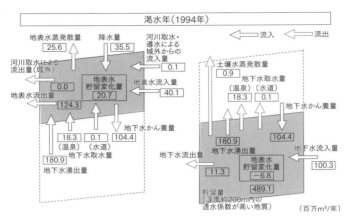

図2.5.11　水収支図（渇水年、1994年）

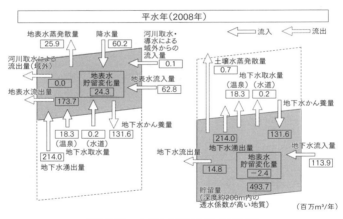

図2.5.12　水収支図（平水年、2008年）

が多く行われている深度200mより浅い範囲で集計した。
・温度は地表に近いほど季節変化の影響を受けやすく、地表付近では、年間降水量が多いパターンほど温度が低くなる傾向である。一般的傾向は、内田らの研究[16, 17]で湧出域では深部熱量を上方へ移動させるため、湧出域は涵養域よりも温度が高い地域が多く、深度に応じた地下水温（温度勾配）は涵養域で傾きが垂直近くになり、湧出域で傾きが大きくなることが知られている。そのため、

2.5 統合型水循環モデルを用いた水・エネルギー・食料ネクサスの解明

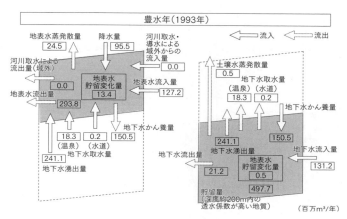

図2.5.13 水収支図(豊水年、1993年)

表2.5.1 パターンごとの水収支内訳表

水循環構成諸量(百万m³/年)				別府湾奥部流域(33.15km²)		
				渇水年	平水年	豊水年
地表水	流入	P	降水量	35.5	60.2	95.5
		Qin	地表水流入量	40.1	62.8	127.2
			排水・還元量	0.0	0.0	0.0
			導水量	0.1	0.1	0.0
	流出	Es	地表水蒸発散量	25.6	25.9	24.5
		Qout	地表水流出量	124.3	173.7	293.8
地下水	流入	Gin	地下水流入量	100.3	113.9	131.2
	流出	Eg	土壌水蒸発散量	0.9	0.7	0.5
		Qout	地下水取水	18.4	18.5	18.5
			地下水流出量	11.3	14.8	21.2
領域内諸量		Qi	地下水かん養量	104.4	131.6	150.5
		Qd	地下水湧出量	180.9	214.0	241.1
貯留量		ΔSs	地表水貯留変化量	20.7	24.3	13.4
		ΔSg	地下水貯留変化量	−6.8	−2.4	0.5
表流水収支			流入量	275.1	355.5	482.3
			流出量	254.4	331.1	468.9
			地表水貯留変化量	20.7	24.3	13.4
地下水収支			流入量	204.7	245.5	281.7
			流出量	211.5	247.9	281.2
			地下水貯留変化量	−6.8	−2.4	0.5

降水量が多いパターンは涵養量も多くなっており、降水量が少ないパターンより温度が低くなっている。
・深い深度での温度は、各パターンともほぼ同じであり、熱源に与える影響はほとんどない。

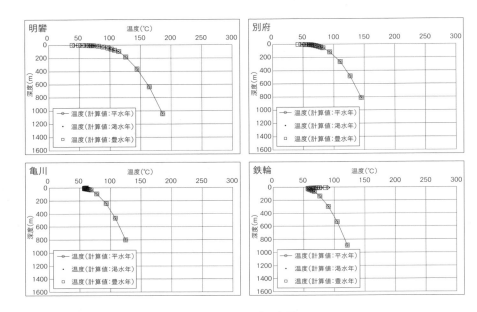

図2.5.14 温度分布図

2.5.3 水産資源のポテンシャル評価

　図2.5.15に本田らが調査、整理した2016年11月13日に実施した温泉一斉調査で採水した温泉水による栄養塩類測定結果（栄養塩濃度）を示す。栄養塩類測定結果である栄養塩濃度に、前述の解析より求めた海底湧水量を用いて栄養塩フラックスを算出し、海底へ供給された栄養がすべて一次生産に利用されると仮定することで、生物生産に果たすポテンシャル評価を行った（表2.5.2）。なお、海底湧水量は一次生産が行われると想定される深度－30mより浅い沿岸域沿い（図2.5.9）を対象として集計した。

　その結果、渇水年と豊水年では栄養塩輸送量は約2倍の差が生じていることが確認できた。前述の水収支図と併せて陸域の水資源状況の変化を海底湧水量の変化として影響評価することができ、海底湧水量を介する別府湾の栄養塩輸送量が推定可能となった。なお、栄養塩輸送量と水産資源の関係を定量的に示した調査・研究成果はないため、評価方法は今後も最新の調査・研究成果を用いて見直していくことが必要である。

2.5 統合型水循環モデルを用いた水・エネルギー・食料ネクサスの解明

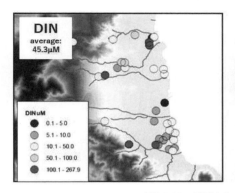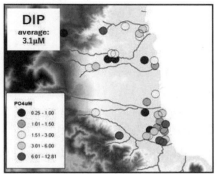

図2.5.15 窒素とリンの平均栄養塩濃度

表2.5.2 栄養塩輸送量

	海底湧水量 (m^3/year)	栄養塩輸送量	
		窒素N (kgN/day)	リンP (kgP/day)
渇水年	25.0×10^6	43.5	6.6
平水年	37.5×10^6	65.2	9.9
豊水年	51.3×10^6	89.2	13.5

2.5.4 まとめ

　本節では、別府湾奥部を対象に統合型水循環解析を実施し、表流水〜地下水〜海水に至る水循環機構の定量的な把握、水収支による現状把握とシナリオ検討方法および水産資源のポテンシャル評価方法の実装方法について検討した成果を示した。

　本モデルは、別府湾奥部を対象に最新の地形および土地利用データ、微動探査による詳細な地質構造、水道用水取水と温泉水揚水の人為的水利用を考慮したモデルを構築しており、さらに、表流水と地下水の流れを熱輸送と連成させて一体的に解析を行っている点が他のモデルと比べて特徴的である。ただし、解析モデルの精度向上のため、以下の内容について今後取り組んでいくことが課題である。

・地下水位、地温の観測、データ蓄積を行い、観測結果と解析結果がマッチングするように水理物性値（透水係数、間隙率）、比熱、熱伝導率の調整や地質構造

等の見直しを行う。
- モデル底部に与える熱流動に関する境界条件に関して、最新の他研究の成果を取り入れた検証を行う。
- モデル化で仮定した地下水揚水情報（対象施設、ストレーナ深度、揚水量）を調査し、情報の確定を行う。
- 栄養塩輸送量（海底湧水量）と水産資源の関係を定量的に示した最新の調査・研究成果を用いて更新を行う。

目に見えない水循環（地下水量、栄養塩輸送量）を誰でも理解しやすいよう「見える化（可視化）」することで、水問題への理解や意識の向上、自然や社会の変化が水循環系に及ぼす影響評価、リスクコミュニケーションなどの合意形成に役立てることができる。本節の成果から別府の温泉資源は現状の温泉（水）利用が続くと、今後、持続が困難であることが懸念された。重要な温泉資源を保全していくために、利害関係者間の調整を行い、健全な水循環系を保持し、社会経済の維持・発展に本節の成果がつながっていくことに期待する。

参考文献（2.5節）
［1］温泉統計ベスト10,『温泉』, 859号, 2014.
［2］2016（平成28）年11月13日の別府温泉一斉調査.
［3］小路淳, 杉本亮, 富永修（編）:『地下水・湧水を介した陸—海のつながりと人間社会』, pp.65-78, 恒星社厚生閣, 2017.
［4］Tosaka, H., Itho, K. and Furuno, T. : Fully Coupled Formulation of Surface flow with 2-Phase Subsurface Flow for Hydrological Simulation, *Hydrological Process*, 14, pp. 449-464 ,2000.
［5］国土交通省国土地理院基盤地図情報数値標高モデル. https://fgd.gsi.go.jp/download/menu.php
［6］海底地形デジタルデータ. https://www.jha.or.jp/jp/shop/products/btdd/index.html
［7］20万分の1日本シームレス地質図, 国立研究開発法人 産業技術総合研究所. https://gbank.gsj.jp/seamless/v2.html
［8］Miyashita, Y. : The relationship between flow path of Beppu Onsen and S velocity distribution by microtremor array survery, A-HW34-P16, 2017.
［9］別府市水道事業統計年報. https://www.city.beppu.oita.jp/suido/05jigyo/index05.html

［10］文化的景観 別府の湯けむり景観保存計画，第3章 温泉・湯けむりの自然科学的概要．
https://www.city.beppu.oita.jp/gakusyuu/bunkazai/yukemuri_keikan_plan.html
［11］田邊創一郎：小水力発電の導入拡大に向けた小水力エネルギーポテンシャルの見積もり，平成26年度北海道大学大学院環境科学院修士論文，p. 94, 2015.
［12］Fujii, M., Tanabe, S., Yamada, M., Mishima, T., Sawadate, T., and Ohsawa, S.：Assessment of the potential for developing mini/micro hydropower: A case study in Beppu City, Japan, *Journal of Hydrology:Regional Studies*, 11, pp. 107-116, 2017.
［13］水理公式集［平成11年版］，p.18, 社団法人土木学会，2011.
［14］数値地質図 GT-4 全国地熱ポテンシャルマップ，国立研究開発法人 産業技術総合研究所，2009.
［15］『改訂 地下水ハンドブック』，pp.70-71, 建設産業調査会，1998.
［16］内田洋平，安川香澄，天満則夫，大谷具幸：地下温度分布と地下水流動，『地質ニュース』，611号，pp. 21-29, 2005.
［17］内田洋平，佐倉保夫：地下温度に関する研究の現状と水文学的知見の貢献，『日本水文科学会誌』，37巻，第4号，pp. 253-269, 2007.

第3章

「エネルギー」地熱資源の発電・熱利用

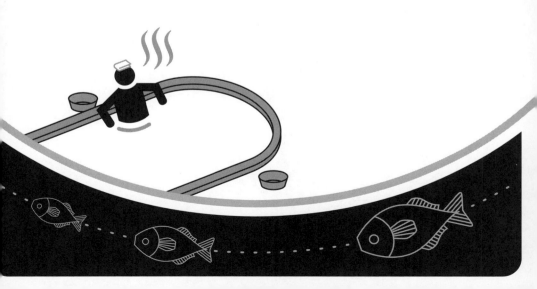

3.1 地熱発電と温泉地との共生──情緒的でなく科学的な視点から──

3.1.1 エネルギーに関する地球規模の問題と地熱発電への期待

20世紀が終わりを迎えるころ、識者の間では、21世紀にはエネルギーに関し地球規模で人類が直面する2つの大きな問題があることが認識されていた。一つは地球環境問題、もう一つはエネルギー危機の問題である。

人類が繁栄のために使い続けてきた石油、石炭、天然ガスといった化石エネルギーは、燃焼によってCO_2（二酸化炭素）を大気中に増やし続け、前世紀の300ppmから400ppmを超えるようになった。CO_2の持つ温室効果は地球全体の温暖化を助長し、大規模な気候変動をもたらすようになった。

産業革命以降のエネルギー源の主力であった石油は、これまでも幾度となく生産のピークを迎え枯渇の一途をたどるといわれながら、その都度、中東地域を中心として大きな油田が発見され、人類は安心しきっていた。ところが、20世紀の終わりには大きな油田の発見は途絶え、本気でエネルギー危機の心配をしなければならなくなった。既に石油生産のピーク（オイルピーク）は過ぎたというのが定説になっている。

我が国では、これに輪をかけて、2011年3月11日の東日本大震災がエネルギー問題を深刻なものとした。それまでの我が国のエネルギー政策は、オイルピークを見越して、発電エネルギーの主力を原子力に代えることで乗り切ろうとしていた。ところが、頼りにしていた原子力の安全性が、福島第一原発の震災によるメルトダウンによって、一挙に崩れ去ったのである。そこで国を挙げて化石エネルギーをできるだけ再生可能エネルギーに切り替える情勢となった。我が国は火山国であることから、再生可能エネルギーの中でも火山の恵みである豊富な地熱エネルギーによる発電の普及が期待されている。

3.1.2 共生に対する反対意見の分析

地熱発電を順調に進めるためには、乗り越えなければならないいくつかのハードルがあるが、中でも温泉地との共生が可能かどうかは重要なテーマである。ところが、温泉地においては地熱発電との共生に対する根強い反対論がある。反対論の実態は、温泉利用への影響を問題視するほかに、自己の抱く様々な意識が働

いて、共生は不可能との意見を構成している。反対の声の発生の源を探ると次の3つあるいはその複合したもののように思われる。

① 地熱発電は温泉利用に影響するのではないかという素朴な心配
　　これについては、心配に対し、地熱開発事業者がわかりやすい説明を尽くすことで解消できるであろう。地熱貯留層と温泉帯水層の関係、温泉がどのように生成しているか[1]、モニタリングの実施とその解析をどう生かせば温泉資源が保護されるかなど、必要な説明を行い、温泉関係者も理解に努めることが重要である。
② 反対の声を上げて見返りを得ようとする意識に基づく反対
　　好ましい行為ではないが社会にはよくある話である。地熱開発事業者の中には安易に便益を与える向きもあるかもしれないが、一部の者を対象とする配慮は不平等をもたらすので控えるべきであり、3.1.6項で述べる地域社会全体の共通目標に照らして妥当性を判断していくのが賢明である。
③ その他のとりとめのない反対
　　何かにつけ、地熱発電が原因であり、温泉はその被害者だという捉え方で決して妥協しない反対もある。一部の温泉所有者は、既得権を守るために新規の開発を阻止しようとする意識を持つことがあるが、その共通の敵として地熱発電を据え、そのことにより団結し仲間意識の下に行動する。また、反対運動を行うことにより地域や団体でのステータスと、発言権を獲得することを狙った行動もあるようである。

以上、①～③は良し悪しはともかく、地域の声の一部である。①や②のように解消可能なものもあるが、③のように直接の解決はなかなか困難なものもある。これらについては、一回り広い視点で、地域全体と地熱開発事業者が一緒になって共生の方向を探っていくしかない。

3.1.3 地熱発電の温泉への影響の科学的解釈
　地熱発電と温泉利用との共生に関しクローズアップされるのは、地熱発電の温

---

[1] 別府の例については、2.3、2.4節を参照。

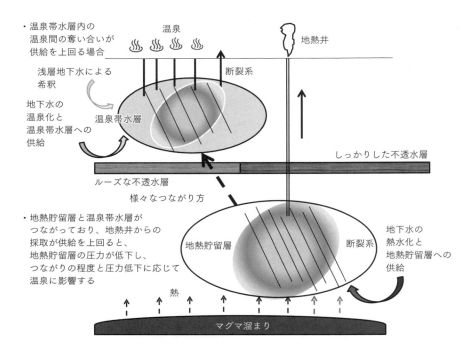

図3.1.1　地熱発電の温泉への影響はどのように生じるか（原図：文献[1]）

泉利用への影響の有無である。地熱発電は温泉利用に影響するから（影響する可能性があるから）共生は不可能であり、地熱発電に反対するとの意見がある。そこでまず、地熱発電の温泉への影響をどう考えたらよいかを述べておきたい。

　温泉に影響が生じる要因は非常に多い（図3.1.1参照）。最も頻繁で影響の程度が大きいのは、実は、個別の温泉自身や同じ温泉帯水層内の相互影響である。これに、様々な自然的および人工的要因による影響可能性が加わる。地熱発電は人工的要因の一つである。地熱発電の温泉への影響という関係に限っていえば、地熱発電が適切な地熱貯留層管理を行い、貯留層圧力を一定に保っていれば、地熱貯留層につながる温泉帯水層があっても、影響は起こりようがない[1]。事実、我が国においては、地熱発電が温泉に影響を与えたということを、信頼できるデータに基づき明確に述べた事例はない。地熱発電の温泉への影響を考えるとき、安易に、地熱発電が加害者で温泉が被害者という1対1の関係で考えがちであるが、

それは真の影響の原因を見失い、適切な対策をとれなくなるほか、不毛の誤解を生じることにつながるので慎まなければならない。

3.1.4 共生の基本的考え方

　地熱開発業者は、開発対象となる地域社会との合意形成なしには、開発を行うことができない。したがって、開発前に調査を行い、地域の温泉に悪影響を及ぼさない地熱開発計画を立てることが重要である。また、万が一、開発後に想定外の影響が生じる場合に備えて、周辺の温泉でのモニタリングを続けることで、温泉の変化をいち早く捉え、対策を立てることができる。

　地熱開発を行う場合には、付近の温泉も含めた熱水系の調査をすることになる。このことは、温泉の経営者にとって、地下の温泉資源が現在どのような状況であるかを知る絶好の機会となる。いわば、無料で温泉の健康診断を受けられるようなものである。また、地熱開発後の温泉モニタリングは、定期検診に相当するもので、もし地熱開発以外の影響による何らかの異常が起きた場合も、早期に知ることができ、温泉の経営にとってプラスにこそなれ、マイナスにはならない。

　地熱開発の周辺環境への影響はゼロではない。しかし、それを限りなくゼロに近づけることは可能であるし、また影響というリスクがあったとしても、それを補って余りあるメリットがあれば、開発を行う価値がある。自然環境への影響については、あらゆる開発事業に共通して、地域の多少の環境破壊は避けられない。だが、地熱は地球温暖化対策に有効なクリーンな電源であるという地球環境へのメリット、災害時にも安定電源を確保できるという地域住民のメリットを考えれば、地熱開発を行う意義は大きい。同様に、温泉経営者にとっては、温泉への影響というリスクが多少残るとしても、温泉源の状態を正しく知ることができ、何らかの異常が起きている場合は、その原因が何であれ原因を探って対処できるというメリットがあり、互恵関係を結ぶことができる。

　地熱開発と温泉事業は敵対関係ではなく、地域の熱資源を共有する共存共栄の関係であるべきである。したがって、地熱発電により地域が不利益を被ってはならず、むしろ利益がなければならない。一方、地域住民は、エネルギー・セキュリティ、地球環境対策、そして災害時の自分たちのライフラインの確保といった面からも、地熱発電が有効なことを理解し、地熱開発に協力していくことが望ましい。そのためには、早い段階からの地域と開発事業者との協力による開発計画策

定が必要である。例えば、事業化が見込める地域では、地熱・温泉を核とする地域エネルギービジョンの作成が有効である。また、地熱開発の目的に、発電のみならず地域への給湯などを含めることで、地域振興への協力を行う形も考えられる。温泉と地熱はいずれも地域の重要な資源であり、資源の保護を図りつつ適正に利用していくことが望ましい。以上が共生のための基本的な考え方である[2]。

3.1.5 共生のための合意形成の方法

　2012年3月に策定された環境省「温泉資源の保護に関するガイドライン（地熱発電関係）」では、地熱発電の立地候補地において開発計画の早い段階から地熱発電事業者や温泉事業者といった関係者を含めた地元協議会などの設置が推奨されている（図3.1.2）。このように関係者間の情報共有や意見交換を通じた相互理解と信頼関係の向上、および事業計画や地域共生などを協議し合意形成していく継続的な対話プロセスが必要とされている。

　既設地熱発電所の立地地域では、開発事業者と地元関係者との定期的な会合（名称は報告会、地元説明会、懇談会など様々）により、運転状況、工事計画、温泉モニタリング調査結果などの報告や意見交換を実施している事例が多く、地域共生が図られている。しかしながら、上記のような多様な関係者がメンバーとなる対話の場という観点では、基礎自治体が主体となって設置している例はわずかであるため、今後の新規地熱開発においては基礎自治体の協力が重要となる。

（1）共生のための条例の制度設計

　地熱資源は地域にとって公共性があり、地熱開発事業者がそれを用いて発電を行うためには、温泉資源に影響することなく地熱資源を持続可能な形で利活用するとともに、地域経済の活性化に資する形で事業が実施されることが重要である。そのため、地熱開発事業者が地域住民や自治体に対して事業内容の説明を行い、地域住民や自治体がその内容を把握し、必要に応じて当該内容について意見を表明するよう条例として制度化することが望まれる。条例には、それにより地域が安心して地域内の地熱資源の開発を任せ、抵抗なく共生が可能となるような合意形成を図るため、具体的な協議の場として協議会[3]の設置が規定されることが必要となる。

（2）共生のための合意形成の場としての協議会

①自治体の関与

　開発事業者は、まずは当該自治体に事業計画などの説明を十分行い、合意形成の場の構築に関わる協力を得る必要がある。その際、部局によって方針や施策が異なる可能性があるため、地熱開発や温泉の担当者だけでなく、エネルギー政策や観光等の担当者など、関連部局にもあらかじめ連携協力を要請することが重要である。

　一方、自治体の姿勢が懐疑的であったり、懸念や誤解が根強いと、話が進まないことがある。その反対理由や根拠は様々であるため対応策も異なるが、地域の地熱資源の有効活用について自治体に主体的に取り組んでもらえるような取組みが有効である。例えば既設発電所の見学会、立地地域や成功事例の自治体担当者や中立的な第三者機関（学協会、学識経験者など）からのレクチャー、管轄する都道府県への協力要請など、地熱発電開発の意義やメリット・デメリット情報、これまでの経験・教訓などに関する様々な視点からの情報提供や理解を深める方策が考えられる。

②協議会設置の意義に関する理解向上

　詳細な資源調査が未実施の段階では、実際に立地できるかどうかの見通しが立てにくく、地元関係者の意向も意見交換されていない。このため、初めから地熱発電ありきではなく、調査→掘削→発電設備設置と段階を分けて事業計画の提出を求め、協議する方がよい。協議の結果によっては開発中止もあり得ることを前提としたほうがよい場合もある。地元関係者にとっては、協議会の発足や会議参加を認めることで開発推進とみなされることへの懸念、あるいは参加しても少数意見が言いにくいなどの懸念を抱いていることが大きい。したがって、あらかじめ協議会を設置する意義について共通認識を醸成し、キーパーソンとなる重要な地元関係者の参加を促す素地を作っておく必要がある。

③協議会における運営上の留意点

　自治体が協議会を運営する場合、主な課題として「専門的人員・財源の不足」「人選、中立性・公平性確保」「国のエネルギー政策の位置づけ、責任の所在」「継続性」などが挙げられている[3]。このため、自治体にとっては会議体の運営に関

わる様々な作業や手間を負担に感じる場合がある。地熱開発は、計画・調査段階から建設、操業に至るまでに長い年月を要するため、継続性・透明性が高くシンプルな運営体制を構築しておく必要がある。また、予算に関しては、開発事業者がどの程度負担するのか、国の補助金や自治体予算がどの程度確保できるのかなど、開発事業者と自治体で検討し、継続性を確保する仕組みをあらかじめ構築することが重要である。

(3) 協議会における合意形成手法

合意とは、あるグループのすべてのメンバーが、大枠もしくは幅広く同意していることを指す。しかしながら、全員賛成という合意形成はまれである。このため、例えば地熱開発に対して一部の温泉事業者が反対していたとしても、温泉団体（組合、協会など）として同意（賛成）の意向が得られれば合意とみなす場合もあり得る。また、単に地熱開発に対する賛否の合意だけを指すとは限らない。米国の公共政策などで活用されているコンセンサスビルディング[2]では、合意形成プロセスに時間と労力を割き、相互利益が合う条件を共に検討している。つまり、合意が全く存在しない場合と比較して、誰もが少しは得をした状態を実現させるよう、参加メンバーが努力することが重要とされている。地熱開発の場合、温泉などの観光事業や自然環境、地球温暖化対策や地熱エネルギーの利活用など様々な論点があるため、自治体の各部署間、温泉事業者や自然保護団体の中でも賛否が分かれ、地域によってその状況は大きく異なる。したがって、すべての案件を多数決で決めてしまうと不公平感や不信感が残る可能性が高い。たとえ反対派が少数であったとしても、その懸念・不安や要望に注意深く耳を傾け、特定の既得権益の保護ではなく、地域全体の便益につながるような方策についてメンバーで協議し合意形成していくことが望ましい[3]（図3.2）。

会議体に参加するメンバーは、公平・公正性を保つため、地域事情に詳しい自治体が開発事業者の協力を得て選定し、各関係者の人数割合や意見が偏らないよう適切な構成とする。複数の自治体が関わる地域では、メンバーの候補となる利

2　何らかの政策案件のステークホルダーの代表者が第三者の支援を受け、全員が顔を合わせて話し合い、(100％の満足を得られなくとも) 自分が納得して「受け入れることのできる」政策案として、その場にいる全員が同意できる案を生成すること。[4]

3.1 地熱発電と温泉地との共生―情緒的でなく科学的な視点から―

- 温泉資源と地熱資源における調査結果の公開と情報共有および評価
- 認識の共有とそれに基づく取組みの実施
- 関係者間での調整等の取組み
- 関係者間の合意形成

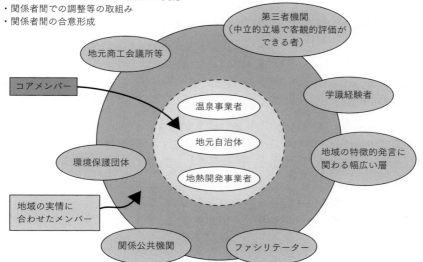

点線は緩やかな境界。地域に応じて、関係者、協議会の持ち方は変わるものである。

図3.1.2　協議会体制の構築例(原図:文献[5])

害関係者に抜け漏れがないように留意する。自治体および国などの関係者に関しては、自然公園法だけでなく、保安林、温泉・地下水・河川、地域のエネルギー政策、温暖化対策、観光などの分野も関わるため、地域事情に応じて関連部局の担当者や都道府県・中央官庁などを含めたメンバー構成を検討する。

専門家に関しては、地元関係者の懸念や要望も踏まえ、国や自治体の研究機関や大学などへの協力を要請し、専門分野、所属、地熱発電に対する態度(中立性)を考慮して、偏りのない専門家を選定する。科学的な知見の説明や判断を行う上でも、第三者としての専門家の助言は有効である。また、協議を円滑に進めるため、参加メンバーが中立的とみなしたファシリテーターも参加することが望ましい。ファシリテーターは中立的な立場で、話し合いのプロセスを調整し、成果を最大化する役割を担う。

3.1.6 おわりに代えて―共通の目標を持つことの大事さ

21世紀に入ってからの世界の流れは、人類の行く末に関わるエネルギー枯渇と地球環境問題の発生に対し、どう取り組むかの対策を迫っている。これらは地域レベルでも考えていかねばならない問題である。地域に即してこの問題を考えると、その解決は地域社会の持続的発展をどう図っていくかということに帰結する。そこには、エネルギーと環境だけではなく、地域における暮らし、経済、産業など、子孫のために現在のレベルを維持・発展させていくにはどうしたらよいかという様々な方策が含まれる。すべての面での発展の実現は困難であろうが、少しずつ我慢する部分を含めて、どう折り合っていくと地域にとって最大の満足度が得られるかを追求すべきであろう。地熱資源と温泉資源について恵まれている地域は、これを有効に活かすべきであるが、どう活かすかは地域の選択にかかっており、その選択に責任を持たなければならない。地熱開発事業者は、地域の総意がどうであるかを踏まえた開発を目指さなければならず、利益収奪型の開発は許されないであろう。一方で、地域も、地域内部で閉じた解決ではなく、外部との共存も視野に入れて考えなければならない。地域を構成する人々と地熱開発事業者は、共通の目標に向かって協力していかなければならず、意見をまとめるに当たっては、当事者だけでなく、幅広い意見を集約し方向を定める地域の自治体の果たすべき役割が重要である。

我々の体内には、人類の誕生以来、絶えることなく受け継いできた遺伝子があり、後世に伝わっていく。我々が生活のレベルをこれまでどおりに保ち、あるいはこれまで以上に向上させる社会をつくることは、地球環境問題やエネルギー枯渇といった21世紀に明らかになってきた地球規模の問題について、結果的に片棒をかついだ我々が、子孫に果たさなければならない義務である。すなわち、努力して持続可能な地域社会を遺すことが課題の答えになるのではないだろうか。

ではどのような要素を持続すればよいか考えてみよう。著者の持論であるが、人間の求める次の5つの要素を持続ないしは発展させることがそれに当たると考える。

豊かさ：物質的豊かさ（モノ、食料など）
便利さ：苦労せずに生活できること（電化製品、クルマなど）
安らぎ：安全、安心（健康、災害軽減、心の豊かさなど）
ゆとり：あくせくせずゆったり生活できること（スローライフ）

楽しさ：毎日を楽しく生きること（ハッピーライフ）

　ところが、これらの要素は、同時に同程度に達成できないことがよくある。また、人によって何を目指すかという価値観の違いもある。エネルギーは上記の要素のうち主に豊かさや便利さに関係するが、環境は主に安らぎ、ゆとり、楽しさに関係する。これらは複雑に絡み合っており、片方だけを強調する主張は両方を調和的に解決することはできない。両方をできるだけ満足させるには、ステークホルダーが独善を排し、我々が何を目指そうとしているかという原点に帰って、協同して持続可能な社会づくりという共通目標に向けて行動していくことが大事ではないだろうか。

　地下の熱資源に恵まれている地域はこれを有効に活かすべきであるが、どう活かすかは地域の選択にかかっている。地熱資源を開発する事業者は、地域の総意がどうであるかを踏まえた開発を目指すべきである。地域の総意とは、温泉事業者だけでなく、地域を構成する様々な層の意見の集約である。地域を構成する人々と開発事業者は、共通の目標である持続可能な地域社会づくりに向かって協力しなければならない。意見をまとめるに当たっては、地域の将来のかじ取りである基礎自治体の果たすべき役割が非常に重要である。

参考文献（3.1節）
［1］野田徹郎：地熱発電の温泉への影響を科学的に考える,『温泉科学』, pp.224-337, 日本温泉科学会, 2013.
［2］安川香澄：『地熱エネルギーハンドブック』, pp.681, オーム社, 2014.
［3］窪田ひろみ：『地熱エネルギーハンドブック』, pp.688-693, オーム社, 2014.
［4］Susskind, L. E., McKearnen, S., Thomas-Lamar, J.：*The Consensus Building Handbook: A Comprehensive Guide to Reaching Agreement*, 1st Edition, SAGE Publications Inc, 1999.
［5］環境省自然保護局：『温泉資源の保護に関するガイドライン（地熱発電関係）（改正）（案）』, pp.33, 環境省, 2018.

3.2 国や県における地熱・温泉発電に関連する制度

3.2.1 はじめに～導入遅れる地熱発電と3つの問い

　2012年7月から施行された再生可能エネルギー（以下再エネ）電力の固定価格買取制度の影響により、日本国内で事業者等が再エネを導入する動きが加速している。しかし、同制度開始前後の再エネ導入量をエネルギー源別に比較すると、太陽光発電が2016年度末時点で住宅用が倍増、非住宅用は30倍を超える伸びを記録しているのに対し、風力、中小水力、地熱発電は若干の増加に留まっている状況である[1]。

　本節では、このように新規導入が進みにくい地熱発電（比較的小規模な温泉発電を含む）に関する行政制度を、エネルギー政策としての再エネ推進策ならびに自然保護政策としての国立公園制度および温泉掘削許可制度1の3側面が関係する「エネルギー・自然保護政策の交錯エリア」として捉えた上で、各政策の時系列的な変遷を明らかにしつつ、地熱発電普及に伴う制度的課題を整理する。

　本節での問いは大きく3つある。また、各問いに対してどのような手法で答えるかについても、以下で簡単に説明する。

① 地熱発電の新規導入が進みにくい理由は何であろうか？
　この問いに対しては、既存の研究結果や国レベルで、その理由がどのように分析されているかを調査しながら、答えを明らかにしたい。

② 国レベルにおいて、エネルギー政策と自然保護政策の交錯はどのような態様を示すか？
　態様とは、例えば、政策間の「対立」「矛盾」あるいは「連携」といった軸を設けた場合に、交差状態がその軸上のどこに位置づけられるかを表している。この問いに対しては、国レベルの行政文書をやや過去にさかのぼって分析することで位置づけを明らかにする。

1　現在の温泉法に基づけば、地熱発電目的の掘削であっても温泉法上の掘削許可が必要とされている。

③ 県レベルにおいて、エネルギー政策と自然保護政策の交錯はどのような態様を示すか？
この問いに対しては、県レベルの行政文書を分析したり、県の担当者にインタビュー調査をしたりすることで、答えを明らかにする。

以下では、それぞれの研究手法の流れやその結果として得られたデータ、考察を順に記述する。なお、県の担当者インタビュー調査の対象は、地熱発電と温泉資源保護の両立という課題に直面し、かつ温泉掘削許可を審議する専門部会が何らかの指針を打ち出している岐阜県および大分県の2つとした。調査実施時点において（岐阜県：2016年7月1日、大分県：同年2月12日）、上記2県以外に公式な指針等は見当たらなかったからである。

3.2.2 先行研究のレビュー結果

地熱発電の方式には、比較的大規模で広く用いられている「フラッシュ方式」と、小規模で最近実用化された「バイナリー方式」がある。1997年に制定された「新エネルギー利用等の促進に関する特別措置法」では、地熱発電は既に実用化されているという理由で、いずれの方式も同法の適用対象から外されていたが、2008年の同法規則改正時には、バイナリー方式のみ対象に加えられた。

一方、2003年に制定された「電気事業者による新エネルギー等の利用に関する特別措置法」では、法制定当初からバイナリー方式が適用対象とされていた。さらに東日本大震災および福島第一原発事故を契機として2011年に制定された「電気事業者による再生可能エネルギー電気の調達に関する特別措置法」では、5種の対象電気[2]のうち1種が地熱発電である。その買取価格は、発電所の規模に応じ1万5千kW以上は26円/kWh（税別）、1万5千kW未満は40円/kWh（税別）とされており、契約から15年間同条件で買い取られる仕組みとなっている。

上記のように、法律上の支援が他の再エネと比較して遅れたことに加え、地熱発電を開発する際の一般的課題として、上地らにより、①開発コスト、②自然公園法などの規制、③温泉組合など地元の反対が挙げられている[2, 3]。開発コスト

---

2 同法の対象は太陽光発電、風力発電、中小水力発電、バイオマス発電、地熱発電の5種類となっている。

には、地下数千mに存在する資源を利用することから適地を発見することが困難であったり[4]、掘削許可を得るための各種手続きに時間を要したりすることも含まれる。規制には自然公園法だけでなく、環境アセスメント法や県ごとの温泉掘削許可の取得も含まれる。さらに、この温泉掘削許可の際、近隣の源泉所有者の同意が必要とされることもあり、上地らの挙げた3つの課題は相互に関連しあっているといえる。

また、地熱発電開発に関する意思決定プロセスについては、自治体の役割が非常に重要であり、関係部署間の情報共有と意思統一による円滑な手続きが必要であると指摘されているものの[5]、実際の自治体における情報共有と意思統一の方法や現状について詳細に論じた研究は存在しない。

3.2.3 国や県レベルの行政文書の分析からわかること

国の行政文書の分析は、自然公園法および温泉法を所管する環境省、再エネ推進を主に所管する経済産業省とそれらに設置された研究会等を対象とする。さらに、ヒアリング調査対象である岐阜県および大分県の地熱発電等に関連する専門部会報告書についても概観する。

(1) 省庁の研究会等における議論と通達等

経済産業省では2008年に「地熱発電に関する研究会」が設置され、1999年の八丈島地熱発電所以降の新規立地がない理由の一つとして、電気事業制度改革が進む中、電気事業者の投資に対する判断が慎重になっていることを挙げ、経済性向上を課題として指摘した。

一方、環境行政と地熱発電の交錯の歴史は1974年までさかのぼる。同年9月17日付で「自然公園地域内において工業技術院が行う『全国地熱基礎調査』等について」として環境庁自然保護局企画調整課長から通知が出されており、さらにこの内容は1979年12月24日付「『国立、国定公園内における地熱開発に関する意見』について」(環境庁自然保護局保護管理課長通知)で補完されている。

1994年2月3日付「国立・公園内における地熱発電について」(環境庁自然保護局計画・国立公園課長通知)では、以前の2通知よりも地熱発電に前向きな姿勢が示されている。実際に1994年の計画・国立公園課長通知後、1996年に霧島屋久島国立公園の普通地域内で大霧発電所が運転を開始、1999年3月には富士箱根

伊豆国立公園内の普通地域内で八丈島発電所が運転を開始した。

さらに、環境省では2010年から温泉法における掘削許可の判断基準の考え方について検討が開始されており、翌2011年には「地熱発電事業に係る自然環境影響検討会」と「地熱資源開発に係る温泉・地下水への影響検討会」が設置され、2012年には「国立・国定公園内における地熱開発の取扱いについて（通知）」と「温泉資源の保護に関するガイドライン（地熱発電関係）」が自然環境局から示された。なお、同ガイドラインは2014年、2017年に一部改訂されている。

以上の流れを表3.2.1にまとめ、併せて地熱発電と自然保護行政に関する時系列的な課題の特徴を示す。

(2) 各県における地熱発電等に関連する報告書

岐阜県では、温泉掘削等許可申請は自然環境保全審議会温泉部会で審議されている。具体的には、2014年12月の同部会報告「岐阜県温泉資源保護のための温泉掘削等申請のあり方について」に基づいて、「温泉掘削、増掘及び動力装置許可申請要領」に則った手続きが必要となる。

同報告は「地熱発電に利用する温泉掘削であることのみを理由に過大な資料の提出を義務付けるなど、温泉の利用目的によって審査内容を変えることは適当ではない」という考えのもと、掘削規模に応じた3区分ごとに申請のあり方と考え方が示されている。

一方、大分県では温泉掘削等の許可申請は環境審議会温泉部会で審議されており、2014年10月から施行されている同部会の内規に基づいて、地熱発電目的の温泉掘削許可申請に必要な添付書類等が定められている。同内規は地熱発電目的の土地掘削・増掘申請を温泉湧出目的の申請とは分離して、埋設管の口径（規模）別に3区分しており、それらの区分ごとに必要な調査、還元井の検討、地元説明の誓約（比較的大規模のもの）が異なっている。

3.2.4 県レベルでの具体的な取組み

主な取組みを文献［6］にならって財政的資源、法的権限、人的資源・組織、情報の4側面ごとに整理した。表3.2.2は、3.2.1項で説明した岐阜県および大分県の温泉行政担当者へのインタビュー調査や同時に収集した2県のパンフレット等の資料に基づいて、地熱発電の推進や温泉資源保護のために県が主体的に行ってい

表3.2.1　地熱発電と自然保護行政に関する課題の時系列変化

年月	行政文書の概要	課題の特徴
1974年9月	通知「自然公園地域内において工業技術院が行う『全国地熱基礎調査』等について」 ・国立・国定公園の景観・風致維持上支障がある地域においては新規の調査工事・開発を推進しない	国立・国定公園における景観・風致維持の優先
1979年12月	通知「『国立、国定公園内における地熱開発に関する意見』について」 ・今後、地熱開発が各地で促進されると環境保全上種々の問題を生ずる恐れがあるため、開発計画地の選定に当たっては、国立・国定公園内の自然環境保全上重要な地域を避けることを基本とすべき	環境への悪影響の懸念増 引き続き、国立・国定公園内への立地困難
1994年2月	通知「国立・公園内における地熱発電について」 ・普通地域内での発電について風景保護上の支障の有無を個別に検討し、その都度開発可否を判断	開発の可能性が高い範囲の明示
2012年3月	通知「国立・国定公園内における地熱開発の取扱いについて」（1974年・1994年通知の廃止） ・地熱開発は、特別地域等では原則として認めない ・温泉関係者や自然環境保護団体などの地域関係者による合意形成が図られ、当該合意に基づく地熱開発計画が策定されることが前提 ・第2種・第3種特別地域、普通地域で自然環境保全や公園利用に支障がないものは認める	開発禁止と開発可能範囲の双方を明示 合意形成に基づく開発計画
2012年3月	温泉資源の保護に関するガイドライン（地熱発電関係） ・これまでと同規模の開発の各段階における掘削について、温泉法上の許可・不許可の考え方を示す	温泉法に基づく都道府県知事の許可・不許可の判断に必要な材料や考え方の明示
2014年12月	温泉資源の保護に関するガイドライン（地熱発電関係）改訂 ・温泉法3条に基づく掘削許可が不要な類型化	規制改革への対応
2016年3月	経済産業省「地熱発電の推進に関する研究会」報告書 ・諸課題の対策と優先度の整理。新規開発地点の開拓、事業環境の整備、地域理解の促進	（検討は現在進行中）

3.2 国や県における地熱・温泉発電に関連する制度

表3.2.2　岐阜および大分県での地熱発電・温泉資源保護の両立に向けた主な取組み

行政資源	岐阜県の現状	大分県の現状
財政的資源	・特になし	・独自の「湯けむり発電」の実用機設置（予算約5000万円） ・県から自然エネルギーファンドへ出資（2.5億円）
法的権限	（次世代エネルギービジョン） ・自然環境保全審議会温泉部会報告 ・温泉掘削、増掘および動力装置許可申請要領	・エコエネルギー導入促進条例（新エネルギービジョンの策定） ・環境審議会温泉部会内規（地熱発電目的の掘削許可申請の添付書類）
人的資源・組織	・県職員が温泉地の協議会等へ参加 ・次世代エネルギー産業創出コンソーシアムの支援	・関連企業を「新エネコーディネーター」に任命。 ・温泉モニタリング事業を通じた連携（県が事務局を務めるエネルギー産業企業会の取組み）
情報	・フラッシュ発電導入：221TJ*（2030年度目標） ・バイナリー発電導入：166TJ（同） ・再エネ導入ワンストップ窓口準備	・温泉熱発電導入：2925kW（2024年目標）再エネ担当と温泉担当が連携して、事業者の導入相談を受付 ・「地熱・温泉熱」パンフレットを作成

※TJ（テラ・ジュール）はエネルギーの単位を示し、Tは10の12乗すなわち1兆を表している。Jは102グラムの物体を1m持ち上げる際の仕事に相当する。

る取組みをまとめたものである。なお予算額等はインタビュー当時（2015年度）の数字である。

　財政的資源は、文字通り、県が予算を確保して実施している取組みを示す。岐阜県では特に該当する取組みがなく、大分県では研究開発のほか、外部法人への出資が行われていた。法的権限は、県民の総意に基づき、県議会において条例を制定できる権限を行使して、地熱発電を含むエネルギー政策を打ち出しているケースである。括弧でくくったものは条例に基づく計画策定などで、明示的な法的権限とはいえないものの、それに準ずる効力を有しているビジョン等である。人的資源としては、担当者や関連企業を動員して、温泉地の協議会における合意形成を支援したり、産業コンソーシアムや産業企業会を組織したりする例が見られる。また、情報は比較的新しい行政資源の一つであるが、例えば県レベルの導入目標を設定して、関係主体を緩やかに誘導したり、その目標達成のために必要な情報提供を行って支援したりする取組みが見られた。

3.2.5 本節のまとめ

　国レベルでの再エネ政策と自然保護政策の交錯状況を見ると、経済産業省と環境省間でのやや対立的な関係から連携に移行しつつあるといえる。具体的には、環境省側において国立・国定公園内の開発禁止・可能範囲が徐々に明示され、利害関係者間の合意形成や温泉法に基づく都道府県知事の掘削許可、都道府県と市町村の関係に焦点が移っていることがわかった。

　さらに、県レベルの動向として、地熱発電目的の温泉掘削に対応する先進地2県間で、財政的資源や情報資源の投入レベルに差異が観察された。今後は、本節で取り上げた2県以外の事例調査に基づく実態の分析が必要である。さらに、別府市の事例（コラム3.2参照）などのように、市町村レベルでどのような地熱発電対策条例等を検討していくかが今後の課題となる。

参考文献（3.2節）
［1］資源エネルギー庁：『再生可能エネルギーの大量導入時代における政策課題と次世代電力ネットワークの在り方』, p.4, 2017.
［2］上地成就, 錦澤滋雄, 原科幸彦：地熱発電施設普及をめぐる制度的課題の整理,『環境情報科学』, 40巻, 4号, p.78, 2012.
［3］遠藤真弘：温泉発電,『調査と情報』, 845号, 2015.
［4］中島英史：地熱発電の現状と今後,『スマートプロセス学会誌』, 3巻, 2号, pp. 108-114, 2014.
［5］窪田ひろみ, 本藤祐樹：地熱発電開発における利害関係者間のコミュニケーションの現状と課題,『日本エネルギー学会大会講演要旨集』, 22号, pp. 314-315, 2013.
［6］村上裕一：行政の組織や活動の「独立性」について,『社会技術研究論文集』, 10号, pp.117-127, 2013.

3.3 都道府県別に見た地熱・温泉資源量と導入目標、紛争の相互関係

3.3.1 はじめに

　前節では、地熱・温泉発電に関連する規制等の制度・政策を「再生可能エネル

ギー推進と自然保護行政とが交錯する分野」と位置づけ、国レベル（現在の環境省、経済産業省）の政策が歴史的に交錯してきた経過を分析し、県レベルで地熱・温泉発電の新設等に対処している事例を報告した。本節では前節の分析を踏まえ、全国47都道府県（以下、県）における地熱・温泉発電ポテンシャル（利用可能資源量）と県別の温泉・地熱発電導入目標を公表資料に基づいて一覧表に整理し、さらに各地の紛争の実態を、全国紙の新聞記事検索を用いて把握する。このように作成する利用可能量／導入目標の一覧表と紛争実態分析結果に基づいて、下記の問いに答えることを本節の目的とする。

① 国の長期エネルギー需給見通しにおいて掲げられている地熱発電導入目標は、各県ごとの導入目標を積み上げることで達成できるのだろうか。あるいは、達成のための条件は何か。
② 各県の温泉・地熱発電の導入目標は、物理的な資源量とどのような関係にあるのだろうか。
③ 温泉・地熱発電の利用可能量が比較的少ない県においては、仮に温泉・地熱発電の新規導入が企図される場合でも、その開発規模が小さいために紛争も少ない傾向にあるのではないか。

3.3.2 地熱・温泉発電のポテンシャル

地熱発電の方式には、大きく分けて、従来から広く用いられている「フラッシュ方式」と、比較的最近実用化された「バイナリー方式」がある。フラッシュ方式は一般に150～350℃程度の高温資源を利用するのに対し、バイナリー方式は従来利用できなかった50～200℃程度の中低温資源を活用する発電方式である[1]。これらの方式ごとに地熱・温泉発電がどの程度導入できるかというポテンシャルについては、環境省が2009年度から「再生可能エネルギー導入ポテンシャル調査」および「再生可能エネルギーに関するゾーニング基礎情報整備」を実施し、全国規模での推計を行ってきた。さらに、2013年度には地熱発電の資源分布に関する情報の精度向上が図られ、従来の調査よりも精密な導入ポテンシャル推計として「地熱発電に係る導入ポテンシャル精密調査・分析」（以下、精密調査）が実施され、結果が公表されている。

そこで、以下では精密調査の結果として公表されている県・市区町村ごとの地

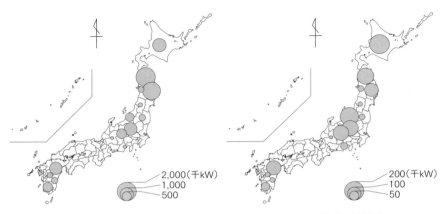

図3.3.1　フラッシュ方式の発電ポテンシャル　　図3.3.2　バイナリー方式の発電ポテンシャル

熱発電ポテンシャルに基づいて集計を進める。精密調査の結果、県ごとの地熱発電ポテンシャルは図3.3.1および図3.3.2のように分布していることがわかった。フラッシュ方式の地熱発電ポテンシャルは全国合計785万kW（国立公園内の掘削や傾斜掘削を想定しないケース）となり（図3.3.1）、バイナリー方式の合計は93万kW（フラッシュ方式と同様のケース、利用温度120〜180℃）となっている（図3.3.2）。県別に見ると、いずれの方式でも富山〜愛知県から西の本州内（岐阜県を除く）および四国にはポテンシャルがないことがわかる。これは日本列島を形成している火山帯の分布に理由がある。

3.3.3　各県の地熱・温泉発電導入目標

次に、各県の地熱・温泉発電の導入目標について、次のような手順で集計した。

1. 各県の公式ホームページ等を検索し、再生可能エネルギー導入目標を含む計画・ビジョンを特定する（表3.3.1参照）。
2. 計画全文から、目標年およびエネルギー源別の導入目標を抽出する。
3. 1、2で得られた導入目標値をエネルギー源別に整理する。

上記の整理を行った結果、県単位で地熱・温泉発電の導入目標を有しているのは14県であることがわかった（表3.3.2）。その14県の目標年次は2020年（5県）、

3.3 都道府県別に見た地熱・温泉資源量と導入目標、紛争の相互関係

表3.3.1　各県の再生可能エネルギー関連計画、戦略の一覧

都道府県	計画名称	目標年次
北海道	北海道省エネルギー・新エネルギー促進行動計画【第2期】	2020
青森県	新・青森県エネルギー産業振興戦略	2030
岩手県	岩手県地球温暖化対策実行計画	2020
宮城県	自然エネルギー等の導入促進及び省エネルギーの促進に関する基本的な計画	2020
秋田県	第2期秋田県新エネルギー産業戦略	2025
山形県	山形県エネルギー戦略	2030
福島県	福島県再生可能エネルギー推進ビジョン	2030
茨城県	いばらきエネルギー戦略	2020
栃木県	とちぎエネルギー戦略	2030
群馬県	群馬県再生可能エネルギー推進計画	2019
埼玉県	再生可能エネルギー導入拡大のための報告書	―
千葉県	新エネルギーの導入・既存エネルギーの高度利用に係る当面の推進方策	―
東京都	環境基本計画2016	2024
神奈川県	かながわスマートエネルギー計画	2030
新潟県	新潟県地球温暖化対策地域推進計画	2030
富山県	富山県再生可能エネルギービジョン	2021
石川県	石川県再生可能エネルギー推進計画	2019
福井県	福井県地球温暖化対策地域推進計画	2010
山梨県	やまなしエネルギービジョン	2030
長野県	長野県環境エネルギー戦略～第三次長野県地球温暖化防止県民計画～	2020
岐阜県	岐阜県次世代エネルギービジョン	2030
静岡県	ふじのくにエネルギー総合戦略	2020
愛知県	あいち地球温暖化防止戦略	2020
三重県	三重県新エネルギービジョン	2030
滋賀県	しがエネルギービジョン	2030
京都府	京都エコ・エネルギー戦略	2030
大阪府	おおさかエネルギー地産地消推進プラン	2020
兵庫県	兵庫県地球温暖化対策推進計画	2030
奈良県	第2次奈良県エネルギービジョン	2018
和歌山県	第4次和歌山県環境基本計画	2021
鳥取県	とっとり環境イニシアティブプラン	2014
島根県	再生可能エネルギー及び省エネルギーの推進に関する基本計画	2018
岡山県	おかやま新エネルギービジョン	2020
広島県	広島県地域新エネルギービジョン	2023
山口県	山口県再生可能エネルギー推進指針	2020
徳島県	自然エネルギー立県とくしま推進戦略	2018
香川県	香川県地球温暖化対策推進計画	2020
愛媛県	第二次えひめ環境基本計画	2019
高知県	高知県新エネルギービジョン	2020
福岡県	福岡県環境総合ビジョン	2017
佐賀県	佐賀県新エネルギー導入戦略的行動計画	2020
長崎県	長崎県再生可能エネルギー導入促進ビジョン	2030
熊本県	熊本県総合エネルギー計画	2020
大分県	大分県新エネルギービジョン	2024
宮崎県	宮崎県新エネルギービジョン	2022
鹿児島県	鹿児島県新エネルギー導入ビジョン	2020
沖縄県	沖縄県エネルギービジョン・アクションプラン	2030

表3.3.2　14県における地熱・温泉発電導入目標 [1]

県名	目標年	地熱・温泉発電の導入目標(kW)	県名	目標年	地熱・温泉発電の導入目標(kW)
北海道[2]	2020	26,000	神奈川県[9]	2030	1,100
青森県[3]	2030	41,538	静岡県[10]	2020	100
岩手県[4]	2020	110,999	兵庫県[11]	2030	1,000
宮城県[5]	2020	4,000	長崎県[12]	2030	1,300
秋田県[6]	2025	130,300	大分県[13]	2024	177,890
山形県[7]	2030	60,000	宮崎県[14]	2022	1,000
福島県[8]	2030	230,000	鹿児島県[15]	2020	62,000

1　各県において、既存の発電容量も目標に含まれている。詳細は下記の脚注を参照。
2　緑の分権改革推進会議（H23.3）「再生可能エネルギー資源等の賦存量等の調査についての統一的なガイドライン」等を基に、北海道経済部が作成した新エネルギー賦存量推計ソフトを用いて試算。
3　青森県の導入目標は、固定価格買取制度に関わる設備認定量や事業計画書を参考に設定されている。地熱発電目標の単位はkWh（3億kWh）で示されているため、見通しで想定されている設備利用率（設備容量約90万kWに対し65億kWh）を援用し、設備容量に換算した。
4　岩手県では、再生可能エネルギーによる電力自給率を2020年度に35%まで向上させる目標が設定され、それに基づいて電源別に設備容量ベースの目標が配分されている。
5　宮城県における地熱発電の導入目標は既存の設備と確実な整備計画に基づいており、大幅な増加は見込まれていない。
6　秋田県の目標は、既設の発電設備に加え、事業化が確実な1件の新設のみ目標に含まれている。
7　山形県の導入目標の中で、地熱・温泉熱発電については特段の設定根拠が不明である。
8　福島県では、2020年に県内の一次エネルギー供給に占める再生可能エネルギーの割合が40%を占めている社会を想定し、目標導入量（最大導入ケース）を設定している。また、地熱発電など導入まで長時間を要する大規模な開発についても、将来的な導入に向けた取組みを掲げる必要があると考えて、2030年度の導入目標が設定されている。また、その延長線として2040年ころを目途に、県内のエネルギー需要量の100%以上に相当する量のエネルギーを再生可能エネルギーで生み出す県を目指すとしている。
9　神奈川県は、温泉熱発電について、県内の源泉温度は比較的に低いことから温泉を直接利用する温泉熱発電の事業採算性を確保することは困難な状況であるとしながらも、温泉排熱を利用する技術開発の動向や発電事業の採算性も見極めながら、引き続き温泉資源保護を最優先に考え、発電のために温泉採取量を増やさずに、本来の温泉利用に影響を及ぼさない範囲で、宿泊施設等への導入を検討するとしている。
10　静岡県の温泉熱発電については、将来の自立的な普及を目指しながら、当面は先行的に取組む事業者に対して事業初期の負担軽減等を支援し、地域特性を生かした県内各地への多様な事例の導入を促進するとされている。
11　兵庫県の再生可能エネルギー導入目標設定は、2020年度については現在把握されている具体的な計画値の積上げに加え、想定されている対策が継続することを前提に算出されている。また、2030年度については今後も合理的な誘導策等が行われることを想定して、算出された。
12　長崎県では、2030年に再生可能エネルギーの発電電力量の割合を県内消費量の25%まで高めることを目標としている。その目標は、国の再生可能エネルギー関連政策の積極的な実施を前提としていることに加え、再生可能エネルギーの種類ごとの将来性を勘案して、設定されている。
13　大分県は、独自に定義した「エコエネルギー活用率」を2024年度には51%まで高める（現状は33%）ことを目標として、温泉熱発電については、地場企業が開発した「湯けむり発電システム」や各種バイナリー発電機等を利用した、新規掘削を要しない程度の50kWクラスのものを毎年5台程度導入することを目指すとしている。
14　宮崎県では、1992年から4年間実施された「えびの高原」周辺の調査において、バイナリー発電の可能性が示唆されており、その事業化を想定した目標値が見込まれている。
15　鹿児島県の導入目標は、2012年度までの導入実績に今後のバイナリー方式の導入見込量を踏まえたものとなっている。なお、2018年6月に新たに「再生可能エネルギー導入ビジョン2018」が策定されているが、最新データへの更新は行っていない。

2030年（6県）を中心として、その他の年次（2022、2024、2025年）にも分布している。国では2015年7月に決定された長期エネルギー需給見通し（以下、見通し）において2030年のエネルギー・ミックスが提示されている。国の見通しを比較するため、以下の分析過程では、2030年以外の目標年次を採用している県では目標年次を過ぎてもその導入量が維持されている（継続的に増加し続けない）と仮定した。

各県における地熱・温泉発電の導入目標を設定する考え方は、具体的な新設案件を想定した県もあれば、特段の根拠なく現状に比較して何割増加するという考え方も混在しており、一概に比較することは困難である（詳細は表3.3.2の注を参照）。

3.3.4 国の導入見通しの条件と各県における目標合計の乖離

表3.3.2の各県の導入目標を合計すると約85万kWとなり、国の想定（表3.3.3）のうち最も少ない90万kW（表3.3.3のケース①）に対しても約5万kW不足している。これは、ケース①における中小規模開発は現在把握されている案件のみを見込むため、国の見通しとは異なり、各県の目標は中小規模の開発が現在把握されている以上に進展し、また、大規模開発を促すような環境規制の緩和は見込まれていないことがわかる。特に後者の環境規制緩和（例えば、環境アセスメント手続きの迅速化）、あるいは温泉法に基づく各県知事の温泉掘削許可基準（2.2節を参照）を緩めれば、無秩序な温泉開発とそれに続く温泉の枯渇や観光客の減少

表3.3.3　2030年度における地熱発電の導入見込量（概算）[2]

	①最も導入見込みが少ないケース	②やや導入見込みが多いケース	③最も導入見込みが多いケース
大規模開発	32万kW	32万kW	61万kW
中・小規模開発	6万kW	24万kW	24万kW
既存発電所	52万kW	52万kW	52万kW
合計	90万kW（65億kWh）	108万kW（79億kWh）	140万kW（102億kWh）

①大規模開発は現行の環境規制の下で開発を見込み、中小規模の開発については現在把握されている案件のみの開発を見込む前提。
②中小規模の開発が現在把握されている以上に順調に進行するという前提。
③大規模の開発について，環境規制の緩和を想定した開発を見込む場合。

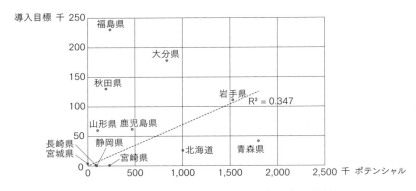

図3.3.3　県ごとの地熱資源ポテンシャルと導入目標の関係

によって影響を被るのは各地域であるため、各県が規制緩和を想定していないのは当然のことである。

次に、図3.3.1と図3.3.2を各県で合計したポテンシャルと導入目標を比較するために、横軸にポテンシャル（フラッシュ方式、バイナリー方式の合計）、縦軸に導入目標をとって、14県の数値をプロットした（図3.3.3）。

常識的には、ポテンシャルが多い県ほど導入目標が高くなると考えられるが、そのような傾向はあまり強くない（相関係数$R^2 = 0.35$）。というのも、平均的なライン（図3.3.3中の点線）を設定した場合[1]、ポテンシャルに比べて高めに目標を設定する県とそうでない県に大きく2分されるからである。言い換えると、ほぼ平均線上にのっている県は岩手県など少数であり、ポテンシャルに比較して高めの目標を設定している県には、福島県、大分県、鹿児島県、山形県が含まれている。これら4県の目標には政策的に、地熱・温泉発電の導入を促進する姿勢が反映されている。例えば福島県は、東日本大震災とそれに続く福島第一原子力発電所の事故を受け、2040年までに県内エネルギー需要の100%を再生可能エネルギーで賄うことを目標としており、その過程で2020年度には同需要の40%を再生可能エネルギーで賄う中間目標を掲げている。具体的なエネルギー源として、先行する太陽光発電のほか、水力発電、バイオマス発電と並んで地熱発電も推進している。

1　平均的なラインとは、14県のデータを基にした回帰直線のことを示している。

3.3 都道府県別に見た地熱・温泉資源量と導入目標、紛争の相互関係

3.3.5 各地における地熱・温泉発電をめぐる紛争の実態

最後に、地熱・温泉発電に関連して起きていると思われる各地の紛争について触れておく。紛争がどこで起きているかについては、上地らの手法にならい、日本のエネルギー政策をめぐる状況が大きく変化した2011年から2016年までを対象として検索した[3]。具体的には、全国紙の新聞記事（朝日、日本経済、毎日、読売、それぞれ地方版も含む）全文検索を用いて、地域における紛争を特定した。結果を表3.3.4に示す。検索のキーワードとしては「地熱発電」と「反対」の両方が含まれる記事を抽出し、その記事全文に目を通すことで、同期間で具体的な地域において紛争となっている事例の概要を整理した。その結果、紛争が生じていると判断される県は北海道、福島県、大分県、鹿児島県であり、さらに山形県においては具体的な発電計画に対してではなく、県のエネルギー計画に対して懸念が表明されていた。

紛争が生じている5県を図3.3.3上で確認すると、北海道を除いて、地熱発電ポテンシャルに対して導入目標が比較的（平均線より）高めに設定されている県であることがわかる。その理由として、ポテンシャルに比較して導入目標が高めに設定されている県においては、既存の温泉観光地や貴重な自然環境を有する地域と地熱・温泉発電の開発予定地が近接する可能性が高くなってしまうため、両者の間に関連性が生じるからであると推定される。5県のうち北海道における地熱発電の導入目標は2.6万kWと設定されているものの、2012年度実績は2.5万kW

表3.3.4 2011年から2016年に新聞記事で報じられた地熱・温泉発電関係の紛争

記事の日付	発電計画の位置	発電事業者等	反対者の属性	反対の理由
2011年10月19日	鹿児島県霧島市	九州電力等	霧島市、温泉事業者	湯量減少、泉質変化
2012年4月15日	北海道阿寒湖周辺	石油資源開発	まちづくり団体、観光協会	自然・泉源へ影響
2012年4月15日	北海道札幌市南区	豊羽鉱山	観光協会、温泉旅館組合	定山渓温泉へ影響
2012年5月16日	山形県	（県の計画）	自然保護団体、温泉協会	周辺温泉へ影響
2013年11月28日	大分県九重町	神戸物産	自然保護団体、観光協会	景観、泉脈へ影響
2015年3月29日	大雪山国立公園内	電源開発	自然保護団体	自然環境の破壊
2016年10月5日	福島県磐梯山周辺	出光興産等	周辺の温泉事業者	温泉枯渇、成分変化

であり新設目標は差し引き1,000kWとなっている。表3.3.4に示す通り、道内では阿寒湖、札幌市定山渓、大雪山の3ヵ所で紛争が生じているが、現時点で札幌市定山渓の案件では想定した蒸気量が得られず、開発計画は再検討されている。

3.3.6 おわりに

上記の分析結果に基づけば、はじめに提示した3つの問いに対する答えは次の通りである。

① 国の地熱発電導入見通しは、現時点の各県の導入目標を積み上げても達成は困難である。達成に必要な条件としては、大規模開発を促すような環境規制の緩和が有力である。
② 各県の地熱発電導入目標とポテンシャルの相関関係は弱く（$R^2 = 0.35$）、各県が、どの程度地熱発電をはじめとする再生可能エネルギーを政策的に重視するかを反映している。
③ 地熱発電ポテンシャルと紛争の関係を見ると、直接的な相関関係にあるわけではなく、ポテンシャルに比較して導入目標が相対的に高い県において紛争が生じるという間接的な影響が考えられる。

しかしながら、①に記したような大規模開発を促す環境規制緩和が行われる場合、新たな発電設備導入に伴う紛争が頻発化し、かえって地熱発電開発が進まなくなるというトレードオフが想定される。一方で、パリ協定が掲げる脱炭素に向けて再生可能エネルギー導入は不可欠である。そこで、地域の特性を理解しやすい県や市レベルにおいて、自然・生活・社会環境と地熱・温泉熱発電をはじめとする再生可能エネルギー導入が調和することを目指した保全・開発ルールが重要である。

参考文献（3.3節）

[1] エックス都市研究所・産業技術総合研究所・アジア航測：『平成25年度地熱発電に係る導入ポテンシャル精密調査・分析委託業務報告書』，2014.
[2] 資源エネルギー庁：総合エネルギー調査会長期エネルギー需給見通し小委員会（第10回会合）資料，2015.
[3] 上地成就・村山武彦・錦澤滋雄・柴田裕希：地熱発電開発を巡る紛争の要因分析，『計画行政』，39巻，3号，pp. 44-57, 2016.

西日本の温泉発電いろいろ

本書で中心に取り上げている大分県別府市以外でも、全国で温泉発電（小規模な地熱発電）の普及が続いている[1]。以下では、著者らが現地を訪問した長崎県小浜温泉（雲仙市）と兵庫県湯村温泉（新温泉町）の事例を簡単に紹介する。

(1) 長崎県小浜温泉の温泉発電

小浜温泉で2013年4月から稼働している温泉発電は、「小浜温泉バイナリー発電所」と称されており、現在はシン・エナジー（株）（旧洸陽電機）が運営事業者となっている。最大出力（発電端）は72kWで、自己消費分を差し引き、送電端では最大60kWとなっている。この発電所の歴史を紐解くことは温泉観光業との共生を考える上で、非常に興味深い。

小浜温泉は東西200m、南北1.5kmの範囲に27の源泉が位置し、泉質はナトリウム―塩化物泉（食塩泉）、泉温は最高105℃、湧出量は1987年時点の調査で日量14,500 tにのぼる。また、その豊富な温泉水のうち約7割は未利用で、さらに使途のほとんどは浴用であるため、湯の温度を下げるのに苦慮していたという[2]。こうした恵まれた温泉資源を背景として、2000年代から小浜町（現在は合併して雲仙市）やNEDO（独立行政法人新エネルギー・産業技術総合開発機構）等が地熱・温泉資源のエネルギー活用に関する調査や開発事業の提案を行ってきた。しかし、いずれの開発事業も、掘削による泉源枯渇に対する不安や地元の合意形成が不十分であったことから、反対運動に直面し、長崎県の掘削許可が得られなかったり、事業者が実証実験をとりやめたりして発電事業は実現しなかった[2]。

2010年代に入り、長崎大学の呼びかけで地元への説明、シンポジウムが繰り返され、2011年3月には小浜温泉エネルギー活用推進協議会が設立され、さらに同年5月には温泉発電の実証事業をマネジメントする一般社団法人・小浜温泉エネルギーも設立された。同法人が中心となって、2013年4月に小浜温泉バイナリー発電所が稼働を始めている。2000年代の反対運動にもかかわらず、2010年代には温泉発電の稼働に成功した要因としては、後者の事業化は地元の温泉事業者自らが主体となっていること、さらにその取組みを事業者の枠内にとどめず、周辺住民とも共有するために、「まちづくり協働部会」などの参加の場を設けていることが挙げられている[3]。

(2) 兵庫県湯村温泉の温泉発電[1]

　湯村温泉で2014年4月から運用開始されている温泉発電は、「新温泉町温泉バイナリー発電所」と称され、設計時には県の補助事業を活用しつつ、町役場が運営事業者となっている。最大出力（送電端）は20kW×2台と小浜温泉の発電設備よりは小規模であるが、設置場所である温泉「薬師湯」の消費電力のうち、約2割をまかなっている。

　湯村温泉は、兵庫県北西部に位置し、平安時代に開湯されたと伝えられる歴史の古い温泉として知られる。温泉内には49の源泉が位置し、合計で毎分2,200リットルという豊富な湯量を誇る。これら温泉の起源は地下深部で温められた地下水であり、それが湯村断層に沿って上昇し、約98℃の高温の湯が湧出している。

　湯村温泉では、2012年度から兵庫県の事業としてバイナリー発電基本設計業務が行われ、翌2013年度に発電施設整備事業が開始、2014年4月の発電施設運用開始に至っている。小浜温泉の事例と比較すると、設置場所の源泉は地方公共団体の一形態である「湯財産区」が所有・管理しており、発電事業は町の担当課が主体的に担っており、行政の関与が高いのが特徴的である。設置場所の薬師湯は湯村温泉の観光交流センターであり、災害時の福祉避難所でもあることから、リチウムイオンを用いた蓄電池10kWを備え、災害時にも温泉汲み上げポンプや必要最低限の照明・コンセントが使用可能なシステム設計が採用されている。

1　本稿の内容は、2015年9月24日に実施した新温泉町役場担当者へのヒアリング結果に基づく。なお、文中の「湯財産区」の湯は一般名詞ではなく、固有名詞として用いられている。発電事業に用いる温泉の使用は無償の取り扱いであり、発電機器について修理等の負担が生じる場合には、その金額は町が負担すると定められている。

(3) まとめ

2つの発電例を紹介したが、限られた事例からでも温泉発電の目的や事業主体には多様な選択肢があることがわかる。目的は、発電事業だけでなく、温泉観光の活性化、未利用水の有効活用、災害時の電源確保などである。また、事業の担い手としては、発電設備管理のノウハウをもつ民間事業者だけでなく、事業者の助けも借りながらも自治体行政が主体的に運営を担うことも可能である。

参考文献（コラム3.1）

[1] 国立国会図書館調査及び立法考査局農林環境課（遠藤真弘）：『調査と情報—ISSUE BRIEF— NUMBER 845 温泉発電—温泉資源と共生する再生可能エネルギー—』、pp.2-4, 2015.
[2] 馬越孝道, 佐々木裕, 小野隆弘：雲仙市小浜温泉における温泉発電プロジェクト,『長崎大学環境科学部・環境教育研究マネジメントセンター年報　地球環境研究』pp.24, 2012. ただし、源泉数については最新の数値に改めてある。
[3] 諏訪亜紀, 柴田裕希, 村山武彦（編著）：『コミュニティと共生する地熱利用』、pp.77-78, 学芸出版社, 2018.

3.4 別府温泉における新たな地熱開発の現状と影響

3.4.1 地熱開発に関わる別府温泉の科学

別府温泉は、大分県にある活火山の一つ、鶴見火山の東麓に位置する典型的な火山性温泉である（図3.4.1）。図3.4.2に示されるように、別府温泉の地下深くには、マグマに含まれる揮発性物質の影響を受け300℃にも達する塩化ナトリウム（Na-Cl）型水質の熱水が存在する。この深部熱水から派生した熱水や蒸気をもとに熱水性温泉（Na-Cl型）と蒸気性温泉（HCO_3型や$H-SO_4$型）が生成され、それらが互いに地下で出会い混合することによって、多種多様な泉質の温泉水が生み出されている[1]。地下で生成された多種多様な温泉水は、鶴見火山の東斜面に形成される扇状地の地下を高地部から低地部そして別府湾沿岸へ向けて流動していると考えられており、別府温泉地域における詳細な水文化学的研究から[2, 3]、図

図3.4.1　別府温泉の位置図。右の写真は、別府湾から見た鶴見火山の東裾野に広がる別府温泉街。

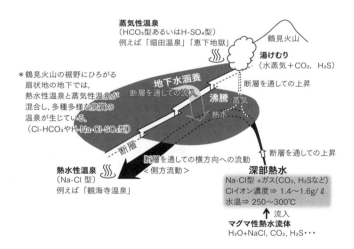

図3.4.2　別府温泉南部域をイメージした、別府温泉の多種多様な温泉の生成過程を説明する火山性熱水系モデル

3.4.3のような地下の温泉水（熱水）の流動経路が推定されている。

　別府温泉の歴史は8世紀までさかのぼることができ、そのころの人々は自然湧出の温泉や噴気を用いていた。19世紀後半には井戸掘削の技術が導入され、温泉水のほか高温の熱水や水蒸気も地下から取り出して温泉として利用するようにな

3.4 別府温泉における新たな地熱開発の現状と影響

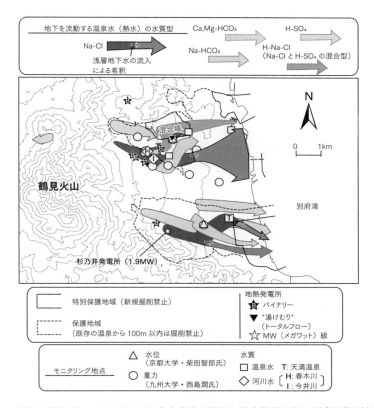

図3.4.3 別府温泉地域における地下の温泉水流動経路[2, 3]、温泉掘削規制区域（保護地域と特別保護地域）、小規模地熱発電所および既存の地熱発電所（杉乃井）ならびに自然科学的温泉モニタリング・サイトの位置。

り、今日では、少なくとも2,000以上の温泉井が東西5km×南北8kmの範囲に密集している（図3.4.4）。それら温泉井からの温泉水（水蒸気や熱水を含む）の湧出量および温泉水によって地下から地表へ運び出される熱量（放熱量）は、合計でそれぞれ5万t／日（600kg/s）、350MWになるとされている[4]。1日当たり5万tという温泉湧出量は、箱根温泉の3.1万t／日[5]、草津温泉の1万7千t／日[6]と比べるとやや大きい程度であり、日本一は少々言い過ぎだとしても、日本最大規模の温泉地であることは間違いない。この他、由佐らがまとめたデータ[7]によれば、別府温泉を際立たせている高温の熱水や水蒸気が流出する温泉井（沸騰泉や蒸気

109

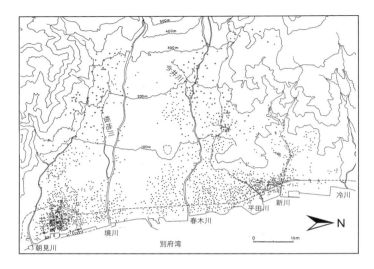

図3.4.4　別府温泉の活動源泉の分布（1985〜1987年）（文献[4]より転載、河川名を加筆）

井）の数は全体のわずか8％にすぎないが、放出水量と放熱量から見るとそれぞれ48％、79％にもなり、このことは別府温泉が新たな地熱開発のターゲットにされたことと無関係ではないだろう。

3.4.2 別府温泉における2011年以前の地熱開発とその影響

　別府温泉における温泉開発も含めた広い意味での地熱開発は、本節で主題として取り上げる小規模地熱発電所建設を目的としたものが初めてではない。2011年以前も温泉井の掘削による地下の温泉水の積極的な利用を目的に行われてきており、最初の温泉掘削は1880年代初頭に主に扇状地低地部を中心に始まった。1920年代までに温泉井の数は1000近くまで増加し、1960年代には年間100孔の勢いで温泉井が掘削され、1970年代初めには2500以上の温泉井が利用されていた（図3.4.5）。図3.4.5には、地下の温泉水を汲み上げるタイプの温泉井（動力泉）と温泉水が自ら湧出する温泉井（自噴泉）の数の推移も表されており、動力泉の数が増加するにつれて、自噴泉の数が減少する様子が見て取れる。また、1970年代に入って温泉井の総数が横ばいとなっているのは、1968年に始まった温泉資源の保護を目的とした大分県による温泉掘削制限の影響（効果）であると見るこ

3.4 別府温泉における新たな地熱開発の現状と影響

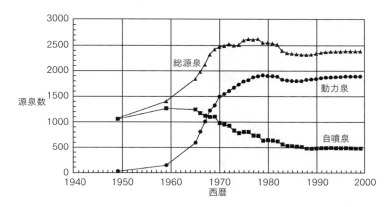

図3.4.5 別府温泉における掘削源泉数の変化(文献[8]より転載)

とができる。

1960年代の急速な井戸掘削による温泉開発は扇状地高地部にも及び、多数の沸騰泉や蒸気井が出現し、その結果、地下から多量の熱水や蒸気を取り出すことになった。その影響は地下の熱水性温泉の水頭(水圧)の低下として現れ、高地部から低地部に向かって地下を流れる熱水性温泉水の量が減り、熱水性温泉の帯水層・流動層への地下水や浅層の蒸気性温泉水の浸入が引き起こされたとされている[8]。この影響は温泉の水質(泉質)にも現れることになり、既存文献にも代表的な例がいくつか紹介されている[8, 9]が、ここでは別府温泉南部全域の泉質データに現れた変化を示す。図3.4.6は、1961年以前の大分県の温泉分析書のデータおよび由佐らの調査報告[10]に掲載の1985年と1989年の泉質データを時代別に水質キーダイヤグラムにプロットしたものである。両方を見比べると、1960年代の温泉掘削急増(図3.4.5参照)の後、Na-ClとCa, Mg-HCO$_3$の混合型水質の温泉が減り、代わりにNa-HCO$_3$とCa, Mg-HCO$_3$の混合型が増えているのが見て取れる。これは、前述の熱水性温泉の帯水層・流動層への地下水や浅層の蒸気性温泉水の浸入に対応した泉質の変化である。

また、別府温泉を流れる河川(図3.4.4：南から、朝見川、境川、春木川、平田川、新川)は温泉排水の影響を強く受けていることが、詳細な水文学的・地球化学的な調査・観測によって明らかにされている[11, 12]。図3.4.7は、別府温泉地域の河川について、温泉水の混入を示す指標であるリチウム／塩化物イオン(Li/

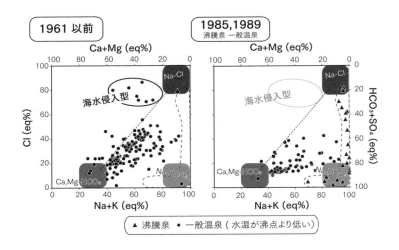

図3.4.6　別府温泉南部全域の温泉水質（泉質）の変化。1961年以前の泉質データは大分県の温泉分析書[1]、1985年および1989年の泉質データは文献[10]からそれぞれ引用した。

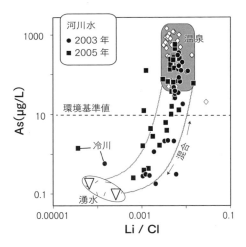

図3.4.7　別府温泉を流れる5つの河川のリチウムイオン/塩化物イオン（Li/Cl）比とヒ素（As）濃度の関係図。冷川(ひやかわ)は、別府の温泉地域を外れた日本の一般的な河川と同等な水質を示す河川。湧水は別府温泉の河川上流域に存在する扇状地湧水。

1　http://www.pref.oita.jp/site/onsen/onsen-kenkyu.htmlからダウンロード可。

3.4 別府温泉における新たな地熱開発の現状と影響

Cl）比とヒ素（As）濃度の関係を表したものである。扇状地湧水に見られるような浅層の地下水から成る河川水に温泉由来のAsが混入している様子がうつしだされており、どの河川も既に中流域でAsの環境基準値を大きく超えていることが明らかにされた。同様な関係はホウ素（B）にも認められ、AsとBの別府の河川への年間流出量はそれぞれ4.3 tと82 tと見積もられている。また、別府温泉地域の河川にはリチウム（Li）、セシウム（Cs）、ルビジウム（Rb）といった有用金属元素も含まれており、河川への流出量はそれぞれ34、0.4、5.4 t／日である。さらに、ケイ酸（SiO_2）に富む温泉排水の河川への流入はいくつかの河川における珪藻の増加に関与しているとされ、別府湾への河川由来の珪藻の排出量は年間10 t以上にもなると推測されている[13]。

河川水中の主要な化学成分のひとつであるナトリウムイオン（Na^+）と塩化物イオン（Cl^-）の年間流出量を別府のすべての河川で合計すると、それぞれ17.4、24.6 t／日となり、この値は沸騰泉からのそれらのイオンの総流出量17.8、24.8 t／日[7]とほぼ一致する。このことから、河川水中のNa^+とCl^-は沸騰泉を成すNa-Cl型の熱水性温泉に由来すると考えることができ、前出のAs、B、Li、Cs、RbもNa-Cl型の熱水性温泉に豊富に含まれることから、同様に沸騰泉から河川へ流出したものであると推定できる。別府温泉地域を流れるすべての河川は、冷川を除き、その流路の全区間でほぼコンクリート三面張りになっており、これに沸騰泉の多く分布する河川上流域が下水道未整備地区に当たっていることが拍車をかけ[14]、沸騰泉からの温泉排水成分のほぼ全量が河川の河口まで流れ下り、別府湾の沿岸域に化学的・生物学的な影響を及ぼしている可能性が示唆された。

3.4.3 別府温泉における小規模地熱発電の導入と懸念事項

2011年3月11日の東日本大震災後の福島第一原子力発電所事故により、再生可能エネルギーを利用して電力供給を増やす必要性が広く議論され、一つの重要なエネルギー資源として地熱が注目を集めた。電気事業者による再生可能エネルギー電気の調達に関する特別措置法、いわゆるFIT法に基づいた再生可能エネルギー固定価格買取制度にあやかり、2,000kW以下の小規模な地熱発電（一般的には「温泉発電」や「温泉熱発電」と呼ばれているが、本節では「小規模地熱発電」と呼ぶ）に関心が向けられた。他の地域に比べて高温温泉が多量に湧出する別府温泉では、間もなく小規模地熱発電施設の導入の検討が始まり、2013年1月には

図3.4.8　別府温泉地域に建設された小規模地熱発電所の例。バイナリー発電（A：小倉1組、B：南立石一区3組、C：火売8組）、トータルフロー発電方式のいわゆる「湯けむり発電」（D：火売6組）。

既存泉源を利用した小規模地熱発電所の第1号が試験操業を開始した。発電施設における技術者配置の規制緩和や技術開発の補助金や導入促進の固定価格買取制度（FIT）など温泉発電導入の取り組みを支える政府や大分県の働きかけ・動きもあって、その後も小規模地熱発電所の開設が続くことになる。別府市の公式報告によると、2015年6月の時点で9件の小規模地熱発電所が稼働しており、さらに2016年9月には別府市との事前協議により5つの申請が承認されたとされている。2017年末の時点で著者自身が確認している小規模地熱発電所の位置を図3.4.3上に示し、小規模規模地熱発電所の数例の写真を図3.4.8に示した。図3.4.3には、別府温泉地域の地下の温泉水（熱水）の推定流動経路[2, 3]と、1968年に大分県が設定した温泉の特別保護地域および保護地域の範囲も示してあり、この諸情報を重ねた図から、ほとんどすべての小規模地熱発電所がNa-Cl型の高温熱水（熱水性温泉）の流動経路の上流部に位置することや、小規模地熱発電所のいくつかは保護地域の外に建設されているなど重要なことを読み取ることができる。

このように別府温泉地域に地熱発電所が続々と建設されていく中、著者は、小規模地熱発電所がターゲットとする沸騰泉の多くが自噴するもので、大分県環境審議会温泉部会内規に定められている動力揚湯の上限値50L/minの制限を受けな

いということに早々に気づいた。つまり、自噴沸騰泉からの温泉水の流出量は最大で1,000L/minになると聞くが、その全量（実に揚湯制限量の20倍）を取り出してもルール違反にはならないということである。また、1,000L/minの温泉流出量は1日当たりに換算すると1,440ｔであり、仮にそれと同様な流出量のある沸騰泉5カ所で地熱発電を行ったとすると、使用する温泉水量は1日当たり7,200ｔにもなり、この量は前述の別府温泉の温泉湧出量（5万ｔ／日）の7分の1にもなるため、既存温泉への影響が懸念された。このような心配をよそに、2013年の7月には小規模地熱発電を目的とした温泉井の新規掘削の申請が大分県に提出され、指定の要件を満たしたため環境審議会温泉部会における審議を経て許可されるという事態に至り、別府温泉における地熱開発は新たな局面を迎えた。この発電目的の新規掘削は、利用されることなく沸騰泉から垂れ流しになっている未利用の温泉水を活用して発電を行うものと信じていた著者を落胆させ、大分県としても大変苦慮したようだ。

3.4.4　小規模地熱発電導入に伴う諸問題への対応

　以上のように小規模地熱発電所の建設計画・開設が急ピッチでなされる中、大分県は、2,000kW未満の小規模地熱発電を目的とした温泉井掘削申請に対応するため、2014年10月1日に大分県環境審議会温泉部会内規にある掘削許可基準を一部改定した。また、同県は、温泉資源の保護と適正利用の推進、温泉資源の利用をめぐって新たに生じている課題や社会経済情勢の変化などに適切に対応するため、2016年3月に、以後9年間の大分県の温泉行政の指針となる「おおいた温泉基本計画」を策定した。別府市は、市内での温泉発電等の導入が自然環境や生活環境と調和し、市民との共生をはかられながら行われるよう「別府市温泉発電等の地域共生を図る条例」を制定し、2017年4月には温泉発電等対策審議会を発足させた。また、全国レベルでは、2016年6月に独立行政法人石油天然ガス・金属鉱物資源機構（JOGMEC）が地熱資源開発アドバイザリー委員会を設置し、地方自治体が取り組む適切な地熱資源管理を支援している。以上は行政および関連組織による対応であるが、フィールドでの科学者らによる知見の蓄積のために取られた対応に以下のようなものがある。

　大分県は、持続的な温泉資源の利用推進をはかるため、2015〜2017年に別府市内の10カ所の温泉井に温度・孔口圧力・湧出量を計測するための自動計測機

器を設置して継続的な観測を実施している。別府市は、2016年12月から2017年1月までの期間に、別府市内の約100の沸騰泉・蒸気井において温泉水の温度と湧出量の調査を実施した。著者の研究グループは、小規模地熱発電所による本格的な発電が始まるおよそ1年前の2013年の1月より別府市内の温泉井で温泉水の化学的モニタリングを始め、翌年の4月からは、柴田智郎氏（京都大学）と西島潤氏（九州大学）がそれぞれ温泉井の地下水位の継続的モニタリングと重力変化の繰り返し測定を開始した。また、後日、当該地熱開発の活発なエリア付近に河川水の水質モニタリング地点を新たに設け、温泉水のモニタリング地点を増設した。それらすべてのモニタリング地点の位置を図3.4.3に表した。詳細は2.3節を参照されたい。これらの他にも特筆すべき取り組みとして、地域の市民や関係機関と連携し共同で温泉を調査する新しいモニタリング方法が提案され、2016年11月13日、別府市内の65カ所の温泉で一斉に水温と水質データが収集され、その成果が公開されている[15]。これについての詳細は5.7節を参照されたい。

3.4.5 問題への対応の結果と提言

　小規模地熱発電導入に伴う諸問題への対応の成果として、ここでは、著者の研究グループで行っている温泉・河川の水質モニタリングのうち、河川水のデータに見られた変化について紹介する。表3.4.1は、小規模地熱発電所の建設が集中するエリアに近接する河川（春木川とその支流の今井川）に設けたモニタリング・サイト（図3.4.1の◇のHとI）における河川水の水温・電気伝導度・pHおよび主要溶存化学成分の濃度を示したものである。両河川では、小規模地熱発電所の建設が始まってから後（該当する調査日とデータを灰色に網かけした）、水温、pH、マグネシウム（Mg）、カルシウム（Ca）、硫酸イオン（SO_4）、炭酸水素イオン（HCO_3）の濃度は大きく変化していないが、ナトリウム（Na）、カリウムイオン（K）、塩化物イオン（Cl）の濃度が著しく増加した。前述のように、NaおよびClは、沸騰泉を成すNa-Cl型の熱水性温泉に由来する化学成分であることから、河川水のこれらのイオン濃度の増加を温泉排水の影響であるとすることは妥当であると考えている。また、この結果は、既に別府温泉地域を流れる河川の中・下流域で見られていた河川水質と河川生態系への温泉排水の影響[11-13]が、今回の新たな地熱開発による小規模地熱発電所の建設・稼働により上流域にまで拡大したことを示している。

3.4 別府温泉における新たな地熱開発の現状と影響

表3.4.1 最も地熱開発の活発なエリア周辺の河川の水質モニタリングのデータ。灰色のハッチは小規模地熱発電所の建設が始まった後に対応する。

(a) 春木川 – 照湯温泉側（図3.4.3の◇H）

調査日	水温 (°C)	電導度 (mS/m)	pH	Na (mg/L)	K (mg/L)	Mg (mg/L)	Ca (mg/L)	Cl (mg/L)	SO$_4$ (mg/L)	HCO$_3$ (mg/L)
2003/9/1	26.6	38	8.2	28	5	10	26	9	85	90
2005/6/21	24	46	7.9	41	6	11	28	13	98	122
2009/8/20	28	35	8.1	23	4	12	30	4	62	153
2015/4/21	21.1	34	8.2	22	4	11	27	7	62	114
2015/5/26	26	34	8.8	23	4	11	27	7	65	114
2015/7/28	34.4	165	8.3	249	37	9	27	375	65	102
2015/8/6	33.6	127	8.2	182	28	11	29	266	63	107
2015/9/29	25.7	35	7.9	23	5	11	27	13	65	97
2015/11/1	26.1	129	8.2	193	27	10	28	282	61	107
2015/11/25	22.9	136	8.1	194	27	10	28	283	62	105
2016/2/9	13.6	110	8.8	155	24	10	25	220	62	112

(b) 今井川 – 春木川との合流直前地点（図3.4.3の◇I）

調査日	水温 (°C)	電導度 (mS/m)	pH	Na (mg/L)	K (mg/L)	Mg (mg/L)	Ca (mg/L)	Cl (mg/L)	SO$_4$ (mg/L)	HCO$_3$ (mg/L)
2003/9/1	38.7	100	7.5	143	20	6	18	206	43	90
2005/6/21	28.8	103	7.9	157	22	6	17	223	53	101
2009/8/20	36.4	107	8.1	153	22	8	23	182	57	112
2015/4/21	36.6	282	8.5	475	70	5	18	766	58	102

最後に、別府温泉における温泉資源の保全や地熱開発の今後について、著者の意見を以下に示す。

① 別府温泉における新たな地熱開発地域は、図3.4.3からも見て取れるように、温泉掘削制限区域の外に当たっている場合が少なくない。これは、地下の温泉水の流動経路や別府温泉のすべての温泉水の元となる深部熱水（図3.4.2参照）の理解が不十分であったことに関係すると推察するが、温泉掘削制限区域が設定された1968年以降の研究によって得られた新知見を含めた調査データにもとづいて制限区域を見直す必要があろう。

② 地熱発電に使用される熱水は使用後に地中に戻す（地下還元という）のがよいといわれているが、別府温泉の場合、小規模地熱発電所は地下の温泉流動

経路の上流域に陣取っているため（図3.4.3参照）、発電後の温度の下がった熱水を不用意に地下に還元すると、それより下流部で地下の温泉水を揚湯し使用している既存温泉に悪影響を及ぼす可能性を否定できない。使用後の温泉水（熱水）の地下還元は周到な計画のもとに実施されるのがよい。

③ 前述のように、大分県では、地下の温泉水を井戸掘削によって取り出す場合であっても、自力で湧出する温泉水については採湯量に制限を設けていない。温泉水の自噴量を制御するのは面倒であることは理解できるが、制限しなかったことは、結果として（予想していたことではあったが）「出るものは出てくるだけ使ってよい」というように受け取られてしまった感がある。大量の熱水を使用する地熱発電では（発電目的に限らないが）、例えば1000L/minの湧出があるような自噴沸騰泉では揚湯して使用している温泉（最大50L/min）の20件分以上を使っているというふうに強く意識して、慎重かつ紳士的に計画されるように望む。

参考文献（3.4節）

[1] Allis, R.G., Yusa, Y.:Fluid flow processes in the Beppu geothermal system, Japan, *Geothermics*, Vol.19, pp.743-759, 1989.

[2] 大沢信二，由佐悠紀，北岡豪一：別府南部における温泉水の流動経路，『温泉科学』，44号, pp. 199-208, 1994.

[3] 大沢信二，由佐悠紀：温泉水の化学組成から推定される別府北部地域の地下温泉水の流動経路，『平成7年度科学研究費補助金（一般研究B）研究成果報告書「地熱流体流動過程と地下構造に関する研究」（研究代表者：由佐悠紀）』，pp. 103-114, 1996.

[4] 由佐悠紀，大石郁朗：別府温泉の統計―昭和60～62年における採取水量および熱量―，『大分県温泉調査研究会報告』，39号, pp. 1-6, 1988.

[5] 菊川城司：箱根火山と温泉，『しぜんのとびら』，18号, pp. 31-32, 2012.

[6] 上木賢太，寺田暁彦：草津白根火山の巡検案内書，『火山』，57巻, pp. 235-251, 2012.

[7] 由佐悠紀，野田徹郎，北岡豪一：地熱地域を含む温泉地からの流出水量，熱量および化学成分量―別府温泉の場合，『温泉工学会誌』，10巻, pp. 94-108, 1975.

[8] 由佐悠紀，大沢信二，北岡豪一：別府温泉における温泉水系の変動，『大分県温泉調査研究会報告』，53号, pp.1-11, 2002.

［9］大沢信二, 三島壮智, 竹村恵二：天満温泉（別府市）の泉質モニタリング,『大分県温泉調査研究会報告』, 67号, pp. 15-22, 2016.

［10］由佐悠紀, 神山孝吉, 川野田実夫：別府温泉南部域の化学成分長期変化について(2),『大分県温泉調査研究会報告』, 40号, pp. 21-29, 1989.

［11］大沢信二, 渡邊康平, 髙松信樹, 加藤尚之：未利用温泉資源量に関する基礎調査と研究（Ⅱ）―温泉から河川への有用金属元素の流出量―,『大分県温泉調査研究会報告』, 59号, pp. 13-19, 2008.

［12］大沢信二, 山崎一, 髙松信樹, 山田誠, 網田和宏, 加藤尚之：温泉から河川への有用金属元素の流出―未利用温泉資源量に関する基礎調査と研究―,『大分県温泉調査研究会報告』, 58号, pp. 21-30, 2007.

［13］山田誠, 三島壮智, 大沢信二, 酒井拓哉, 齋藤光代：河川生態系に対する温泉排水の影響に関する研究―別府地域における河川水質と珪藻流出量の関係―,『大分県温泉調査研究会報告』, 61号, pp. 15-24, 2010.

［14］酒井拓哉, 川野田実夫, 大沢信二, 馬渡秀夫, 山田誠, 三島壮智：別府地域の河川水質への温泉排水の影響評価,『大分県温泉調査研究会報告』, 61号, pp. 47-58, 2011.

［15］由佐悠紀, 山田誠：2016（平成28）年11月13日の別府温泉一斉調査,『大分県温泉調査研究会報告』, 68号, pp. 1-7, 2017.

別府市温泉発電等の地域共生を図る条例

(1)「別府市温泉発電等の地域共生を図る条例」の制定背景とその内容

2012年7月に固定価格買取制度（FIT）が開始されて以来、別府市では多くの温泉発電設備が導入されてきた（図1参照）。そうした中、無秩序な温泉発電設備の導入を制御するため、当市は2014年9月に地域の理解、関係法令の遵守、無秩序な導入の防止を目的とした「別府市地域新エネルギー導入の事前手続等に関する要綱」を制定した。

しかし、大規模資本の参入が激増するだけでなく、近隣住民に対する説明不足、冷却設備に対する騒音対策の不備、掘削後の源泉管理の不徹底による噴気・騒音公害、そして熱水の不適切な排出などによって多くの苦情が市に寄せられるとともに、温泉資源の過剰利用や地下水の過剰揚水の問題も懸念され、当該要綱による行政指導にも限界が見られるようになった。そこで、当市は温泉発電等の設備導入に

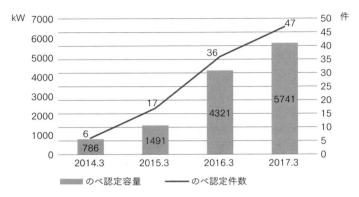

図1　別府市地域の温泉発電等の設備認定件数の推移

関して温泉資源の保護、生活環境の保全、地元の理解促進、地域貢献の観点から、行政がある一定の指導監督を行い持続可能な秩序ある利活用を図る必要性を再認識し、2016年3月に「別府市温泉発電等の地域共生を図る条例」を制定した。

　本条例の主な内容としては、温泉発電等の設備を導入する事業者（以下、導入事業者という）は事前協議の申出として事業計画書など必要書類を市に提出する。その事業計画書等に対して市の関係各課からの意見を集約し、導入に関する必要な手続きやその他必要な事項を定めた事前協議事項通知書を導入事業者に通知する。通知後、導入事業者は市の指導に基づき、周辺環境調査の実施や騒音防止計画書の作成、地元説明会の開催、（河川等に熱水を排出する場合は）水利関係者の承諾の手続きに入る。以上の手続き等を終えた導入事業者は事前協議の完了報告を行う必要があり、それを市が審査した結果、妥当と認めた場合は事前協議の完了を承認する。承認された導入事業者は工事に着手でき、工事着工および工事完了を市に届け出ることになる。また、当該条例の規定違反、報告書や手続きについて虚偽または不正行為があれば、市は導入事業者から意見聴取の上、改善勧告を行うことができ、勧告に従わない場合には関係機関への情報提供等の公表が可能となる。

(2) 同条例の運用状況と課題

　2017年12月末現在の事前協議の申出件数は、16件であった。そのうち事前協議の完了が承認されたのは、13件（うち要綱時に事前相談があった経過措置対象の件数は3件。）である。その13件のうち、地元説明会を実施したのが9件で、個別説明となったのは4件である。また、13件のうち約半数の6件に対して説明会等の

やり直しを要請した。事前協議の完了が承認されなかった案件はなく、また、条例の規定違反等により改善勧告あるいは公表に至った案件も存在しない。条例施行前1年間（2015年5月〜2016年4月）の苦情件数は16件であったが、条例施行後1年間（2016年5月〜2017年4月）の苦情件数は4件と減少しており、2017年12月末現在も温泉発電等に関する苦情はほとんどない。

　2016年度に実施した温泉資源量調査を基に、本条例における温泉資源保護の観点を補完すべく2018年6月に当該条例の一部改正を行った。この改正により、別府温泉郷の地熱源の近接地域を指定し、その地域内で行われる地熱開発に対して温泉掘削前に地熱資源調査やモニタリングの実施、事前説明会の開催を義務付けさせることにより、温泉掘削前に周辺源泉への影響を事前に精査できる仕組みを新たに追加した。

　今後は本条例だけでなく、別府市地域における温泉法による規制が再検討されることによって、地熱開発に対するクロスチェックやそのコントロールが可能となり持続可能な温泉資源の利活用につながるものと考える。

第4章
「食料」エネルギー・食料・水・生物・生態系のネクサス

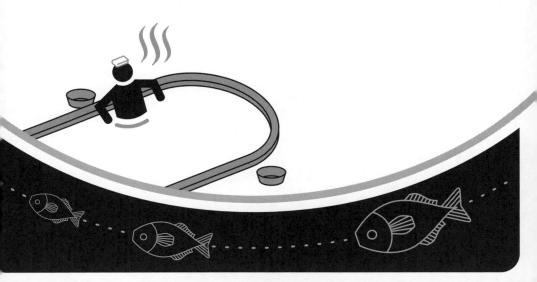

4.1 再生可能エネルギーと熱のカスケード(多段階)利用

4.1.1 はじめに

我が国では再生可能エネルギーの導入拡大に経済的動機を付与する固定価格買取制度が2012年7月に施行された。この制度はあくまでも再生可能エネルギーによって得られた電力を対象としており、熱は対象としていないが、エネルギー需要は熱源であることも多い。暖房・冷房用には、電気を熱に転換して供給するよりも、温熱・冷熱を直接供給する方が効率的である。

再生可能エネルギーとしての熱利用形態は多岐にわたる。具体的には、以下のように分類される。

- 暖熱利用：太陽熱、地熱・温泉熱、バイオマス熱
- 冷熱利用：雪氷熱
- 場所や季節によって暖熱にも冷熱にも利用されるもの：地中熱・地下水熱、河川熱、海水熱(海洋深層水など)

本節では、再生可能エネルギーを直接的あるいは間接的に利用した際に得られる熱の利用拡大を図っていく上での現状と課題、そしてその解決策の一つである熱のカスケード(多段階)利用について、温泉熱を例に紹介する。

4.1.2 温泉熱利用の現状と課題

我が国全体で見ると、温泉熱の利活用はまだ十分に進んでいるとは言いがたい。一方で、温泉熱利用が既に地域の環境や文化など他の要素とのコンフリクト(軋轢)を生じさせている例もある。

長崎県雲仙市小浜温泉、兵庫県新温泉町湯村温泉、大分県別府市鉄輪温泉のように源泉温度が比較的高温な温泉では、温泉水が高温を保ったまま近隣の河川や海洋に排出されている。そのため、これらの地区では排水溝の至るところから湯けむりが上がり、温泉街の風情を大いに醸し出している。これは文化面からは好ましいことである。

しかし、例えば鉄輪温泉の温泉排水が流入する平田川は周辺の河川よりも水温

が10℃程度高く、温泉成分起源と考えられるケイ酸塩濃度も高い。その結果、付着藻類の成長が促進され、本来は別府市よりも南の熱帯・亜熱帯域を好み、また付着藻類を捕食する魚類であるティラピアにとって好適な環境が形成されている[1]。日本ではティラピアは元々外来種であるため、在来種への影響が懸念されている。また、直接の因果関係はまだ明らかではないが、ユスリカの大量発生が時として流域住民を悩ませている。さらに、温泉熱発電に利用された温泉水が近隣の河川の水質変化に影響を及ぼしている可能性も指摘されている[2]。温泉成分には人体にとって有害な微量重金属が含まれる場合もあり、それらによる悪影響を最小限にするためにも、温泉水の水温を下げてから排出するのが望ましい。

　また、高温の温泉水は、浴用に供するためであっても水温を下げる必要があるが、そのために加水すると「源泉かけ流し」の表記ができなくなり[3]、温泉愛好家を落胆させることになる。この観点からも、加水以外の方法で「湯もみ」する必要がある。

4.1.3　温泉熱のカスケード（多段階）利用

　「湯もみ」とは、温泉水の水温を下げることである。高すぎる温泉熱は邪魔者であるが、この余剰熱を有効に利活用する道筋はないだろうか。

　熱利用は、用途によって適切な温度帯が異なる（図4.1.1）。そのため、いったんある用途で熱利用した温泉水を別の用途で再び熱利用することは可能であり、こ

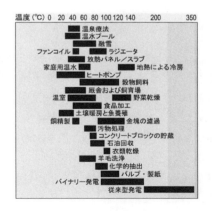

図4.1.1　地熱・温泉熱の利用形態ごとの適温帯[4]

のような熱利用形態をカスケード（多段階）利用と呼ぶ。同じ温泉水を何度か利用するので、温泉水を一度きりで捨ててしまう場合に比べ、水の持続可能性の観点からは好ましい。比較的高温な地熱・温泉熱は、最初は地熱発電、次に食品加工、農作物生産、浴用、養殖など、多様なカスケード利用が可能である。また、農作物の温室栽培と水産資源の陸上養殖では、相対的に低温域の熱も利用できるため、カスケード利用の下流側で展開でき、源泉温度の高低に関わらず幅広く適用可能である。

　以上のように、温泉水が持つ熱という再生可能エネルギーを利用して食料を生産することは、人間にとってなくてはならない三種の神器である水・エネルギー・食料ネクサス（連環）を象徴する事例である。以下、温泉熱の利用について、農作物の温室栽培と水産資源の陸上養殖を中心に述べる。

(1) 温泉熱を利用した農産物の温室栽培

　農産物生産は露地栽培と温室栽培に区分されるが、温室栽培は温室内の気温や地温を調整できるため、年間を通じて安定的に農作物生産を行えるという利点がある。これまでは石油の燃焼によって発生する熱を利用した温室栽培が主流であったが、近年では石油価格の高騰や地球温暖化問題への関心の高まりから、熱源を化石燃料から再生可能エネルギーに転換する先進事例が徐々に増えており、いくつかの事例では十分な採算性を確保できている。今後、再生可能エネルギーの導入拡大に伴い、市場規模が大きくなることで生産性や経済効率が上がるスケールメリットを得られれば、採算性の面でもさらに有利に展開できるようになると期待される。

　再生可能エネルギーを利用した農作物の温室栽培の主な熱源は、温泉熱、バイオマス熱、地中熱、雪氷熱などである。このうち、温泉熱で農作物を温室栽培した先進事例の一例を表4.1.1に示す。作付単価が比較的高値である農作物を、露地栽培物や輸入物と競合しないように栽培すると経済性を見込める。

　藤原らは、温泉施設の多くで浴用に使われた温泉水がそのまま捨てられていること、そして排水でも30℃以上の水温を維持していることに着目し、この熱を有効活用する可能性を検討した[5]。一方、北海道夕張市は地域経済活性化のためにアスパラガスを通年栽培することを検討していた。同市は豪雪地帯であり、廃校となった小学校などの施設に雪を蓄積し、その雪が持つ冷熱を利用したホワイト

4.1 再生可能エネルギーと熱のカスケード（多段階）利用

表4.1.1 温泉熱を利用した農作物の温室栽培の先進事例の一例。イチゴに関しては本書6章7節[5]も参照されたい。

品目	主な実施主体
イチゴ	縁間（大分県別府市）など
アスパラガス	夕張リゾート（北海道夕張市）など
花き	大分県農林水産研究指導センター（大分県別府市）など
野菜	野村北海道菜園（北海道弟子屈町）など
シイタケ	てつなぎ工房（北海道弟子屈町）など

アスパラガスの生産に道筋をつけた。これは夏季に及ぶまで雪を貯蓄できれば季節問わず安定的な出荷が見込まれ、厄介者である雪を冷熱を持つ資源として活用するという点でも画期的である。またグリーンアスパラガスは、夏季は北海道でも露地栽培による大量生産が行われているが、それ以外の季節は主に輸入物に依存している。しかし、十分な地温を与えれば夏季以外でも栽培は可能である。これまでの温室栽培では苗床に電熱線を張り巡らせて適切な地温を確保することで温室栽培が行われてきたが、電気代がかかること、そして地球温暖化問題への関心の高まりから、再生可能エネルギーへの転換が叫ばれていた。

そこで藤原らは、同市の既存の温泉施設の横に設置された温室において、浴用後の温泉熱、および同施設のボイラー室の機械発生熱を併用してグリーンアスパラガスを栽培したときの環境性、経済性の両面を定量的に評価した[5]。その結果、従来型の電熱線を利用した温室栽培に比べてCO_2排出量を75%削減できる反面、経済コストは従来型の温室栽培よりも増加することがわかった。しかし、将来の化石燃料の価格は乱高下を繰り返しつつも長期的には上昇することが予想される。また市民の環境意識の高まりにより、再生可能エネルギーを活用して栽培された農作物は付加価値がついて若干高値で取引されることも期待できるようになった。よって、将来的には、上記の取組みが十分な経済性を持つようになる可能性も考えられる。そのような社会情勢の変化に対して迅速かつ着実に対応できるように、多面的な準備をしておくことが肝要だと考えられる。

(2) 温泉熱を利用した水産資源の陸上養殖

地球温暖化に伴う海水温上昇が世界中で報告されているが、日本近海の海水温は世界平均を遥かに上回る速度で上昇している。海洋生物の多くは変温動物であり、海水温がその生息域を大きく左右するため、日本近海では既に様々な海洋生

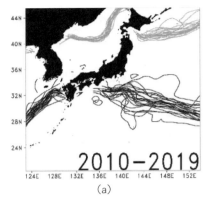 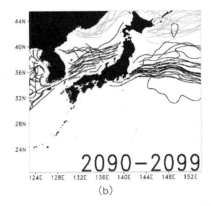

図4.1.2　日本近海における現在((a)2010年代)と将来((b)2090年代)のトラフグ養殖適域の予測結果(文献[7]より改変)。分布域の北限(年最低水温4℃等温線(灰色)で定義)と南限(年最高水温28℃等温線(黒色))に挟まれた海域を養殖適域と定義した。各等温線は文献[8]で用いられた各気候モデルの結果を表す。

物の生息域の顕著な遷移が報告されている[6]。

　大気中に放出された人為起源CO_2は海水に溶け込むと弱酸性を示し、弱アルカリ性の海水の性質を中性あるいは酸性の方向に向かわせる。この現象を海洋酸性化と呼ぶ。海洋酸性化が進行すると、貝類やエビ・カニ類、ウニ類など炭酸カルシウムや炭酸マグネシウムの殻をもつ生物(以下、石灰化生物)は殻が形成されにくく、あるいは溶けやすくなり、暮らしにくくなることが懸念される。

　また、近年の水産資源の乱獲により、天然の水産資源量は概ね減少傾向にある。一方、世界的な水産資源需要は増加の一途をたどっており、天然の水産資源量の減少を補う形で養殖による水産資源の供給量が増えている。既に世界の魚類消費量においては、漁獲された天然魚よりも養殖魚の方が多い。

　上記のような変化に対応していくためには、今後は地球温暖化・海洋酸性化の主要な原因である人為起源CO_2の排出抑制や天然の水産資源管理を最大限に進める一方、環境変化を考慮しつつ養殖による水産資源の生産を拡大していく必要がある。これまで、海産魚の養殖の多くは海洋沿岸域の養殖施設で行われてきた。しかし、今後予測される海水温上昇を考えると、現在の養殖場所が将来にわたっても適地であり続けるかどうかは保証の限りではない。トラフグを例に、海水温で見た場合の日本近海における養殖適域の予測結果を図4.1.2に示す。この結果

は、将来的には海水温上昇と共に養殖適域も北東に移動させていく必要性を示唆している。トラフグは現在、主に西日本で養殖されているが、地形的に内湾のような比較的波当たりの穏やかな海域も多く、台風などの荒天時にも被害を回避できる場合も多い。しかし、日本列島は日本海側では富山湾以北、太平洋側では房総半島以北は比較的内湾が少なく、荒天時の波当たりの影響を回避できる海域が少なくなってしまう可能性がある。一方、海洋酸性化影響はCO_2の溶解度が高い低温域でより顕著になるため、高緯度側で貝類などの石灰化生物を養殖する場合には、海洋酸性化の影響も合わせて考慮する必要がある。一般的には、養殖に必要な設備は、いったん導入すると初期投資費用を回収するために数十年使用し続けることが求められるため、養殖業を維持・発展させていくためには、数十年先の環境変化を見据えた上で養殖対象種や養殖場所を選定する、加えて石灰化生物は低CO_2環境で種苗を育成するといった対策が必要となる[7, 9]。

そこで、将来を見据えた選択肢の一つに、海産種の陸上養殖の拡大が挙げられる。海産種にとって好適な環境を陸上でも作り出すことができれば、海洋よりも飼育環境を制御しやすく、また荒天による影響、赤潮被害や他の海洋生物による食害といった被害を回避できるので、海洋環境に左右されることなく、養殖対象種の成長促進や品質向上、安定的な生産を期待できる[10]。その他の利点として、疾病防除、無投薬、適温飼育、トレーサビリティ（物品の流通経路の追跡可能性）の確立、省力化などが可能であること、そして漁業権が不要なため新規参入しやすいことなどが挙げられる[11]。

陸上養殖の中でも、一度貯めた養殖水を濾過などを行いながら一定期間循環させて養殖を行う閉鎖循環型陸上養殖は、環境へ排出する水の量が少ないため環境に優しい、またトレーサビリティの確立が容易な養殖方法として近年注目を浴びている[11, 12]。低環境負荷型の安心・安全な食材として付加価値を付けて出荷することができるだけでなく、高密度での飼育が可能な上、病原体の侵入の防止や、水温維持に関わる運営経費の削減など利点は大きく[13]、環境性だけでなく経済性も見込める。

一方、陸上養殖の課題として、一般的に設備の初期投資費用や運営経費が高く、生産性が問われる点が挙げられる。このうち、運営経費の多くの部分を水温調整のための光熱費が占めており、その軽減が求められている。そのため、化石燃料による加熱・冷熱の代わりに、地域資源である温泉熱やバイオマス熱、あるいは

表4.1.2　温泉熱を利用した水産資源の陸上養殖の先進事例の一例

品目	主な実施主体
ティラピア	ホテルパークウェイ（北海道弟子屈町）、湯原漁業協同組合（岡山県真庭市）など
トラフグ	夢創造（栃木県那賀川町）、大分水産（大分県杵築市）など
ウナギ	大分水産（大分県杵築市）など

地下水熱といった再生可能エネルギーを有効活用して陸上養殖を実施する先進事例も見られるようになった。このうち、温泉熱で水産資源を陸上養殖している先進事例の一例を表4.1.2に示す。農作物同様、採算性を見込める高級魚を対象としている事例が多い。

　海産魚の陸上養殖を行う場合に特に重要なのはやはり水温管理であるが、温泉熱のカスケード利用を考える場合、養殖は比較的低温側に位置づけられ、源泉温度が低い温泉水でも比較的適用が容易であり、汎用性が高いと考えられる。また、陸上養殖の多くでは人工海水を用いるが、栃木県那賀川町の温泉トラフグ養殖[14]のように、生理食塩水に近い塩分濃度を持つ温泉水をそのまま利用すれば、さらに運営経費を下げることができる。

4.1.4　温泉熱のカスケード利用の推進に向けて

　電力と異なり、熱はそのままの形態では遠方に運べないため、熱の需給は基本的にはごく狭い空間規模で行う必要がある。これは一見、深刻な制約であるが、逆にこれを推進力にすることで、地域資源である熱の地産地消を中核とした地域社会づくりが可能となる。温泉熱の場合、そのカスケード利用を地域で推進していくことで期待される便益として、以下の事柄が挙げられる。

- 温泉排水の水温低下による、環境への影響軽減
- 化石燃料から温泉熱へのエネルギー代替に伴う温室効果ガス削減、および燃料購入費の軽減による富の域外流出の緩和
- 施設の設置・維持・管理に必要な雇用の創出と地域経済への波及効果

　温泉熱利用の場合、原子力発電のように過度に高度な技術は不要で、重大なリスクもはるかに少ない。一方、温泉特有の問題として、泉質にもよるが、温泉を通す配管の腐食や、析出した温泉成分（スケール）の付着による目詰まりを起こし

やすく、清掃や交換などの手間が必要となる[10]。つまり、温泉熱利用設備の運営・管理を日常的に担う人材が不可欠であり、これは地域における雇用の拡大という便益をもたらす。また、(株)夢創造(栃木県那賀川町)の「温泉トラフグ」は金額ベースで同町のふるさと納税返礼品の過半数を占めるまでになった[14]。このような好事例は地域の知名度を高め、観光開発を含む経済活性化に大いに貢献する。

一方、温泉熱のカスケード利用を地域で推進していく上での今後の課題として、以下の事柄が挙げられる。

- 温泉熱のカスケード利用が進むと、湯けむり、湯もみといった、温泉地に特徴的な文化的側面が損なわれる可能性があるので、今後どのように両立していくか、地域で十全な合意形成と施策を図っていく必要がある。
- 先進事例がまだ少ないため、スケールメリットが十分に機能していない。今後は実施例を増やすことでスケールメリットを効かせてコスト削減につなげる必要がある。熱利用の経済的動機の付与としては、固定価格買取制度が再生可能エネルギーによる発電事業の導入を後押ししたように、熱利用に対しても同様の制度を導入すると効果的と思われる。英国やドイツではこれを担保する制度が既に導入されており、参考になるだろう。
- 温泉熱を利用して生産された農作物や水産資源の価格は、通常は従来型の露地栽培・漁獲・沿岸養殖に加えて海外からの輸入などによる供給量との兼合いで決まる。よって、再生可能エネルギーを活用した環境配慮型かつ安心・安全な食材であることで付加価値を付けるなどして、価格優位性を常に念頭に置いて事業運営を行うことが望ましい。例えば、大分県内で温泉熱を利用して陸上養殖されているウナギ、ドジョウ、スッポンなどは、その安心・安全から食材としてだけでなく健康や美容の面からも注目されている[10]。
- 農作物・水産資源ともに、生産された食材を加工する際に必ず出る有機性廃棄物の処理は頭の痛い問題であるが、上手に回収・利用することにより、再度バイオマスエネルギーとしての活用が可能である。温泉熱のカスケード利用各施設と上記の有機性廃棄物の処理施設が近接していれば、高温の温泉熱を利用して有機性廃棄物を殺菌・乾燥した上で肥料化・飼料化し、得られた肥料・飼料を再度、温室栽培・陸上養殖に使用する循環系を構築することも可能である(図4.1.3)。

第4章 「食料」エネルギー・食料・水・生物・生態系のネクサス

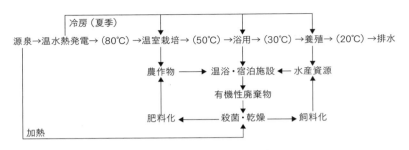

図4.1.3　温泉熱カスケード利用の概念図

- 他の未利用エネルギーや再生可能エネルギーとの複合利用を図ることで、温泉熱利用の環境性・経済性はさらに向上すると期待される。例えば、夕張市のグリーンアスパラガスの温室栽培の事例では、温泉熱とボイラー室の機械発生熱を併用した[5]。今後の温室栽培では、地球温暖化に伴う気温上昇により冷房需要の増加が予想される。このような場合には、温泉熱発電で得られた電力による冷房と共に、地中熱・地下水熱などによる冷熱供給の併用も視野に入れていくことが望ましい。
- 温泉熱発電設備を有している施設では、災害などで域外からの電力供給が停止した場合でも安定的に電力を供給できるため、災害時の避難所としての機能を兼ね備えることができる[15]。つまり、地域での温泉熱の利用拡大は、単にエネルギー安全保障、地球温暖化・海洋酸性化を含む環境問題、地域活性化といった側面だけでなく、防災面からも地域に安心・安全を提供し得る。
- 温泉熱のカスケード利用の事例そのものの見学・研修を行うスタディツアーとして新しい観光形態を創出できる可能性がある。先進事例であればあるほど、施設公開の是非は事業主体によって判断が分かれるところだろう。しかし、もし温泉熱のカスケード利用を地域活性化にも波及させたいのであれば、スタディツアーとして連絡先、時間や料金、説明内容などを体系化・明示することで、視察希望側は参加しやすくなり、実施主体側は地域内の経済波及効果や人材育成効果を加速できるようになる。

以上のように、温泉熱のカスケード利用の推進は、水・エネルギー・食料ネクサスに関する問題に留まらず、我が国の多くの地方が抱える超重要課題である地

域活性化にも大いに貢献すると思われる。大いに期待したい。

参考文献（4.1節）

［1］Yamada, M., Shoji, J., Ohsawa, S., Mishima, T., Hata, M., Honda, H., Fujii, M., and Taniguchi, M.,: Hot spring drainage impact on fish communities around temperate estuaries in southwestern Japan, *Journal of Hydrology: Regional Studies*, 11, pp.69-83, 2017.

［2］三島壮智，大沢信二，竹村惠二：別府における小規模地熱発電開発にともなう河川の水質変化,『大分県温泉調査研究会報告書』, 68（4）, pp.41-54, 2017.

［3］馬越孝道，佐々木裕，小野隆弘：雲仙市小浜温泉における温泉発電プロジェクト, 長崎大学環境科学部環境教育研究マネジメントセンター年報, 地域環境, 4, pp.23-27, 2012.

［4］Dickson, M. H., Fanelli, M.,（著）, 日本地熱学会IGA専門部会（訳・編）：『地熱エネルギー入門（第2版）』, p.54, 2008.

［5］藤原沙弥香，荒木肇，地子立，藤井賢彦：温泉地におけるCO_2排出量低減の可能性検討：北海道・流山温泉と夕張温泉における未利用エネルギーの利用促進に向けたケーススタディ, *Journal of Life Cycle Assessment*, 8（4）, pp.356-369, 2012.

［6］日本海洋学会（編）：『海の温暖化，―変わりゆく海と人間活動の影響―』, p.154, 朝倉書店, 2017.

［7］藤井賢彦：地球温暖化・海洋酸性化が海洋生態系および社会に及ぼす影響,『第47回海洋工学パネル予稿集』, pp.64-71, 2016.

［8］IPCC: *Impacts, Adaptation and Vulnerability. Contribution of Working Group II to the Fourth Assessment Report of the Intergovernmental Panel on Climate Change* (Parry, M. L. et al. (eds.)), Cambridge University Press, p.976, 2007.

［9］藤井賢彦：海洋酸性化が日本の沿岸社会に及ぼす影響評価,『月刊海洋』, 50（5）, pp.208-216, 2018.

［10］大銀経済経営研究所：『おおいた温泉白書』, p.168, 2017.

［11］山本義久，森田哲男，陸上養殖勉強会：『循環式陸上養殖』, p.307, 緑書房, 2017.

［12］福島県柳津町,（株）環境生物化学研究所：『柳津町地熱二次利用事業化可能性検証事業業務委託報告書　地熱二次利用事業検証調査編』, p.57, 2016.

［13］熊井英水：『海産魚の養殖』, p.247, 湊文社, 2000.

［14］野口勝明：温泉水を用いた閉鎖循環型トラフグ養殖システムの開発,『日本水産学会誌』, 83（5）, pp.750-753, 2017.

[15] ななえ大沼ひと・まちづくり協議体：北海道新しい公共支援事業モデル事業　新しい公共による観光（温泉）施設を活用した災害にも強い自然共生型コミュニティ創出モデル事業，2013. http://www.pref.hokkaido.lg.jp/ss/ckk/newpublic/model.htm

温室イチゴ栽培への温泉熱利用による環境負荷低減

4.2.1 九州での農業温泉熱利用

　別府をはじめとする大分県内では、温泉熱を利用した農業が見られる。本節では、別府温泉の鉄輪地区における温泉熱を活用した温室イチゴ栽培を例に、冬場の暖房に着目して環境負荷の低減度合い、および温泉熱利用のためになされた投資の効果について述べる。

　九州では、古くから地熱を活用した農業が行われており、特に鹿児島県の指宿地区については、大正期から平成期に至る詳細な経緯を記した文献が見られる[1]。これによると、1918年には、鹿児島高等農林学校指宿植物試験場が設置され、温泉熱を利用した様々な植物の栽培試験が行われるとともに、温泉成分による腐食に強い配管の研究、戦後に至ると熱交換器の研究などが行われた。また、同文献によると、民間では、戦前から続くナスの栽培のほか、かつてはメロンやスイカの栽培が盛んに行われていた。近年では観葉植物の栽培が盛んである。別府での農業に対する温泉熱利用については、インターネット上の仮想的な博物館である別府温泉地球博物館[2]に、明治期から昭和期に至る主要な人物の業績とともに、かつてのメロン栽培など、興味深い話が紹介されている。

　別府市鉄輪地区の地熱観光ラボ縁間[3]は、温泉熱を様々に利用する複合施設であり、足湯、地獄蒸し体験、竹細工体験など、地熱を用いた様々な体験ができ、温泉熱を利用した温室を使い、ブランドイチゴの栽培も行われている。この温室では、温泉熱とエアコンを用いて冷暖房をしており、一年を通じてイチゴを育てている。高温の源泉から得られる熱は、熱交換器や吸収式冷凍機を通して冷暖房用の真水の温度調整に用いられ、これによって、施設内の建物や温室の冷暖房負荷を下げている。温室では、図4.2.1に示すように、温室内にあるパイプの中を流れる水の温度を変化させることによって温度調節を行っている。パイプ内の水の温

4.2 温室イチゴ栽培への温泉熱利用による環境負荷低減

図4.2.1 イチゴ栽培用温室の内部と温泉熱利用設備

度は、夏は16℃、冬は37℃とのことである。なお、この温室では、障害を持つ方が多く働いており、社会貢献が重視された施設である。

4.2.2 暖房時の温室の熱収支式

　本節では、この温室において、温泉熱利用によって節約される電力の量を推定する。温泉熱利用システムの設計図より、温室の暖房に使用できる温泉熱の量をおおまかに推定できるが、実際に用いられている熱量は不明である。そこで、冬場の温室の暖房に必要な熱量を推定し、そこから消費電力量をもとに算出したエアコンの熱入力量を差し引くことにより、温泉熱利用量を推定する。これと温泉熱利用システムの設計図から得られた温泉熱利用可能量を突き合わせることで、温泉熱利用の実態を検討する。

　なお、この温室の温泉熱利用の全体的な価値を知るには、夏の冷房用電力節減による省エネルギー効果も考慮しなければならないが、湿度変化の考慮が複雑となるため、本節では冬期の暖房のみを対象とする。

　農業気象の分野では、1960年代から1980年代後半にかけて温室の熱収支について詳細な研究がされており[4, 5]、また現在では、熱収支に関する詳細なコンピューターシミュレーションを行うこともできる。一方、建築学の分野では、さま

$$E_{sol} + E_{air} + E_{geo} = \{A_W(q_{tr} + q_v)\} + Q_{so} + Q_a \cdots (1)$$

E_{sol}：太陽光による熱量[kW]
E_{air}：エアコンによる熱量[kW]
E_{geo}：温泉熱による熱量[kW]
A_W：温室表面積[m²]
q_{tr}：単位面積当たりの貫流熱量[kW/m²]
q_v：単位面積当たりの換気伝熱量[kW/m²]

Q_{so}：温室内の栽培土と空気の熱移動[kW]
Q_a：温室内の空気の熱移動[kW]

$$q_{tr} = h_{tr}(\theta_{in} - \theta_{ou}) \cdots (2) \qquad q_v = h_v(\theta_{in} - \theta_{ou}) \cdots (3)$$

h_{tr}：熱貫流率[kW/m²K]
θ_{in}：温室内気温(℃)
θ_{ou}：温室外気温(℃)

h_v：換気伝熱係数[kW/m²K]

図4.2.2　暖房を行う温室の熱収支式

ざまな建物の熱収支を簡便に計算するための式が考案されており、現在も利用されている[6]。このような式を温室の熱収支計算用に紹介した文献も見られる[7]。本節では、概略の計算を簡便に行うことを目指すため、これらの文献に見られる近似式を参考とし、図4.2.2に示す熱収支式を作成した。温室の熱収支を考える場合には、外に逃げていく熱量と中に入ってくる熱量を考慮する必要がある。逃げていく熱量としては、対流伝熱、放射伝熱によって壁を通して移動する貫流熱量、換気によって逃げる換気伝熱量を考慮した。一方、入ってくる熱量としては、太陽光による熱量のほか、エアコンや温泉熱を用いて人工的に入れる熱量を考慮した。なお、文献では、このほかに、地中への伝熱、温室内の水分の蒸発・結露による熱移動、温室外の風速、保温被覆材の熱節減率などが考慮されている場合があるが、本節ではデータの制約および簡便さのために考慮していない。

4.2.3　熱収支式の検証

図4.2.2の熱収支式では様々な要素が省かれているため、温室における温泉熱利用量の推定に用いる前に、北九州市立大学ひびきのキャンパス内にある実験用のガラス温室を用いて精度の検証を実施した。この温室はほぼ空の状態であり、2018年1月22日から2月2日にかけて温室内外の温度、太陽熱の入射量、エアコンによる熱の入力量を計測し、上述の熱収支式に当てはめることで、1日単位の

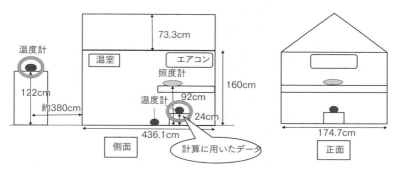

図4.2.3 検証に用いた温室と測定機器の配置

図4.2.4 実験に用いた温室

誤差の程度を調べた。図4.2.3と図4.2.4にこの温室の様子を示す。温室内に自記式の温度計と照度計を設置し、温室外の温度は、簡易百葉箱内の温度計によって計測した。また、エアコンの分電盤に消費電力計測用の機器を取り付けた。

　この実験では、エアコンの稼働時間についていくつかの設定を行ったが、本稿では、昼間はエアコンを暖房用に稼働させ、夜は稼働させた場合と稼働させない場合の2つのケースを用いる。エアコンの温度は11時から16時までは24℃、22時から翌日5時までは、別府の調査対象温室とは異なるが、この温室についている家庭用エアコンの最低暖房設定温度である14℃に設定した。この実験では、16時を測定開始時刻とした1日を実験サイクルとし、これに合わせて条件を変更した。温室内外の温度と照度は5分ごと、エアコンの消費電力は1分ごとに測定した。検証に用いる4日間（1月25日、1月26日、1月31日、2月1日）での温室外の

最低温度は−0.68℃（1月25日22時台）であり、そのときの温室内の温度は4.77℃であった。なお、温室内（体積：15.8m³）に栽培土を入れた土のう（体積：0.78m³）を積んだ状態と取り除いた状態の比較も行ったが、大きな違いは見られなかったため、その結果は省略する。

　得られたデータをもとに、熱収支の計算を行った。熱貫流率は三原[7]の値を用い、温室内外の温度差から貫流熱量を算出した。なお、まれに温室内の温度よりも温室外の温度の方が高い状況が生じたが、この場合、温室内外の熱の出入りはないものとした。本実験期間中は換気をしておらず、人の出入りも最小限であったため、換気による伝熱はないものとした。太陽光による熱エネルギーの入力量は、温室内の照度を放射照度に換算することで推定し、このための換算係数は既存研究[8]の値を用いた。エアコンの熱効率は、メーカーの資料[9]より3.60とし、消費電力を入力した熱量に換算する際に用いた。また、地表面に入射する日射量から反射される日射量を差し引き、太陽光がもたらす熱量を算出した[10]。なお、太陽光のエネルギーは、まず地面や温室内の植物が太陽光を受けて暖まり、その後に温室内の空気が暖まるという順で温室内の気温に反映される。この過程には一定の時間がかかるが、本節では1日単位や1カ月単位など長めの時間間隔における熱収支に注目するため、このような時間的な遅れは考慮していない。これらの設定のもとで、計算によって温室への入力が必要とされた熱量と実際のエアコンの消費電力から推定された熱量の相対誤差を次の式で計算した。

$$相対誤差 = \frac{エアコンによる入力熱量（実測値）- 暖房に必要な熱量（計算値）}{暖房に必要な熱量（計算値）}$$

　本実験から得た相対誤差の程度を表4.2.1に示す。これによると、計算値は、実測値よりも2割程度の過大評価となった。また、夜間にエアコンを運転し、温室内の温度変化が小さいケースの方がやや精度が高い傾向が見られた。なお、温室内の気温が変化することによる空気の内部エネルギーの変化については、考慮した場合としない場合で明確な差は生じなかった。これは、温室内の温度上昇と温度低下をともに含む1日単位での計算を行っているためと考えられる。やや誤差は生じるものの、概算としては利用可能な範囲と考え、次項では、この式を用いて別府の温室における温泉熱利用量を試算する。

4.2 温室イチゴ栽培への温泉熱利用による環境負荷低減

表4.2.1　計算値と実測値の相対誤差[%]（1日当たり）

条件	空気の内部エネルギー変化	
	考慮なし	考慮あり
夜間のエアコン運転あり	−21.5%	−21.5%
夜間のエアコン運転なし	−22.2%	−22.2%

注：負の数値は、実測値が計算値よりも小さいことを示す。

4.2.4　イチゴ栽培温室における冬期温泉熱利用量の推定

　地熱観光ラボ縁間のご協力により、温室の構造（図4.2.5）、エアコンの消費電力データ、温室の温度設定値等の情報を得た。これらを用い、2016年の12月から2017年の3月までの省電力量を推定する。

　推定に使用した気象データは大分県大分市の2016年12月1日から2017年3月31日までの気温と全天日射量である[11]。気象庁による別府市での気象観測データは、2009年までしか得られないため、大分市のもので代用した。エアコンの温度設定は、11時から16時までが24℃、22時から翌日5時までが9℃であった。温室内の実測温度データがないため、温室内の温度は設定温度に等しいと仮定して計算を行った。熱貫流率とハウス内への光の透過率は、この温室に用いられている壁面素材のメーカー資料[12]から得た。換気伝熱量については、換気扇の使用や栽培のための人の出入りによって異なるが、ここでは、夜間以外について、文献[7]にある換気伝熱係数の最大値を用いた結果を示す。また、実際の温室内には多層化された栽培床や機材があるが、ここではこれらの温度変化の影響は考慮し

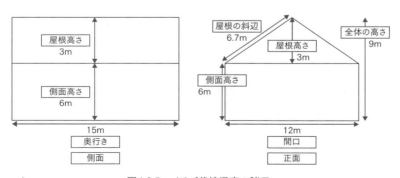

図4.2.5　イチゴ栽培温室の諸元

表4.2.2　温泉熱でまかなわれている熱量［kWh］

	24℃	直線変化
2016年12月	11,090	902
2017年1月	15,802	5,478
2017年2月	11,843	2,550
2017年3月	10,118	0
合計	48,852	8,931

24℃：中間時間帯について、温室内の気温を昼間暖房時と同じ24℃と仮定。
直線変化：中間時間帯の気温が夜間暖房時の9℃と昼間暖房時の24℃の間で直線的に変化すると仮定。

ていない。エアコンの熱効率は、メーカー資料[13]より4.9とした。

　温室の暖房に必要な熱量は、エアコンが稼働していないことが多く決まった温度設定がなされていない5時から11時、および16時から22時の中間時間帯の温室内温度をどう考えるかにより、大きく変わる。仮に、最大の入力熱量を求めるために、この間も室内気温が24℃であったと仮定すると、気温が低い日が多い1月の場合、1カ月間の暖房に必要な熱量が26,744kWhとなった。ここから、エアコンによって入力された熱量を差し引くと、温泉熱によってまかなわれた熱量は、15,802kWhとなった。

　表4.2.2は、5時から11時、および16時から22時の温度変化について2種類の仮定を設け、2016年12月から2017年3月の間の4カ月に温泉熱によってまかなわれた熱量を推定したものである。先述の極端な例として、この時間帯の温室内温度を24℃と仮定した場合には、4カ月間で約5万kWhの熱量が温泉熱によってまかなわれたという推定結果になった。「直線変化」は、夜間のエアコン設定温度である9℃と昼間の設定温度である24℃間で、直線的に温度の上昇ないし下落が生じると仮定したケースである。この場合には、温泉熱によって賄われた熱量はかなり小さくなる。なお、外気温が高くエアコンのみで必要な熱量がまかなえるとされた月については、温泉熱の利用量を0kWhとした。

4.2.5　環境負荷の低減度合いおよび投資の効果

　当該温室の温泉熱利用システム設計図および温泉熱をもとに作った温水の施設間分配率をもとに概算を行うと、温泉熱利用システムにより、1カ月当たり9,700kWh程度の熱を温室暖房用に入力可能と考えられる。このため、温泉熱利

4.2 温室イチゴ栽培への温泉熱利用による環境負荷低減

用システムが定常的に稼働しているとすると、温室内の気温は、表4.2.2の24℃設定ケースのように高めに推移している可能性がある。ただし、5時から11時および16時から22時の間の温室内気温が24℃という極端な状況ではなく、エアコン稼働時間中にエアコンの設定温度を超えて温室内気温が高まる、昼間や夕方に一部の熱を逃がすために換気を行うなどの状況が生じている可能性がある。逆に言うと、このような運用であれば、冬の期間に温泉熱利用システムによって先述の熱量が定常的に温室に供給されると考えてもおかしくはない。

ここでは、先述の温泉熱利用システム設計図から算出した温泉熱の投入可能量を用い、温泉熱を使わずにすべての暖房をエアコンで行った場合と比べ、省電力量を算出する。この場合、2016年12月から2017年3月までに節約できた電力量は7,800kWhとなる。2016年の九州電力の調整後温室効果ガス排出係数[14]を用いると、この消費電力削減により、二酸化炭素の重量で約3.8tの温室効果ガス排出を削減した計算となる。なお、正確には、温泉熱利用システムに含まれるポンプ等の運転に必要な若干の電力量を差し引く必要がある。また、これは、ひと冬の暖房について運転段階のみの温室効果ガス排出節減分を求めた結果であり、設備の生産・設置・運転・廃棄の全段階を考慮して環境への影響を調べるライフサイクル・アセスメント的な視点からの数値ではない。ライフサイクル・アセスメントを行うには、温泉熱利用システムの生産や設置、耐用年数経過後の廃棄に必要な温室効果ガス排出量を考慮するとともに、運転期間全体について、夏の冷房と冬の暖房による節電量を積算する必要がある。

続いて、商業的な意味での温泉熱利用システムの投資効果について見ておきたい。この施設の温泉熱利用システムは、吸収式冷凍機や冷却塔、温室内の冷温水配管などからなる。考慮する費用は、主要な機器の導入費用および月々のメンテナンス費用である。吸収式冷凍機や冷却塔は温室以外の施設と共用されているので、冷温水の分配率により費用を案分した。主な機器の耐用年数である10年間について、上述した冬の暖房節電による費用節約額とそのための設備の導入およびメンテナンス費用の比較を行う。割引率は、公共事業に用いられる4%[15]とした。節電による節約額は、九州電力の低圧料金(夏期以外に適用される標準的な額の15.2円/kWh)[16]で計算すると、設備稼働開始時点での10年分の現在価値が約100万円となる。一方、同じ時点で費用の現在価値を算出すると、約220万円である。したがって、この差分以上の費用節約を夏の冷房費削減により達成できれ

ば、投資として見合うことになる。吸収式冷凍機や冷却塔は主に冷房時に使用する設備であるため、当然ではあるが、冷房の効果も考えることが重要である。なお、温泉熱利用システムの導入により、温室に設置すべきエアコンの台数を減らせた可能性がある。仮に1台分を減らせたとすると、その導入およびメンテナンスにかかる資金が不要となるため、費用節約額の現在価値は197万円に増加する。この場合には、冬の暖房節電のみでもかなりの程度まで設備投資の元がとれているといえる。

4.2.6 まとめ

　本節では、別府市にあるイチゴ栽培用温室を例に、冬の暖房への温泉熱の利用によって節約できる電力使用量を試算し、それによる二酸化炭素排出削減量を示した。また、商業的な観点から温泉熱利用システムの投資効果を検証した。本節で対象としたような小規模な温室では、温泉熱の利用量や温室内気温の連続的な変化など、温泉熱利用の効果を評価するために必要なデータが計測されていない場合が多いと推察される。本節で温室の熱収支計算に用いた手法は、最近のコンピューターシミュレーションと比べれば、誤差が大きくなる恐れがあるものの、温泉熱利用の簡易的な評価を行う際には、一助となると考える。

謝辞
　本節の作成に当たり、別府鉄輪温泉の地熱観光ラボ縁間および合同会社リ・ボーンの皆様に様々なご協力をいただきました。また、北九州市立大学国際光合成産業化研究センターを主宰する同大学の河野智謙教授には、実験用温室の提供をはじめ、温室の熱収支検証に多大なご協力をいただきました。温室実験は、河野研究室の皆様のご協力なしには、実現できませんでした。熱収支式の作成および環境影響の評価については、北九州市立大学の野上敦嗣教授および北海道大学の藤井賢彦准教授より情報をいただきました。ここに記して感謝の意を示します。

参考文献（4.2節）
[1] 石畑清武：指宿の温泉熱利用農業の振興，『鹿大農場研報』，25，pp. 11-50，2000.
[2] 別府温泉地球博物館：温泉熱利用促成栽培に挑んだ人々．
www.beppumuseum.jp/marugoto/marugoto1/print.pdf
[3] 地熱観光ラボ縁間　http://enma-ch.com/
[4] 權在永，高倉直：モデルによる温室の期間冷暖房負荷の算定，『農業気象』，44 (3)，pp. 187-194，1988.
[5] 立花一雄：温室の放射収支と熱収支：温室温度特性式の誘導，『農業気象』，36 (1)，pp.25-35，1980.
[6] 宇田川光弘，近藤靖史，秋元孝之，長井達夫：『建築環境工学：熱環境と空気環境』，朝倉書店，2009.
[7] 三原義秋：『温室設計の基礎と実際』，pp. 182-184，p. 266，養賢堂，1980.
[8] Thimijan, R. W., and Heins, R. D.：Photometric, Radiometric, and Quantum Light Units of Measure: A Review of Procedures for Interconversion, HortScience, 18 (6), pp. 818-822, 1983.
[9] ダイキン工業（株）：S56TTEV-Wエアコンカタログ，2016.
[10] 近藤純正：『地表面に近い大気の科学　理解と応用』，pp. 40-41，東京大学出版会，2014.
[11] 気象庁　http://www.jma.go.jp/jma/index.html
[12] AGEグリーンテック（株）：エフクリーン自然光．
http://www.f-clean.com/lineup/natural-light.html
[13] （株）イーズ：パナソニック社製アグリmoグッピーカタログ．
http://esinc.co.jp/goods/agrimo/
[14] 環境省：電気事業者別排出係数：平成28年度実績，2017.
[15] 国土交通省道路局 都市・整備局：費用便益分析マニュアル，2008.
[16] 九州電力：低圧電力　www.kyuden.co.jp/user_menu_plan_teiatsu.html

4.3　沿岸海域における水と水産資源のつながり

4.3.1　はじめに

　我が国は、世界第6位となる広大な面積の領海および排他的経済水域を有している。また、南北に長い沿岸には暖流・寒流が流れ、海岸線の形状も多様である

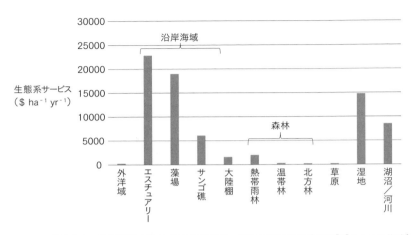

図4.3.1　各生態系が生み出す生態系サービスの経済価値（文献[1]をもとに作成）

ことから、変化に富んだ環境が形成される。このため、我が国の周辺水域には、世界に生息するとされている127種の海生哺乳類のうちの50種、約1万5千種といわれる海水魚のうち約3,700種が生息しており、世界的に見ても極めて生物多様性の高い海域となっている。さらに、世界平均の約2倍の降水量、国土の67%を占める森林の水源涵養機能により、豊かな陸水にも恵まれている。このような自然環境の下、古来より漁業が盛んに営まれ、魚介類が重要な食糧資源となっている。日本人が摂取するタンパク質量の約5分の1、動物性タンパク質摂取量に至っては約4割を魚介類が占めている。これら魚介類の生産量のおよそ半分は、沿岸海域で営まれている沿岸漁業と養殖業によってもたらされている。

　食料や水の供給、気候の安定など、自然から得られる恵みは「生態系サービス」と呼ばれ、人間の福利に貢献している。沿岸海域が地球上に占める面積はごくわずかであるが、多くの人がその近傍に生活し、そこから魚介類の提供を含め、多大な生態系サービスを受けている。世界中のあらゆる生態系がもたらす生態系サービスの経済価値を見積もったCostanzaら[1]の試算によると、沿岸海域は熱帯雨林などを凌いで地球上で最も単位面積当たりの経済価値の高い場所とされている（図4.3.1）。なぜこれほどに沿岸海域の生態系サービスが高いのか、その要因は多くあるが、最も重要なものの一つに、沿岸海域が備える高い生物生産力がある。事実、様々な海域からの測定データを比べた結果、ある海域の漁獲量はその

海域の一次生産量に比例して高くなる傾向にあることが知られている[2]。本節では、沿岸海域の高い生物生産力が生み出される仕組みについて、陸水との関係に重点を置きながら概説する。

4.3.2 沿岸海域の生物生産

　生態系はその種類や場所に関わらず、エネルギーと物質を交換することで日々機能しているシステムである。このシステムにおいて重要な役割を果たすのは、無機栄養塩類を取り込み光合成により有機物を作り出す独立栄養生物の一次生産者である。海洋生態系における一次生産者は、主として植物プランクトンであり、植物プランクトンは一次生産（光合成）を行うために、光、栄養塩類、水、二酸化炭素を必要とする。このうち光と栄養塩類の供給が、海洋の一次生産の主な制限要因となる。残りの2つの要素である水と二酸化炭素は海水中に豊富にあるため、植物の成長を妨げることはない。一次生産過程により植物体に取り込まれた窒素、炭素、リンなどの生元素は、食物連鎖を通じて動物プランクトンや貝類、魚類等の捕食者に転送される（図4.3.2）。そして、バクテリアが排泄物や遺骸などを分解することで生元素が無機物として遊離し、独立栄養生物が再び利用できる形になる。

　一方、エネルギーは循環することなく、一方向にしか流れない（図4.3.2）。光合成によって取り込まれた光エネルギー（太陽光）は、化学エネルギーに変換される。この化学エネルギーは、食物連鎖を通してより高次の栄養段階の生物へ転送

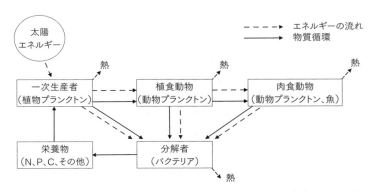

図4.3.2　海洋生態系における物質循環とエネルギーの流れ（文献[3]を一部改変）

されていくが、その大部分は有機物を二酸化炭素に分解する呼吸過程により熱エネルギーとして放出されている。栄養段階間のエネルギー転送効率は3〜20%、平均で10%程度であり、各栄養段階のエネルギー量は栄養段階が上がるたびに減少することになる。そのため、食物連鎖の栄養段階が1つ上がるごとに、その生物量（通常は炭素量で表す）はおよそ1/10に減少してゆく。例えば炭素量にして1kgの三次消費者を生産するためには、1,000kgの一次生産者が必要となる。つまり、一次生産量の大小が、その海域の生物生産量を決定する最も重要な要因となる。

沿岸海域（水深200m以浅の海）の場合、陸域からの栄養塩流入量が大きく、水深が浅く海底まで太陽光が届く範囲が広いため、植物プランクトンだけでなく、底生藻類や海草・海藻の一次生産量（光合成量）も大きくなり、海洋の中でも最も一次生産量が高い海域となる。そのため、沿岸海域が全海洋に占める面積はわずか10%程度にすぎないが、一次生産量は全海洋の25%、漁業生産量に至っては70%程度を占める[4]。

4.3.3 沿岸海域に流入する陸水と栄養物質

世界有数の多雨地帯であるモンスーンアジアの東端に位置する日本列島には、年間にして約6,400億m^3もの降水が降り注いでいる。このうち、約36%が地表面での蒸発、植生による蒸散過程により大気へと戻るが、残りのおよそ4,100億m^3が地表に残り、河川水や地下水となる。河川水や地下水は沿岸海域の水産資源を育む上で欠かせない陸起源の栄養物質を溶かしこみ、輸送する媒体となる。

日本には、3万5千本以上もの大小様々な河川が列島を縦横無尽に流れている。最終的に海へと注ぐ水系単位でまとめると、一級河川が109水系、二級河川が2,713水系、準用河川が2,524水系となる。5千本以上もの河川が我が国の沿岸海域へと常に淡水と栄養物質を供給していることを考えると、その影響の大きさを想像するのは容易である。河川水にどの程度の栄養物質が含まれているかは、集水域内の森林、地質、土地利用を含む様々な人間活動の影響によって、河川ごとに大きく異なる。一般に、人間が多く住む都市や化学肥料を施肥する農地を流れる河川ほど栄養物質の量は多く、集水域のほとんどが森林域で覆われているような河川ほど少ない傾向になる[5]（表4.3.1）。

一方、地下水も、帯水層が海まで直接つながっていれば、最終的には沿岸海域へと直接流出する。沿岸海域に直接湧き出す地下水のことを海底湧水もしくは海

4.3 沿岸海域における水と水産資源のつながり

表4.3.1 流域の各土地利用からの全窒素および全リンの比流出量の範囲（文献[5]を一部改変）

	森林	水田	畑	市街地
全窒素	1.8 - 15.9	11.9 - 23.4	25.2 - 216.4	11.0 - 74.8
全リン	0.02 - 1.10	0.45 - 5.11	0.3 - 8.8	0.6 - 5.5

$(\text{kg ha}^{-1} \text{ year}^{-1})$

図4.3.3（口絵8） 山形県の釜磯海岸の砂浜に湧く地下水

底地下水湧出と呼ぶ。海底湧水は、湧出量が大きければ海底からもやもやと立ち上る揺らぎとして目視できる場合があるし、山形県釜磯海岸のように、砂浜などで噴出している場合もある（図4.3.3）。一方、海底面の広い範囲にわたって穏やかに滲みだしているような海底湧水は、その存在を目視で確認することは容易ではない。海底湧水が陸域から海域への全淡水流出に占める割合は数％〜10％程度を担うにすぎないが、地下水中には栄養物質が高濃度に含まれている場合が多く、その輸送量は無視できない[6]。例えば、富山湾では河川水の1.3倍に及ぶ窒素が、若狭湾の枝湾である小浜湾では河川水の2.4倍に及ぶリンが海底湧水により供給されている[7, 8]。

4.3.4 陸水が育む沿岸海域の水産資源

瀬戸内海や東京湾、有明海といった沿岸海域の河口域を見ると、海苔養殖が多く行われている。海苔は我が国の代表的伝統食品であり、戦後の養殖技術の発展とともに各地で生産量が増大し、年間1千億円にも達する養殖産業へと成長した。しかし近年、瀬戸内海をはじめ主要な生産地で栄養塩不足による色落ち（品質の低下）がしばしば発生し、沿岸海域の漁業経営のみならず地域経済に深刻な

影響を与えている。

　海苔が健全に生育するには、水温、光、塩分、流れ、干出といった条件が必要となる。河口域は、河川から常に栄養が供給されるとともに、潮汐による潮の満ち引きによって周期的な自然干出が与えられているため、好適な漁場となる。例えば、東京湾奥部の三番瀬は江戸時代から好漁場であり、当時は将軍家の食卓をまかなう御菜浦（おさいのうら）と呼ばれる天領であった。ここから水揚げされた海産物は海苔を含めて上質の献上品とされていた。この地において海苔養殖が始まったのは明治に入ってからであり、昭和に入ると養殖技術の向上に伴い、その生産量も急増している。現在においても好漁場として機能している要因は、江戸川や荒川などの一級河川から沢山の水が河口干潟に常に流れ込み、海苔が必要とする栄養物質を供給していることが大きい。

　愛媛県西条市を流れる加茂川の河口干潟も、古くから青海苔の産地として有名である。しかしながら、この地は上述の三番瀬とは少し様相が異なる。干潟に流れ込む加茂川は少し特殊な川で、川の水が河口にまで到達しないことがある。これは伏流（伏没）という川の水が河床の砂礫層を通して地下へと浸み込んでしまう現象によるものであるが、特に渇水時など水が少ない時には、目に見える水の流れとしては河口までたどり着かないことが多々ある。しかしながらいったん地下へと沈み込んだ水も、再び干潟付近で海底湧水として湧出していることが最近明らかになってきており、海苔が必要とする栄養物質を地下経路を通して供給しているようである[9]。

　海底湧水は、陸から海への隠れた水の流出経路として、また沿岸海域への物質負荷の重要な一部として最近注目されている。鳥海山麓のイワガキ、北海道沿岸のコンブ、大分県日出町のマコガレイ（通称、城下カレイ）、岩手県大槌町のホタテやワカメ、宮古湾のニシンなど、海底湧水と水産資源との関係が指摘されている場所は数多くある。最近では、駿河湾の水深100m付近の海底からも富士山で涵養した地下水が湧き出していることが確認されており、サクラエビをはじめとして水産資源への影響の可能性が指摘されている。しかしながら、海底湧水が沿岸海域の生態系や水産資源に与える影響に関する研究は緒に就いたばかりである。最新の研究動向や成果については、文献[10]にまとめられているので、そちらを参照願いたい。

4.3 沿岸海域における水と水産資源のつながり

4.3.5 水-水産資源ネクサス研究の事例

　日本海側では珍しい大規模なリアス式海岸を有する若狭湾は、集水域からの水・物質供給の影響を強く受ける海域である。若狭湾の中央部に位置する小浜湾に海底湧水が存在していることは、地元の漁業者や一部市民の間で古くから噂されていたが、最近までその実態はよくわかっていなかった。現在では、地下水中に豊富に含まれる天然放射性物質のラドン222を利用した収支計算法により、全淡水流入量の2割程度の地下水が小浜湾内に流入していること、地下水によって湾内へ供給される窒素・リン・ケイ素の量が、全陸水由来の栄養塩輸送量の平均で42%、65%、33%に達することが明らかにされている[8]（図4.3.4）。地下水による淡水輸送量が約2割程度であるにも関わらず、栄養塩輸送量が5割程度を占めるのは、河川水よりも地下水のほうが栄養塩濃度が高いためである。そのため、栄養塩を豊富に含む地下水の流入は、植物プランクトンの一次生産速度や現存量を有意に向上させ、高次生物の生物量にもポジティブな影響を及ぼしている[11, 12]。これらの地下水は、湾内で養殖されているマガキの生産などにも大きく関係していると考えられている。

　一方、この地域は少子高齢化による降雪期の除雪労働力不足により、冬季に相対的に高温な地下水（小浜の場合、年間を通して約15℃）を利用した地下水消雪の需要が増加している。小浜市が主体となって3年間実施された地下水調査では、地下水の流動モデルが構築され、陸域での地下水利用形態の変化が、海域への地下水流出量と供給栄養塩類の変化を通して、小浜湾の水産資源へ与える影響

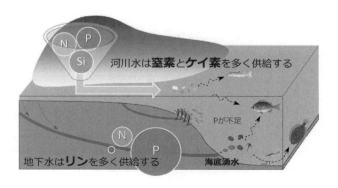

図4.3.4　小浜湾への栄養物質供給の概念図（文献[8]を参考に作成）

について初期的な評価が行われた。その結果、陸域での地下水揚水量を現在の1.5倍にした場合、海底湧水量は現在より5%減少し、水産資源減少の可能性が示唆されている[13]。

参考文献（4.3節）

[1] Costanza, R., d'Arge, R., de Groot, R., Farber, S., Grasso, M., Hannon, B., Limburg, K., Naeem, S., O'Neill, R. V., Paruelo, J., Raskin, R.G., Sutton, P. : The value of the world's ecosystem services and natural capital, *Nature*, 387, pp. 253-260, 1997.

[2] Nixon, S. W. : Physical energy inputs and the comparative ecology of lake and marine ecosystems, *Limnology and Oceanography*, 33, pp. 1005-1025, 1988.

[3] Lalli, C. M. and Parsons, T. R. : *Biological Oceanography: An Introduction*, 2nd Edition, The Open University, Elsevier, 1997.

[4] Grossland, C. J. , Kremer H. H., Lindeboom H. J. , Grossland J. I. M , Le Tissier M. D. A. : *Coastal fluxes in the anthropocence*, The IGBP Series, p.231, Springer, 2005.

[5] 川那部浩哉, 水野信彦：『河川生態学』, 講談社, 2013.

[6] Taniguchi, M., Burnett, W. C., Cable, J. E., Turner, J. V. : Investigation of submarine groundwater discharge, *Hydrological Processes*, 16（11）, pp.2115-2129, 2002.

[7] 八田万理子, 張勁, 佐竹洋, 石坂丞二, 中口譲：富山湾の水海構造と河川水・沿岸海底湧水による淡水フラックス,『地球化学』, 39, pp. 157-164, 2005.

[8] Sugimoto, R., Honda, H., Kobayashi, S., Takao, Y., Tahara, D., Tominaga, O., Taniguchi, M. : Seasonal changes in submarine groundwater discharge and associated nutrient transport into tideless semi-enclosed embayment(Obama Bay, Japan), *Estuaries and Coasts*, 39, pp.13-26, 2016.

[9]『RIVER FUND　河川基金だより』, Vol 36, pp. 19-21, 2017.

[10] 小路淳, 杉本亮, 富永修：『地下水・湧水を介した陸―海のつながりと人間社会』, 水産学シリーズ185, 恒星社厚生閣, 2017.

[11] Sugimoto, R., Kitagawa, K., Nishi, S., Honda, H., Yamada, M., Kobayashi, S., Shoji, J., Ohsawa, S., Taniguchi, M., Tominaga, O. : Phytoplankton primary productivity around submarine groundwater discharge in nearshore coasts, *Marine Ecology Progress Series*, 563, pp.25-33, 2017.

[12] Utsunomiya, T., Hata, M., Sugimoto, R., Honda, H., Kobayashi, S., Miyata, Y., Yamada, M., Tominaga, O., Shoji, J., Taniguchi M. : Higher species richness and abundance of fish and benthic invertebrates around submarine groundwater discharge in Obama Bay, Japan, *Journal of Hydrology: Regional Studies*, 11, pp. 139-146, 2017.

[13] 谷口真人, 杉本亮, 田原大輔, 小路淳, 富永修, 本田尚美, 天谷祥直, 小原直樹, 潮浩司：水・エネルギー・食料ネクサス：熱エネルギーとしての陸域地下巣利用が沿岸水産資源へ与える影響, 『日本地球惑星科学連合2016年大会要旨集』, ACG-23, 2016.

4.4 別府湾の温泉排水が魚類に与える影響

4.4.1 はじめに

　陸上で利用されたのち河川や海域に流される温泉排水は、一般的に高温で栄養物質を豊富に含むため、下流域や沿岸海域に様々な影響を及ぼすことが指摘されている。しかしながら、温泉排水が沿岸海域の生物学的プロセスに作用する仕組みを明らかにした研究事例は、世界的にもほとんど見られない。温泉排水の研究に携わる陸水学・水文学、地球惑星科学等の分野と、沿岸海域の資源生物を扱う水産学、生態学などの関連分野の接点がこれまで少なかったこともその一因であろう。地域資源としても重要な温泉水を持続的に維持・管理するためには、これまで個別に展開されてきたこれらの学問分野を融合した学際的・包括的視野からの研究展開が不可欠である。

　このような状況を背景として、著者らは、2016年3月26日に東京海洋大学品川キャンパスで地下水と水産資源の関わりを題材にしたシンポジウム「地下水・湧水を介した陸-海のつながり：沿岸域における水産資源の持続的利用と地域社会」を主催した。このシンポジウムで報告された研究成果の多くは、総合地球環境学研究所の研究プロジェクト「アジア環太平洋地域の人間環境安全保障—水・エネルギー・食料連環」（リーダー：遠藤愛子）を通じて得られたものである。当日の報告には、本節の調査対象地である別府湾における研究成果も盛り込まれている。その後、シンポジウムでの発表内容に最新の研究成果のレビューを加えた書籍『地下水・湧水を介した陸–海のつながり：人間社会への活用術（水産学シリーズ185）』[1]を出版した。

　水産資源をはじめとする、沿岸海域で生み出される様々な自然の恵み（生態系サービス）の経済価値は、地球上の生態系の中で最も高いと推定されている[2]。陸域から供給される水は豊富な栄養を含んでおり、沿岸海域の豊かな生態系サービスを維持する駆動力として重要である。近年、海域に流入する河川水に比べて

地下水の量は少ないものの、栄養物質に富むため沿岸海域の生物生産に高く貢献していることが明らかにされつつある[1]。本節の中心的話題である温泉排水についても同様に、管理の目が行き届きにくいという特性に加えて、水量・温度変動、富栄養化、汚染物質の混入といった人間活動の影響が下流域・沿岸海域へ及びやすい。そのため、多様なプロセスを通じて人間活動・地域社会に活用されたのち流下する過程において、陸域から海域までに暮らす様々な立場の人々（ステークホルダー）や地域の間で利害対立が生じやすい。上流域から下流域、さらには海域を含む広域にわたっての温泉水の利用・管理のルール作りや、周辺生態系が生み出す自然の恵みを将来にわたって持続的に利用する仕組みを確立するためには、物理・化学・生物などの自然科学分野と社会・経済などの人文科学の融合、さらにはこれら分野横断的科学と地域社会の連携・共創体勢の確立が喫緊の課題である。

4.4.2 国内有数の温泉地、別府での調査

古くから、温泉水は飲用、調理のための熱源、空調、入浴など多様な用途で人間生活に利用されてきた。下水システムが十分に発達していない地域や温泉水が極めて高温な場合は、利用後の温泉水（以下、温泉排水）が河川に排水される場合が多い（図4.4.1 (a)）。国内では、2011年に発生した福島第一原子力発電所の事故以降、再生可能エネルギーの一つとして地熱発電に注目が集まっており、高温の温泉を有する地域では、温泉発電と呼ばれる高温の温泉水を利用する発電設備が用いられている。

大分県別府市は、国内有数の温泉地である。別府温泉では温泉発電の利用拡大に伴って温泉排水の量が近年増加している。温泉排水は河川水に比べて高温で栄養物質を豊富に含むため、下流域や沿岸海域に様々な影響を及ぼすことが指摘されている。過去の研究により、別府温泉の排水が河川の水質に影響を及ぼすことが報告されている[3]。別府市内の河川下流域には熱帯性魚類が分布することが知られているが（図4.4.1 (b)）[4, 5]、海域における魚類への影響に関する知見はない。

他地域においては、温泉水の化学成分が周囲の生態系に与える影響を評価するために、微生物を対象にした研究事例が存在する[6, 7]。また、発電所などの排水の主として水温に注目した生態系への影響の研究事例は多く報告されており[8, 9]、

4.4 別府湾の温泉排水が魚類に与える影響

図4.4.1 (a)別府市の河川に流入する温泉排水、(b)下流域に分布する外来種ナイルティラピア、(c)流入河川における調査風景。

魚類の分布、行動、生理学的特性などへの影響が、野外調査や室内実験により調査されてきた[10-14]。

著者らは、後背地に国内有数の温泉観光地を備え、河川や沿岸域に温泉排水が直接流入している別府湾を調査地として、河川から沿岸海域にかけて広域的な調査を実施してきた（図4.4.1（c）[1, 6]）。以下では、温泉排水が沿岸海域の生態系に与える影響を評価するための調査の一環として、別府湾の漁港内における魚類の出現状況を調査した結果を報告する。

(1) 方法

海域への温泉排水の流入が確認されている別府湾亀川漁港（図4.4.2（a））において、2017年1月26日（冬期）、8月31日（夏期）に調査を実施した。漁港内（図4.4.2（b））において温泉排水の流入箇所を目視確認した。温度センサー機能を備えたデジタルカメラにより海面の水温を測定し（図4.4.2（c））、温泉排水の流入が確認できた場所（温水区）と確認できなかった場所（対照区）をそれぞれ4カ所選定した。各地点の海面から1〜2mの距離にデジタルカメラを設置し、日中の満潮前後2時間の間にインターバル撮影機能を利用して1分ごとに約60分間の間欠撮影[1]を行った。各地点における魚類の出現頻度（魚類が撮影された写真の枚数／全撮影枚数×100、単位：%）を算出し、温水区と対照区の間で比較した。撮影された画像をもとに出現魚類の種同定を可能な限り行った。

---

1 一定の時間間隔で繰り返す写真撮影のこと。

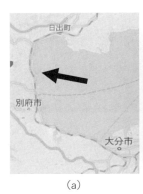  

(a)　　　　　　　　　　　　(b)　　　　　　　　　　　　(c)

図4.4.2（口絵9）　魚類の観察を実施した亀川漁港の位置(a)および風景(b)。温度センサーを用いて海面水温を測定し、温泉排水の影響を判別した(c)。地図データ：©2018 Google.

(2) 結果と考察

　冬期にはメジナ、ボラ科、スズメダイ（図4.4.3）、夏期にはメジナ、メバル属、クロダイ（図4.4.4）などの魚類の出現が確認された。冬期・夏期ともに温水区における魚類の平均出現頻度は対照区に比べて高かった（図4.4.5）。

　当初は、温泉排水と海水の温度差が大きい冬期において、温泉排水が海域の魚類群集に与える影響がより顕在化すると予想した。しかしながら、今回の調査結果では、夏期においても温水区における魚類の出現頻度が対照区に比べて高かった。夏期には温泉排水と海水の温度差が冬期に比べて小さく、温泉排水の流入箇所から半径2m以上離れたエリアでは水温差がほとんど認められなかった。このため、温水区において魚類の出現頻度が対照区に比べて高かったことの背景に、水温以外の要因も影響している可能性が高い。その要因の一つとして、温泉排水を介して供給される陸域起源の栄養が、海域の基礎生産、一次消費者の生産を高め、それらを捕食する魚類の分布に影響を与えている可能性が示唆される。

　温泉排水は海水に比べて塩分が低いため、温泉排水が流入しない場所に比べると低い塩分条件の環境が形成される可能性が高い。しかしながら、瀬戸内海のように潮位変動が大きな海域では、潮汐の作用により、魚類の分布や生命活動を大幅に損なう低塩分環境の形成は、極めて狭い範囲に限られるものと想定される。水中カメラによる画像で、湧出域から1m以内の範囲にも魚類の分布が確認されたことも、このことを支持する。つまり、当海域では、海水の量に比べて温泉排水の

4.4 別府湾の温泉排水が魚類に与える影響

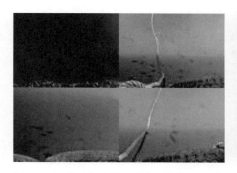

図4.4.3（口絵10）冬期の調査で観察された魚類。メジナ、ボラ科、スズメダイなどの出現が確認された。

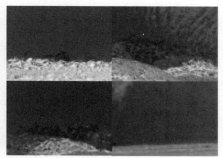

図4.4.4（口絵11）夏期の調査で観察された魚類。メジナ、メバル属、クロダイなどの出現が確認された。

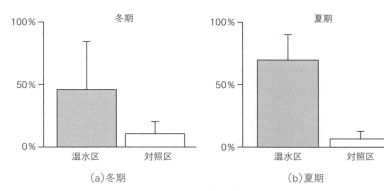

(a)冬期　　　　　　　　　　　　(b)夏期

図4.4.5　冬期および夏期の別府湾における魚類の出現頻度の比較。インターバル撮影機能により1分ごとの撮影を60分間実施した。魚類が1個体以上撮影された画像の、合計撮影枚数に対する割合を出現頻度とし、温水排水の影響の異なるエリア（温水区・対象区・各4カ所）を比較した。棒グラフは平均値、縦棒は標準偏差を示す。

流入量が少ないため、海産魚類に悪影響を及ぼすような低塩分環境が広範囲にわたって形成されることはないものと想定される。今後は、温泉排水の流入域で出現頻度の高い魚類の食性調査等[2]を通じて、温泉排水を介して供給される陸域起源栄養が海産魚類に利用されているかどうかが解明されることにも期待がかかる。

2　胃内容物や生息環境の餌料生物を調べること。

参考文献（4.4節）

[1] 小路淳, 杉本亮, 富永修（編）:『地下水・湧水を介した陸-海のつながり：人間社会への活用術』(水産学シリーズ185), 恒星社厚生閣, p. 141. 2017.

[2] 小路淳, 堀正和, 山下洋（編）:『浅海域の生態系サービス—海の恵みと持続的利用』(水産学シリーズ169), 恒星社厚生閣, p. 154. 2011.

[3] 酒井拓哉, 川野田実夫, 大沢信二：別府地域の河川水質への温泉排水の影響評価, 『大分県温泉調査研究会報告』, 62, pp. 47-58, 2011.

[4] 平松恒彦, 松尾敏生, 佐藤眞一：別府地域における淡水の水生動物,『別府の自然：別府市自然環境学術調査報告書』, p323-344. 1994.

[5] Yamada, M., Shoji, J., Ohsawa, S., Mishima, T., Hata, M., Honda, H., Fuji, M., Taniguchi, M..: Hot spring drainage impact on fish communities around temperate estuaries in southwestern Japan, *Journal of Hydrology*, 11. pp. 69-83, 2017.

[6] King, S. A., Behnke, S., Slack, K., Krabbenhoft, D. P., Nordstrom, D. K., Burr, M. D., Striegl, R. G.: Mercury in water and biomass of microbial communities in hot springs of Yellowstone National Park, USA, *Appl. Geochem*, 21, pp.1868–1879, 2006.

[7] Rzonca, B., Schulze-Makuch, D.: Correlation between microbiological and chemical parameters of some hydrothermal springs in New Mexico, USA, *J. Hydrol*, 280, pp. 272–284, 2003.

[8] Chuang, Y. L., Yang, H. H., Lin, H. J.: Effects of a thermal discharge from a nuclear power plant on phytoplankton and periphyton in subtropical coastal waters, *J. Sea Res*, 61, pp. 197–205, 2009.

[9] Jiang, Z., Liao, Y., Liu, J., Shou, L., Chen, Q., Yan, X., Zhu, G., Zeng, J.: Effects of fish farming on phytoplankton community under thermal stress due to a power plant in a eutrophic, semi-enclosed bay: induce toxic dinoflagellate (Prorocentrum minimum) blooms in cold seasons, *Mar. Poll. Bull*, 76, pp. 315–324, 2013.

[10] Li, X. Y., Li, B., Sun, X. L.: Effects of a coastal power plant thermal discharge on phytoplankton community structure in Zhanjiang Bay, China, *Mar. Poll. Bull*, 81, pp. 210–217, 2014.

[11] 濱田稔, 土田修二：実験的手法による海生生物への発電所温排水影響研究の現況,『矢作川研究』, 6, pp. 159-168, 2002.

[12] 土田修二：沿岸性魚類の温度選好に関する実験的研究,『海生研研報』, 4, pp. 11-66, 2002.

[13] 三浦雅大：温排水に対する魚類の反応行動—室内実験および野外調査の到達点—,『海生研ニュース』, 92, pp. 1-4, 2006.

[14] 三浦雅大：温排水による水温上昇と魚類の分布・行動,『電気評論』, 7, pp. 42-43, 2014.

温泉熱・蒸気を利用した調理

　「東の熱海・西の別府」と呼ばれる別府八湯の一つである鉄輪温泉は、鎌倉時代、時宗の開祖である一遍上人が開いたとされる古くからの湯治場である。別府温泉といえば湯けむりというイメージが強いが、中でも鉄輪温泉にたなびく湯けむりの数は突出している。鉄輪温泉は別府八湯の中では山の方に位置し、背後に鶴見山、伽藍岳を有しているため高温な噴気沸騰泉が多く、古くから湯治客の調理器具の一つとして「地獄釜」を有している湯治宿が多数ある。鉄輪温泉では温泉の源泉や蒸気のことを「地獄」と呼ぶ。

　湯治宿は別名を「貸間旅館（かしまりょかん）」といい、部屋を貸すのみの自炊旅館である。そこで活躍するのが地獄釜で、100℃前後の蒸気でいろいろな食材を蒸して食べる。地獄釜では、焼く以外の調理はほぼできる。この地獄釜で調理したものを「地獄蒸し」といい、古くからあるが、ある意味新しい鉄輪のソウルフードとして近年人気を博しており、鉄輪観光の一翼を担っている。

　ひと昔前の鉄輪の湯治宿は常連客が多く、地獄蒸し料理もごく当たり前の食べ物であった。湯治客は農業や漁業などの第一次産業に従事する人が多く、福岡をはじめとする九州圏内のほか、山口・広島・四国などからやって来ていた。その人たちにとって地獄蒸しは馴染み深い食べ物であったが、逆に鉄輪以外の別府市民や近隣の大分市などでは、近いために鉄輪で湯治をする人はそれほど多くなかったため、聞いたことはあっても地獄蒸しを食する機会は少なかったようだ。近年は湯治宿以外で地獄蒸しを体験できる「地獄蒸し工房」をはじめとする施設もでき、地獄蒸しが広まる要因ともなっている。

　地獄蒸しは、地獄釜で食材を蒸して食べるという至ってシンプルな料理であるため、食材選びが大切である。オーソドックスなところでは、卵や芋、エビ・カニ・サザエ・ホタテなどの魚介類、肉類では手羽先などが手軽で美味しい食材である。またナスやニンジンなども1本丸ごと蒸して、ニンジンはそのまま、ナスは生姜醤油をちょっとかけて食べるのがおススメ。温泉の高温な蒸気で蒸すため、食材の旨味がギュッと凝縮されて美味しいのか、はたまた温泉の成分にて微妙な味付けが施されて美味しいのかは素人の私にはわからないが、同じニンジンでもガスコンロで茹でたり蒸したりするより、地獄で蒸したほうがはるかに美味しいと思う。なお、地獄蒸しで大切なことは食材選びと蒸し時間である。卵の場合、ほどよい半熟は5分30秒。手羽先などは30分くらいと、その食材に適した蒸し時間が美味しさの秘訣

でもある。

　私は根っからの鉄輪っ子ではなく、三十数年前に鉄輪に嫁いで来たいわゆる外者である。お嫁に来たとき、近所のお土産屋さんに、大豆やうずら豆などの豆類があり、自分があまり豆に馴染みがなかったせいもあるが、「どうしてお土産屋さんに、こんなに豆を置いているのだろうか？」と不思議に思ったが、実は豆は地獄蒸しに適した食材であった。豆を一晩水に浸しておき、翌日、その鍋ごと地獄釜にかける。柔らかくなったところで砂糖や塩を加えて味付けをし、再び地獄釜にかけておけばよいのである。焦げつく心配もなく、火加減を見る必要もない。湯治のお客さんは長期滞在の人が多いので、煮豆はおやつの一つ、また箸休めにも適していたのかもしれない。

　もう一つ、地獄蒸しにするととても助かる食材がある。春の食材の王様ともいえるタケノコである。季節を感じる食材の代名詞といっても過言ではないタケノコだが、その調理方法はちょっと面倒くさい。春の食材はアクの強いものが多く、タケノコもアク取りが大変である。ところが、地獄を使うとこの大変な作業も至って簡単である。掘って来たばかりのタケノコを、土だけ落として皮のついたまま地獄釜に放り込んでおく。1時間ほど蒸したらそのまま冷ましておく。触れるくらい冷めたら、皮をむいて水にさらしておく。これだけでアクのすっかりとれたエグみのない柔らかい美味しいタケノコが食べられる。大きな鍋や米のとぎ汁は必要ないわけで、私は春になると、もらい物のタケノコで、タケノコご飯や鶏とタケノコの煮物などを作っては友達などに配っている。それくらいタケノコ料理が苦にならないのである。この他にも、脂の多い豚バラのブロックや豚足などを地獄にかけることにより、旨味は残しながら脂を落とす、という一石二鳥の効果がある。

　地獄蒸しは電気・ガスを使わないのでエコとして、また健康面では「蒸し料理＝ヘルシー料理」として現代社会・食文化にマッチするものである。小さいながらも旅館の女将として、鉄輪温泉の観光業に携わっている者として、地獄蒸しの広がりに尽力したいと思っている。

第5章
ネクサスにおけるトレードオフ問題の可視化・問題解決手法

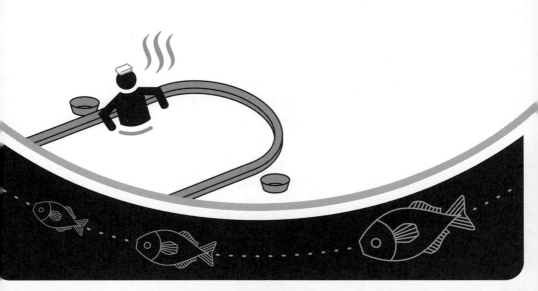

5.1 水・エネルギー・食料問題に関する参加型アプローチの横断的分析

5.1.1 はじめに

これまで、国や地域における環境問題の解決のために、コンセンサス会議、討議型世論調査（Deliberative Polling、以下DP）、計画細胞（日本では市民討議会と呼ばれる）などの参加型アプローチが適用されてきた。参加型アプローチは、「利害関係者の巻き込み」（ステークホルダー・エンゲージメント）と呼ばれることもある。例えば、経済協力開発機構（OECD）では、ステークホルダー・エンゲージメントは、特定のトピックに関心を持つ人物やグループが関連する活動や意思決定に関与するプロセスとして定義されている[1]。

本節では、水・エネルギー・食料（農業）政策の分野において、合意形成に資するためにとられた参加型アプローチが政策形成段階において果たす役割を検討する。具体的には、日本における水・エネルギー・食料の3つの政策分野に適用された参加型アプローチに焦点を当て、参加型アプローチごとの利点（強み）や弱点（短所）を明らかにする。

本節において検討する範囲には、参加型アプローチの過程（プロセス）と成果の両方が含まれる。過程と成果の双方を検討することを通じて、参加型アプローチに内在する過程に関する変数と、過程の結果としてのアウトプットあるいはアウトカム（成果）との関係を定性的に明らかにできると考えるからである。具体的には、冒頭で紹介した参加型アプローチのタイプごとに、アプローチが適用された問題・課題、政府の関与度合い、参加者への科学的情報の提供状況、審議の質と成果の関係を、先行研究に基づいて整理する。

本節の目的は、地域・コミュニティにおいて、水・エネルギー・食料のネクサスに関わる参加型アプローチを検討する際に、過程の設計と実装をどのように進めていけばよいのかに関する示唆を得ることである。この目的を踏まえ、下記の3つの問いについて検討対応する。

問い1．3手法のうち、どのアプローチがどのタイプの課題に適用される傾向があるのか？

問い2．様々な参加型手法の適用による主な成果は何であり、選択された方法と

得られたアウトプットあるいはアウトカムとの間にどのような関係があるのか？

問い3. 科学的知見（専門知）と地元の知識（現場知）が、それぞれのアプローチにおいてどのように扱われたのか？

研究の手法としては、はじめに学術文献および政府等の公式文書の文献調査を実施し、参加型アプローチを用いた事例のインベントリ（目録）を作成した。次に、事例のインベントリに含まれる16事例に適用された手法、取り扱われた課題、地理的範囲、期間、文脈・過程・結果に関する変数を整理し、それらの項目別に定性的な分析を行い、主に手法別の特性を抽出した。

5.1.2 参加型アプローチのインベントリの作成

表5.1.1は、Fishkinが提唱する参加型アプローチの主要要素を示しており、世論の2タイプ（生/洗練）と参加者の選出方法の4つの枠組みで構成されている[2]。

このように参加型アプローチを特定した後、Beierleらの概念モデルを用いて、インベントリに含まれる各参加型アプローチの特性を分析する[3]。なお、彼らの研究は、1960年代以降の米国における環境政策上の意思決定に関する200以上の事例を、文脈、過程、結果という3つの主要要素で整理したものとなっている。表5.1.2に、それぞれの詳細な変数をC（文脈変数）、P（過程変数）、R（結果変数）で示す。

インベントリに含める事例を選択するために、次の3つの基準を設定した。

表5.1.1　Fishkinが提唱する参加型アプローチの類型化[2]

市民の意見	参加者の選出方法			
	1. 自薦	2. 基準に沿った選出	3. 無作為抽出	4. 全員参加
A) 熟議や科学的知見のない「生の意見」	1A SLOPs（自薦自発的リスナーを対象とした世論調査）	2A ある種の調査	3A ほとんどの世論調査	4A レファレンダム民主主義
B) 熟議や科学的知見を伴う「洗練された意見」	1B 討議グループ（コンセンサス会議など）	2B 市民陪審など	3B 討議型世論調査（市民討論会など）	4B 熟議の日

表5.1.2 事例インベントリを構成する主要要素

```
C. 文脈
C-1. 対象とする政策分野
C-2. 市民間に存在する紛争(コンフリクト)や論争
C-3. 主導する組織の関与
P. 過程
P-1. 参加者の選出方法
P-2. アウトプットの形式
P-3. 科学的情報の提供方法
P-4. 熟議の質
R. 結果
R-1. アウトプットの扱われ方
R-2. 競合する利害をめぐる紛争や論争が解決されたか
R-3. 制度や行政機関への信頼構築
R-4. 市民の啓発・学習効果
```

1. 事例研究を含む公的な報告書、あるいは学術文献で、分析のための十分な材料が記述されていること。
2. いずれの場合も、適用されたアプローチが特定されていること。
3. 水・エネルギー(気候変動を含む)・食料(農業)問題に対処した事例であること。

　上記3つの基準に従って事例を収集した結果、16例が抽出され、これらの事例で適用された参加型アプローチは次の3つであった。

① 討議型世論調査(DP)

　DPとは、無作為抽出によって選ばれた市民が、特定の政策に関して討議を行い、討議の前後に行われるアンケートによって、熟慮された意見を明らかにすることを目的として、世論調査に討議の過程を組み入れた手法である。図5.1.1に手順の概要を示す。例えば第1回目のアンケート調査におけるアンケート調査結果と第2回アンケート調査での結果との比較が行われている[4]。

② コンセンサス会議

　コンセンサス会議とは、社会に導入されようとしている技術(既に導入されている技術の場合もある)について、10数名の一般市民がその技術に関わる専門家の説明と見解提示を受けて、共通理解と提言をまとめる方式である[5](図5.1.2参照)。このような会議の目的は、議論を通じて科学技術に関する市民の理解を高め

5.1 水・エネルギー・食料問題に関する参加型アプローチの横断的分析

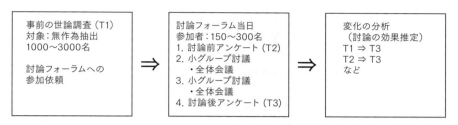

図5.1.1　討議型世論調査の一般的な手順

図5.1.2　コンセンサス会議の一般的な手順（文献[6]に基づいて著者作図）

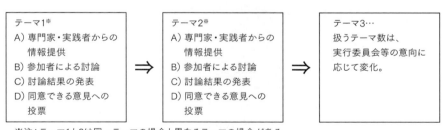

※注：テーマ1と2は同一テーマの場合と異なるテーマの場合がある。

図5.1.3　日本における市民討議会の一般的なフロー

ること、専門家の意見や視点へのアクセスを拡大することにより科学技術関連のトピックについて意思決定を改善することである[7, 8]。

③　市民討議会

　無作為抽出された一般市民が、地域の公共的課題について討議し、その解決策を探る取組みである。①参加者の無作為抽出、②参加者への謝礼の支払い、③公正・

公平な運営機関、④参加者による小グループ討議、⑤報告書の公表の5つの必要条件が提起されている[9]。日本における一般的な進め方は図5.1.3の通りである。

5.1.3 参加型アプローチの事例分析

以下では、作成された事例インベントリに基づいて、まず、前述の3つの参加型アプローチごとに表5.1.2で示した各要素の概観を把握した後、定性的に変数間の関係を明らかにした。以上の分析結果より考察を加えていく。分析した16事例の内訳は表5.1.3の通りである。

(1) 各事例の文脈変数（表5.1.2のC.1～C.3）

6つのDP事例のうち5例は気候変動問題を扱っており、国際交渉や国家政策過程への貢献を意図して実施された[10, 11]。他の1事例はBSE問題を扱っており、その主目的は研究のための情報収集であった[12]。DP事例のうち3つは国レベルで開催され、そのうちの1つは内閣によって資金提供され、実施の指示を受けた[13]。

また、4つのGMO（遺伝子組換え作物）に関するコンセンサス会議のすべてが

表5.1.3 参加型アプローチの適用事例

参加型アプローチの手法	開催地	扱ったテーマ
DP	首都圏	地球温暖化問題に関する討議型世論調査
DP	北海道	BSE問題
DP	全国	エネルギー環境に関する選択肢
DP	川崎市	同上
DP	全国	地球温暖化に関するWorld-Wide Views
DP	全国	気候エネルギーに関するWorld-Wide Views
コンセンサス会議	全国	GMOの栽培
コンセンサス会議	仙台市	GMOの栽培（生産地の代表として）
コンセンサス会議	横浜市	GMOの栽培（消費地の代表として）
コンセンサス会議	静岡県	河川改修
コンセンサス会議	北海道	GMOの栽培条例
市民討議会	静岡市	ごみ減量策
市民討議会	常陸太田市	省エネルギーと環境行動
市民討議会	小田原市	都市計画と環境
市民討議会	狛江市	多摩川河川敷の有効活用
市民討議会	宇都宮市	省エネルギー

5.1 水・エネルギー・食料問題に関する参加型アプローチの横断的分析

国家の政策過程への貢献を意図していた一方で[14, 15]、河川改修に関するコンセンサス会議の目的は、河川沿いに住む市民の意見を反映することであった[16]。5つのコンセンサス会議のうち3つは国の機関、他の2つは都道府県によって主導された。都道府県主導のコンセンサス会議の一つは規制を扱ったものであり[17, 18]、もう一つは河川改修を扱ったものである。文献調査によれば、この2つのケースに参加した行政機関とその担当者は、非常に積極的にコンセンサス会議の開催に携わった様子がうかがえた。

市民討議会の事例の中で、常陸太田市や静岡市の事例は、家庭のエネルギー消費量の削減や家庭ごみの削減など身近な環境行動を扱っていた[19, 20]。他の事例も、河川敷利用に関する新たなルール策定に関する市民討議会[21]や、総合計画への市民の意見を反映させることを目的としていた[22]。

参加型アプローチが適用される前に市民や利害関係者、特に行政関係者との間に紛争や対立的な議論が存在したかどうかを著者らが現時点で評価することは非常に困難である。しかしながら、原子力依存のあり方やGMOの栽培の可否など一部の事例に関しては、国全体のレベルでは論争を確認することができる。

(2) 各事例の過程変数（表5.1.2のP.1〜P.3）

定義上、DPの参加者は無作為抽出で選ばれる。今回分析した事例の中で最も小人数のDPは、川崎市で実施された57人のもので、国のエネルギー・環境の選択肢について討議された。逆にDPで最も多くの参加があったのは、同じテーマについて国レベルで開催されたもので、1,986人が参加した[13]。

DPの成果物は、シナリオ選定の結果が2件、学術情報のみを集めたものが2件、ワールド・ワイド・ビュー委員会の国際的共通指針に基づく政策レポートが2件で同数である。成果物がシナリオ選定であったDPでは、通常、各シナリオに投票された参加者の割合が示されており、全員一致の合意は要求されていなかった。

5つのコンセンサス会議の事例のうち4つは、参加者は自薦で参加した。他方、静岡県で開催された1回のコンセンサス会議のみは、会議の実行委員会が参加者を選定した[16]。コンセンサス会議の成果は、通常、参加者の議論を経て作成された市民提案である。その意味で、何に合意ができて何に合意が難しいのかを、参加者や社会全体が学習することが目標とされていることが多い。例えば2000年のGMO問題に関するコンセンサス会議など、いくつかの事例においては、最終

報告に2つの異なる意見（GMOの普及に賛成、反対など）が含まれるケースも見られる。

市民討議会の参加者も、無作為抽出によって選ばれている。今回の分析対象の中で最小規模のものは常陸太田市の11人、最大規模は小田原市で、170人が参加した。アウトプットは、各提案に対する単純投票結果が3件と、参加者間で合意された市民提案が2件の大きく2種類であった。

次に、情報提供について論じる。ほとんどのDPの事例では、書面あるいはビデオ資料（事例によっては両方）は専門家の委員会によって作成され、討議開始前に参加者に提供された。討議のプログラムは、複数の課題を扱う4～6の分科会で構成された。いくつかの事例では、討議後に、討議の質に関する公正かつ客観的な第三者の評価も公開された。

対照的に、コンセンサス会議では、開催前に参加者へ何らかの情報提供があった事例は確認できなかった。ただし、会議の開催当日は、科学的な情報はまず専門家パネルから提供され、さらに市民パネルのメンバーが提起した主な質問に対して回答がなされた。この手法を適用する際の留意点は、質問への回答に割り当てられた時間を制限するか否かである。回答する専門家の数に比べて、回答に割り当てられた時間が短い場合、参加者は過程全体を否定的に評価し、提供された回答や議論の程度が適切でないと断ずる可能性が生じるからである。

市民討議会の過程では、専門家、行政職員、および関係するステークホルダーによって、口頭またはスライドのプレゼンテーションが、参加者に情報を提供するために使用された。また、討議の質に関連する事項だが、議論のために利用可能な時間は半日から長いもので9日間まで幅が観察された。

(3) 各事例の結果変数（表5.1.2のR.1～R.3）

結果の分析には、他の文脈変数、過程変数と異なり、期待された成果が得られたかどうかについて相対的に「高」ないし「低」の評価を用いた。まずは、各参加型アプローチにおけるアウトプットが得られたかどうかについて評価した。

学術情報を収集するためだけに開催されたDPは、アンケート調査結果以外のアウトプットが欠如していたため、評価が低くなった。また、5人ずつの少人数グループに分けられたものの、ファシリテーターが不足していたと報告された事例については、課題について質的あるいは量的に適切な議論がなされたとは結論

5.1 水・エネルギー・食料問題に関する参加型アプローチの横断的分析

づけられなかった。

　コンセンサス会議で期待される成果は、討議の結果、市民提案が起草されることである。これらの提案が実際に、どのように意思決定過程へ影響を与えるかを推定するために、提案の公表後、それがどのように扱われたのかを追跡する必要がある。分析された5つのコンセンサス会議の事例において、すべての市民提案は、いったん公開された後に、関係する行政機関に送られた。

　それらの提案の最終的なインパクトは地域レベルと国レベルで異なっていた。例えば、北海道や静岡などの地域レベルでのコンセンサス会議の後、安間川（静岡県）では新たな洪水対策が導入され、北海道ではGMO栽培に関する規制が緩和されないという「変化」が、会議の議論に基づいて観察された。コンセンサス会議の過程を通じて、行政機関は従来のアンケート調査では得られなかった「市民の感情的反応が埋め込まれた追加的情報」を得られたと評価できる。

　他方、国レベルの3つのコンセンサス会議からの提案は、農林水産省の関係セクションに送付されたが、その直接的な帰結は、3つの会議を運営していた組織における研究資金の募集テーマに反映されただけにすぎなかった[23]。このように5つの事例に基づけば、地域レベルのコンセンサス会議の市民提案の方が、国レベルのそれらよりも大きな政策的インパクトを与えたといえる。このような意味において、地方での実施事例は「高」と評価した。

　市民討議会のほとんどのアウトプットは、グループ討議後の参加者による複数の提案への投票結果であったため、それらの結果がどのようにその後の意思決定に反映されたかを観察した。分析された5例では、2例が中レベル、2例が高レベルと分類された。高レベルの事例は、多摩川河川敷におけるのバーベキューを禁止する新条例が制定された狛江市や、レジ袋の無料配布を禁止した静岡市であった。

　次に、各参加型アプローチにおける競合する利害をめぐる紛争や論争が解決されたか、あるいは制度や行政機関への信頼構築といった結果の状況について述べる。

　DPの事例では、利害関係者間の紛争や対立について議論されたり説明されたりはしたものの、参加者がそれらの紛争や対立に深く関わる人々からは選ばれなかったため、DP中の討議は問題解決にまでつながらなかった。これは、DP実施後にも、対立構造が本質的には維持されたことを意味している。行政機関への信頼については、BSE問題をテーマにした1事例でのみ、DP実施後の国および北

海道への信頼がより増したことを示す明らかな証拠が見つかった。

コンセンサス会議が対立解決や組織に対する信頼向上に与える影響の程度は、国レベルか地方レベルかによって異なる。国レベルでは、一連の会議がGMO栽培支持者と栽培反対者双方の相互理解につながったが、対立の解決にまでは至っていない。一方、県レベル（北海道、静岡）の事例では、関係団体間の協働関係の構築や新たな解決策の採用といった成果が報告されている。

5つの市民討議会のテーマは、賛否両論の団体等が激しく対立するような政策課題ではなかったため、この手法で対立が解決されたという証拠は見つからなかった。しかし、多摩川河川敷におけるバーベキューをめぐる狛江市の市民討議会では、騒音、煙やごみの投棄といったバーベキューの悪影響を心配していた市民と、バーベキューの増加で恩恵を被る小売店などの事業者との間での最終的な合意形成の結果、バーベキューを全面禁止することに関する条例が制定された。

最後に、3つの参加型アプローチにおける市民の啓発・学習効果について述べる。6つのDPについては、「エネルギーと環境に関する選択肢」をテーマとして実施した地域単位のDPの実施後、「私は確信を持って一つのシナリオを選択した」と回答した参加者の割合は42％から68％に増加した。さらに、参加者に専門知識や情報が提供された他の事例では、フォローアップ調査により知識が増えたという回答が確認された。

5つのコンセンサス会議については、安間川の事例の結果、市民がより革新的な政策を提案し、実現するに至った。しかし、その他の事例では、行政機関への関心は高まったと報告されているものの、議論するテーマに関する情報が十分に提供されなかったこともあり、コンセンサス会議の実施が参加者の問題への理解につながるような効果は、それほどなかったようである。

5つの市民討議会については、極めて限定的な情報提供の結果、それほど学習効果がなかった事例から、多様な利害関係者から有益な報告があり啓発・学習効果が高かったと考えられる事例まで、まちまちであった。

5.1.4 まとめ

ここでは、定性参加者の討議の結果と実際の政策変更との関係、参加者と様々なステークホルダー間の相互理解の観点から、3つの参加型アプローチの相対的な有効性を評価する。

(1) 討議型世論調査（DP）

DPによって作成されるアウトプットの典型例は、参加者の意識変化、あるいは複数の選択肢に対する投票結果を含む政策レポートである。これは、DPは合意形成を第一義的に目指す手法ではなく、集団極化などの代議制民主主義の結果を補うため、一般市民が専門知の提供を受けながら熟慮した上で政策オプションに対する見解を示す世論調査手法であるためである。

この手法が、2012年に、国家のエネルギーと環境に関する革新戦略策定のために活用されたことは画期的であった。これは、DPが国家の政策過程に正式に組み込まれた初めての事例であり、当時の政府（民主党）は、DPにおける参加者の投票結果を参考にして、2030年までに原子力発電の稼働をゼロにすることを決定した。しかし、2012年12月、自民党を中心とする新政権が発足し、民主党の決定は覆され、国レベルでの意思決定に対してDPの結果が安定的に影響を与えるわけではないことが示された。

本節で取り上げたほとんどのDP事例では、討議前に専門委員会が参加者に提供される文書やビデオ資料を準備していたため、情報提供とキャパシティビルディング[1]に関しては中レベルから高レベルと評価された。一方で、討議の間に、参加者が専門的な情報の理解に注意を払いすぎると、新しい選択肢が提案されなかったり、参加者に期待される追加情報が提起されなかったりするという傾向が観察された。

(2) コンセンサス会議

コンセンサス会議の成果である市民提案は、関連するセクションや機関に送られるため、これらの市民提案が最終的にもたらした政策的帰結に注視したところ、地域レベルの事例では、2つの政策変更が確認された。すなわち、新たな洪水防止条例の採択（静岡県）とGMO栽培の規制緩和の中止（北海道）である。しかし、国レベルのコンセンサス会議では、気候変動関係の事例が多いため、国の枠組みを超えた政策変更に市民の提案が直接的に影響を与えることは、現時点では難しいようである。

情報提供方法（表5.1.2のP-3）と参加者の学習効果（同じくR-4）との関係をみ

1　参加者の知識レベルの向上のこと。

ると、専門家から討議前に資料は提供されていなかったものの、限られた時間内に市民パネルでまとめられた鍵となる質問に専門家パネルが答える形式に対して、参加者の評価は一般的に高かった。地域レベルでの2つの事例に共通して見られたのは、市民の感情的な反応や経験を取り入れる機会であったことであり、このような反応や経験は、従来のアンケートなど文書に基づく調査では得られない貴重なものである。このような事例に基づけば、コンセンサス会議の成果物としての市民提案は概して有用であり、行政機関に対して追加的な情報を提供する手法であると評価できる。

(3) 市民討議会

市民討議会を適用した事例はすべて（国レベルではなく）市レベルであった。例えば小田原市の事例は、市民の討議結果を市の総合計画へ正式に反映させることを意図していた。さらに、意思決定への影響という観点からは、狛江市の河川敷におけるバーベキュー禁止、静岡市のレジ袋無料配布を中止する新しい条例のほうが他の事例と比較してより強く影響を受けている。狛江市の新しい条例に影響を与えた主要な要因の一つは、継続的に討議を繰り返したことであった。

情報提供（表5.1.2のP-3）と参加者の学習効果（同じくR-4）との関係を見ると、常陸太田市と宇都宮市の2事例では市役所職員と専門家の双方が講義を行った一方、狛江市や小田原市では、市役所職員から提供された情報が（専門家ではなく）サービスの利用者など広範な利害関係者からの情報によって補完されていた。

(4) 定性的な分析の結果

表5.1.4は、これまで論じてきた政策課題、参加者の選出方法、参加者の規模、情報提供の手段、過程からのアウトプットについて、3つの参加型アプローチごとに主な特徴をまとめたものである。各手法は複数のテーマの政策課題に適用されていたため、逆に、中心的な政策課題が特定されれば、表5.1.4を参照して、適用可能な手法を選択することができる。例えば市民の環境配慮行動を取り上げるとして、新しい科学的、専門的トピックについて社会的学習を進めたい場合にはDPかコンセンサス会議、より具体的な行動をルール化させたりすることについて討議したい場合には市民討議会の手法が有力候補となる。

どのアプローチを選ぶかについては、政策課題だけでなく、参加者の選出方法

5.1 水・エネルギー・食料問題に関する参加型アプローチの横断的分析

表5.1.4 各参加型アプローチの国内での運用状況から見た特性

手法	対象となる政策課題	政府レベル	参加者の選出方法	参加者の規模	情報提供の手法	アウトプット
①討議型世論調査(DP)	気候変動・エネルギー問題	市〜国	無作為抽出	約100名	冊子やビデオを用いた解説	意識変化、投票結果を含む政策レポート
②コンセンサス会議	GMO栽培	県〜国	自薦	20名以下	Q&A（参加者の質問に対する専門家の回答）	市民提案
③市民討議会	地域や生活に関する環境問題	市	無作為抽出	100名以下	専門家や利害関係者のプレゼンテーション	簡易な投票結果

という観点からも検討する必要がある。例えば自薦による参加が公平性や代表性の観点から問題となる状況においては、DPや市民討議会で用いられる無作為抽出が望ましい。ただし、無作為抽出による参加型アプローチでは、参加者の合意を求めるには限界があり、投票結果がそのまま示されがちになる点に注意する必要がある。したがって、意思決定者が参加者の大多数から合意を得たり、市民提案を望んだりしている場合には、コンセンサス会議を選択することが望ましいだろう。

本節冒頭で提起した3つの問いに対する回答を要約すると、以下のようになる。

問い1の手法と課題の関連性に関しては、DP手法は気候変動とエネルギーに関連する問題に対して実践的な成果が確認された。コンセンサス会議は、GMO栽培問題のような科学的知識の理解を必要とする討議に適している。

問い2の参加過程におけるアウトプットとしては、2つの主要なタイプが確認された。一つは、コンセンサス会議の中でまとめられた市民提案など、自薦の参加者たちの合意である。もう一つは、無作為抽出された参加者の認識分布や複数の選択肢に対する参加者の投票結果等で構成される政策レポートのタイプである。このように、参加者の選出方法とアウトプットのタイプが連動しているという事実は、新たな知見である。

問い3の科学的知見や市民の知識をどのように扱うかという問題に関しては、DPの討議中に、参加者が難解な科学的知見を理解することに注意を払いすぎると、新しい選択肢や情報の追加といった側面は犠牲になりがちであることがわ

かった。また、2つの地域におけるコンセンサス会議の事例に共通していた現象として、アンケート調査では収集できなかった市民の感情的な反応を市民提案とその帰結である政策変更に組み入れることができたことが確認された。

表5.1.4に示す各手法の強みを見ると、市民討議会およびコンセンサス会議手法は地域レベルで有用であり、これら2つの手法の強みを統合した新たな参加型アプローチの開発が必要である。こうした開発が地域レベルでの合意形成の質を向上させると考えられる。また、国レベルでは、DPとコンセンサス会議が適していた。ここでは、DPの量的側面とコンセンサス会議の質的側面を組み合わるような新たな手法を開発する必要があろう。

ここで提案したような統合的手法を適用するには、これまで以上に多くの人的資源と財源が必要になるかもしれないが、過剰な投資を避けるために、合意形成過程を地域でどれだけ運営するかについて、適切な数とそれぞれの討議の深さを考えなければならない。具体的には、コンセンサス会議の対象となるような科学的知識を要する政策課題について、国と地域で合同の情報提供や専門家と一般市民との対話を行うのも一案である。また、地域レベルでは環境計画と農業計画を部分的に統合させた農環境計画を検討することも可能であろう。このように、いくつかの政策過程を横断して計画段階を統合すれば、総支出は減少する可能性もある。

今後の課題は、新しい情報付加や新しい提案といった参加者の意思決定の質の向上と能力形成、教育努力の効果との関係解明である。必要に応じて分析対象を広げながら、これらの関係性について明らかにしていかなければならない。

参考文献（5.1節）

[1] Akhmouch, A., Clavreul, D.：Stakeholder engagement for inclusive water governance: "Practicing what we Preach" with the OECD Water Governance Initiative, *Water*, 8, pp. 204-220, 2016. DOI: 10.3390/w8050204
[2] Fishkin, J. S.：*When the people speak*, p. 256, Oxford University Press, 2009.
[3] Beierle, T. C., Cayford, J.：*Democracy in practice: Public participation in environmental decisions, Resources for the Futures*, p. 149, Routledge, 2002.
[4] 猪原健弘：『合意形成学』, p. 282, 勁草書房, 2011.

[5] 若松征男:「科学技術への市民参加」を展望する―コンセンサス会議の試みを例に―,『研究 技術 計画』, 15巻, 3, 4号, p. 174, 2000.
[6] 森岡和子:コンセンサス会議における円滑なコミュニケーションのための考察,『科学技術コミュニケーション』, 1 (1), pp. 96-104, 2007.
[7] Guston, D. H. : Evaluating the First U.S. Consensus Conference: The Impact of the Citizens' Panel on Telecommunications and the Future of Democracy, *ST&HV*, 24, pp.451-482, 1999. DOI: 10.1177/016224399902400402
[8] Joss, S. & Durant, J. : *Consensus Conferences: A Review of the Danish, Dutch and UK Approaches to this Special Form of Technology Assessment, and an Assessment of the Options for a Proposed Swiss Consensus Conferences*, The Science Museum Library, 1994.
[9] 篠藤明徳, 吉田純夫, 小針憲一:『自治を開く市民討議会―広がる参画・事例と方法―』, イマジン出版, p. 116, 2009.
[10] 馬場健司, 小杉素子:熟議による社会的意思決定プロセスの課題―エネルギー・環境問題に関する2つの討論型世論調査からの示唆,『電力中央研究所報告』, Y12016, p. 23, 2013.
[11] 八木絵香:グローバルな市民参加型テクノロジーアセスメントの可能性:地球温暖化に関する世界市民会議(World Wide Views)を事例として,『科学技術コミュニケーション』, 7, pp. 3-17, 2010.
[12] 杉山滋郎:討論型世論調査における情報提供と討論は,機能しているか,『科学技術コミュニケーション』, 12, pp. 44-60, 2012.
[13] エネルギー・環境の選択肢に関する討論型世論調査実行委員会:『エネルギー・環境の選択肢に関する討論型世論調査 調査報告書』, p. 145, 2012.
[14] 社団法人農林水産先端技術産業振興センター:『「遺伝子組換え農作物を考える市民会議」報告書』, p. 68, 2003.
[15] 社団法人農林水産先端技術産業振興センター:『市民会議「食と農の未来と遺伝子組換え農作物」報告書』, p. 36, 2004.
[16] 小林傳司:『トランス・サイエンスの時代:科学技術と社会をつなぐ』, p. 288, NTT出版, 2007.
[17] 三上直之:実用段階に入った参加型テクノロジーアセスメントの課題:北海道「GM コンセンサス会議」の経験から,『科学技術コミュニケーション』, 1 (1), pp. 84-95, 2007.
[18] 渡辺稔之:GM条例の課題と北海道におけるコンセンサス会議の取り組み,『科学技術コミュニケーション』, 1, pp 73-83, 2007.
[19] 社団法人常陸太田青年会議所:『第5回市民討議会報告書』, p.51, 2011.
[20] 日詰一幸:静岡における市民討議会の事例から見えてくる成果と課題,『地域社会研究』, 17号, pp. 15-19, 2009.

[21] 狛江青年会議所・狛江市民討議会実行委員会：『どうする多摩川河川敷？問題解決と有効活用に向けたまちづくりディスカッション〜狛江市民討議会 市民提案書・実施報告書』, p. 110, 2009.
[22] 小田原市：『おだわらTRYプラン（基本構想・基本計画）』, p. 149, 2011.
[23] 大塚善樹：「食と農の分離」における「専門家と素人の分離」,『環境社会学研究』, (9), pp 37-53, 2003.

5.2 共同事実確認を促進する超学際的アプローチ

5.2.1 はじめに

　前節では、社会的な意思決定を行う際に資する3つの参加型アプローチの特徴について紹介した。本節では、このような手法の一つでもあり、特に科学的知見（エビデンス）をめぐって対立するような事態となっている際に、ほぼすべての当事者が納得できる科学的知見を、科学者・専門家等との協力によって探索・形成する議論の方法である共同事実確認（JFF: Joint fact-finding）に焦点を当てる。この方法は、米国では1980年代から提唱され[1]、原子力発電や洋上風力発電など様々な題材に適用されてきた。水・エネルギー・食料とそのネクサスに関わる科学的知見をコデザイン（協働企画）、コプロダクション（協働生産）し、社会実装を進めていくことを企図する地球研ネクサスプロジェクトにおいても、この方法論は有効と考えられる。この中でステークホルダー分析は多用される方法であり、著者らはこれに加えて社会ネットワーク分析とシナリオプランニングを統合した一連の超学際的（トランスディシプリナリ）アプローチを開発してきた。本節ではこれらについて紹介する。

　なお、国内で初めて共同事実確認の実践に取り組んだiJFFプロジェクトでは次のような考え方が提示されている[2]。すなわち、共同事実確認とは、議論すべき内容や範囲について、複数の異なる見解がある（またはそのような状況が想定される）場合に、ほぼ全員が納得できる「エビデンス（事実）」を特定・整理することで、その後の議論や判断を円滑にするものである。逆に、このような作業を行わなければ、望ましい政策などを議論すべき場面で、何が正しい根拠なのか、誰

が正しい根拠の提供者かという論争に陥って、議論の土台そのものが崩れてしまう危険性がある。ここで、「エビデンス（事実）」とは、意思決定や判断を下す際に用いられる様々な情報の集合体を意味する。また「情報」は、質的なものと量的なものの両方を指し、自然科学系に限らず人文社会系も含む広範な学問分野から生まれる情報から、地域における暗黙知まで多様な情報を含むとしている。なお、注意しておきたいのは、共同事実確認は根拠の確認や整理を通じて政策の合意形成の基盤をつくることはできるが、政策の合意形成そのものを目的とした方法論ではないということである。

5.2.2 ステークホルダー分析

ステークホルダー分析の手順は図5.2.1に示す通りである。この手法は紛争アセスメントとも呼ばれ、交渉と合意形成に関する実務と研究成果を基に構築されたものであり、政策形成の初期段階において、課題設定や政策選択肢の検討に巻き込むべきステークホルダーの類型化を目的として実施される[3]。この手法は、マサチューセッツ工科大学を中心に開発され、全世界で様々な題材に適用例があり、国内ではこれまでに、環境やエネルギー問題に適用した事例が存在する[4-6]。

```
1. ステークホルダー分析の準備
 ● 初期的検討事項リスト（調査項目等）を作成
 ● 初期的ステークホルダーの抽出
          ↓
2. 各ステークホルダーへの個別インタビュー調査の実施
 ● 追加的なステークホルダーの特定（芋づる式サンプリング）
          ↓
3. 各ステークホルダーの利害関心の分析
 ● 利害関心の抽出
 ● 相互の利得となる可能性の探求
 ● 合意に達する上での障害の特定
          ↓
4. アセスメント文書の作成とステークホルダーとの共有
 ● 分析結果のまとめ
 ● 次のステップの実施の必要性の評価等
```

図5.2.1　ステークホルダー分析のプロセス

政策課題の抽出や論点整理に有用な他の手法としては、例えばフォーカスグループインタビューや世論調査などが挙げられる。フォーカスグループインタビューでは、10名程度の参加者を集めて数時間の議論を行わせ、その内容を整理することで論点を抽出する。元来はマーケティングの分野において開発・適用され、最近では様々な分野で応用されてきているが、対象とする市場セグメントの一部を代表する参加者を募ること以外は、必ずしも参加者の選定方法が規定されているわけではない。つまり、この方法は潜在的な論点の抽出に主眼があり、ステークホルダーを特定することに主眼があるわけではないのである。また、無作為抽出に基づく世論調査では、当該政策課題に対する意見の分布を把握することができるものの、やはり潜在的なステークホルダーや新たな論点の発掘は困難である。ステークホルダー分析はこれらの手法と相補関係にあるといえ、政策過程の段階によって適切な方法を組み合わせていくことが重要と考えられる。

　ステークホルダー分析では、最初にリストアップした調査対象者へ聞き取り調査を行う過程で、さらに次の調査対象者候補を聞き出す「芋づる式サンプリング」を行い、新たな調査対象者候補の情報が出てこなくなった時点で終了する。これにより、可能な限りサンプルの全体像を把握しようと試みる。そのためには、当該課題に対して可能な限り中立的なスタンスをもち、地域コミュニティの実情に詳しい複数の案内役から初期的情報を得ることが重要で、多くの場合、地方自治体の担当者や地元の研究者がその役を担う。芋づる式サンプリングは、複数の起点を用意することにより様々な利害の代表性を確保するのが前提ではあるものの、当該課題の地域コミュニティにおける政治性や社会関係資本の状況によっては、十分に代表性が得られないという調査手法上の限界があり得ることに留意する必要がある。

　聞き取り調査は半構造化形式で実施される。これは、被調査者が、あらかじめ用意されたおおまかな質問項目に対して、想起したことを自由に発言する形式である。その際、調査者は発言内容に介入することは最小限にとどめる。また、可能な限り被調査者間の環境に相違が生じないよう、聞き取り時間は概ね1時間、調査者は原則として3人を1つのチームとして実施されている。また、聞き取り調査は、実務上の時間的制約から複数のチームに分かれて実施されることも多く、被調査者に応じてチームの調査者のメンバーを一部入れ替えるなどにより、調査環境や条件の均一化を図っている。その場で記録された発話内容は、調査者によ

表5.2.1　ステークホルダー分析結果のまとめ方の例

	論点1	論点2	…	論点＊＊
ステークホルダー1	＋	△		
…				
ステークホルダー2	－			△

る録音データの確認と修正の後に、生データとして活用される。

　得られたデータの分析に際しては、複数の調査者間で基準の統一を図りつつ、議論を繰り返しながら質問項目や発話データからブレークダウンしたいくつかの論点について、各ステークホルダーがどのような利害関心を持っていたかを抽出し、表5.2.1のようなマトリックス形式にまとめ、相互利益の可能性や合意形成上の課題などを特定していく。これを論点マトリックスという。ただし、多くの場合、被調査者が30〜40団体など非常に多くなるため、テキストマイニングによる分析[1]を併用することが効果的である。ステークホルダーは利害関心により類型化されるため、それぞれのカテゴリーによってN（ステークホルダーの数）は大きく異なる（N＝1の場合もあり得る）。このことは、ステークホルダー分析が、実証主義型（positivism）ではなく、解釈型（interpretative）の政策分析手法であり[7, 8]、統計的有意性を要求しないことを意味している。換言すれば、条件統制により仮説の検証を繰り返し客観的な構造を追求する反証主義的な量的研究とは対極的な、一回起性の事象の観察を積み重ねることでそこに共通する事実（仮説）を構築していく、帰納主義的な質的研究の手法[9]をとっている。

5.2.3　社会ネットワーク分析

　以上のステークホルダー分析の結果は、ステークホルダーの各論点に対する利害関心を一覧するには効率的ではあるが、合意を形成していく上では、ステークホルダー同士の関係性をより端的に表現した結果があるとなおよい。このような関係性を表現する際によく用いられるのが、社会ネットワーク分析[2]である。これまでステークホルダー分析の結果に社会ネットワーク分析を適用しているものとして、文献[10, 11]などが挙げられる。これらでは、各ステークホルダーに、

1　文章を単語や文節で区切り、それらの出現の頻度や出現傾向などを解析するテキストデータの分析方法。

イベント事後の質問紙調査等を用いて他のステークホルダーとの関係性を直接評価させることにより、ステークホルダー間の関係性や相互影響の可視化および評価を行っている。しかし、ステークホルダー間の関係性は多重的であり、ある側面では強いつながりがあるが、別の側面ではつながりが弱いということも考えられるため、調査対象ステークホルダーの負担が大きい。そこで以下では、表5.2.1に例示したステークホルダー分析結果の論点マトリックスを用いて、各論点に対するステークホルダーの共通認識に着目し、ネットワークグラフとしてステークホルダー間の関係性や相互影響を可視化する分析方法について紹介する。

ネットワークグラフは、ノード（頂点）とエッジ（辺）で表され、各ノード間に関係性があるかないか、また関係性が強いか弱いかという情報によって構成されている。すべてのノードを等しく扱い、全ノード間で関係を持つ可能性のある場合を「1部ネットワークグラフ」という。一方、例えば所属とそれに属する個人の関係性のようにノードを2種類の属性に分け、異なる属性間においてのみ関係性を持つ場合を「2部ネットワークグラフ」という[12]。

論点マトリックスは、各論点に対するステークホルダーの関心を示し、図5.2.2のように、論点とステークホルダーが関心の有無により紐づけられる2部ネットワークを作成することができる。この2部ネットワークから次数中心性指標[3]を算出し、中心となるステークホルダーと論点の特定を行う。

2部ネットワークは1部ネットワークに変換可能なので、論点とステークホルダーからなる2部ネットワークは、図5.2.3に示すように論点1部ネットワークとステークホルダー1部ネットワークの2つの1部ネットワークに変換することができる。論点1部ネットワークの論点間のエッジは、2つの論点に共通して関心を持つステークホルダーを示す。図5.2.3（a）では、論点1と論点2に共通して関心を示すステークホルダーは3人であり、「論点1と2の間はネットワーク分析における多重線3の関係性を持つ」と表現される。このように論点ノード間の複数

2　社会ネットワーク分析は、数学のグラフ理論を基礎とし、ノード（点）とそこにつながるエッジ（辺）から成るネットワーク構造について、例えば学校の友人関係や企業の取引関係など社会的な関係性を持つものを対象とする分析手法である。

3　次数中心性は、ノードに接続しているエッジの数を集計したものである。多くのエッジを獲得しているノードほど、ネットワークの中心に位置すると考える。

5.2 共同事実確認を促進する超学際的アプローチ

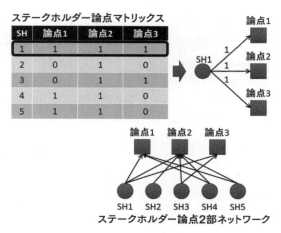

図5.2.2　論点ステークホルダー2部ネットワーク作成方法

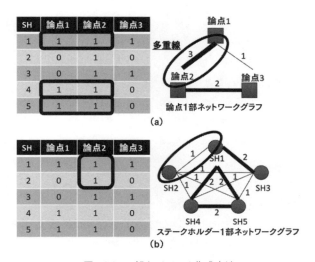

図5.2.3　1部ネットワーク作成方法

のエッジを多重線と呼び、多いほど2つの論点に共通して関心を持つステークホルダーが多いことを示し、論点間の関係性の強弱を表すと見ることができる。一方、図5.2.3（b）のステークホルダー1部ネットワークでは、ステークホルダー間のエッジは共通して関心を持つ論点数を示し、多重線が多いほど強い関係性を持

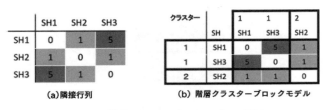

図5.2.4　階層クラスターブロックモデルの概要

つと考えられる。

　一般的に、2部ネットワークから1部ネットワークへの変換では、2種類の属性のうちどちらか一方のノードのみが抽出され、エッジはすべて多重線として集計される。よって、ノード数は減るもののエッジ数は多重線としてそのまま残り、密度の高いネットワークが形成される。一般的に密度の高いネットワークグラフは、エッジにより黒く塗りつぶされてしまい、関係構造を読み取ることが難しくなる。このようなことから、一定数以下の多重線が少ないエッジを削除し、より関係性の強いと考えられる多重線のみを抽出するm-スライス手法を用いることで、ネットワークグラフの見通しをよくすることができる。

　ネットワーク分析においては、ネットワークを図5.2.4（a）に示すような隣接行列[4]として表現することができ、例えばSH1とSH3のようにノードと接続するエッジの関係性が同一で入れ替え可能な場合に、構造同値[5]であるとされる[14]。構造同値性が高いノード間は、ネットワークにおいて類似した役割や機能を持つと考えられる。また、構造同値性などのネットワーク構造パターンを視覚的に把握する手法として、ブロックモデルがある[15]。重み付きネットワークのブロックモデルでは、図5.2.4（a）のように1よりも5の関係性を持つセルを濃くするなど、関係性の強弱により色を塗り分けたり濃淡を付けたりすることで、視覚的に把握しやすくなる。ブロックモデルでは、単に隣接行列を塗りつぶしただけでは

4　ネットワークを構成する全ノードとエッジを行列として表現したものであり、行列要素には関係性の有無としての0、1および多重線の数が格納されている。

5　ノード間のリンク関係が同じノードのことを表す。例えばA、B、Cの3つのノード間において、A→B、C→Bというリンクがあるネットワークにおいて、AとCはBのみに接続しているという関係性において同一で、構造同値となる。

5.2 共同事実確認を促進する超学際的アプローチ

無作為なパターンとなるが、構造同値性の高いノードを分類することによって、ネットワークの中心と周辺や序列などの関係構造を視覚的に把握することが期待できる。

構造同値性の高いノードの分類方法としては、各ノードの属性の共通性に着目する方法の他に、クラスター分析[6]などの統計手法を用いて定量的に分類する方法がある。各ノードの属性が同一であるステークホルダーにおいても、中心性指標[7]などにばらつきがあり、構造同値性が異なると考えられる場合は、図5.2.4に示すように階層クラスター法[8]を用いた分類が有効である。また、先に説明したように、2部ネットワークを1部ネットワークに変換すると多重線を持つ重み付きネットワーク構造[9]となるが、ここでのように論点マトリックスを用いる場合は、多重線の重みを関係性の強弱と考えることから、多重線を分類に考慮するためにクラスター間距離にユークリッド距離[10]を採用することで、分類精度を高めることができる。なお、ネットワーク密度の高いグラフにおいては、階層クラスター法を用いた分類がうまく行えないことから、分析者が理解可能なクラスターに分類されるように、m-スライスにより一定以上の多重線を持つネットワークを対象にブロックモデルの構築を行う。

以上、2部ネットワークを1部ネットワークに変換し、m-スライス手法により分析者が理解可能な範囲まで多重線を消去することで、図5.2.5に例示するようなネットワークグラフが得られる。

---

6 対象となる複数のサンプルの変数間の類似性に着目してグルーピングを行う分類手法。

7 社会ネットワーク分析においては、ネットワークの中心を特定することが重要課題であり、中心を見つけるために、多くのリンクを獲得しているノードを中心性が高いと評価する次数中心性指標など、様々な中心性指標が提案されている。

8 クラスター分析手法の一種。変数が最も類似するものから段階的にグルーピング化する手法で、結果は樹形図として得られる。

9 例えば関係性が弱いものから強いものまでの順にリンクに1から10までの数値を付けるなど、ノード間のリンクの関係性の強弱を表現するために重みを付けているネットワーク。

10 2点間を直線で結んだ時の長さを測定したものであり、数学的にはピタゴラスの定理により与えられる。

第5章 ネクサスにおけるトレードオフ問題の可視化・問題解決手法

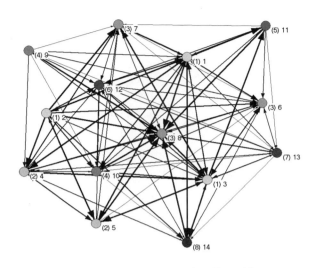

図5.2.5　社会ネットワーク分析の結果の例

5.2.4 シナリオプランニングとの統合による将来シナリオづくり

　以上で紹介してきた手法は、ステークホルダーの懸念や利害関心を明らかにするものであるが、一方で、ほぼすべてのステークホルダーが納得できる科学的知見を、科学者・専門家等との協力によって探索・形成するにはどうすればよいか。科学的知見をめぐって対立する事態では、不確実性の高い推定・予測結果が基になっているケースが多い。このような場合、しばしばシナリオプランニングが用いられる。これにより不確実性を考慮し、不連続な将来を想定して、それに対していくつかの道筋を描くことが可能となる。その方法は幅広くあり得るが、著者らは、ステークホルダーらが持つ懸念や利害関心を起点として、これにデルファイ法[11]により専門家の判断を付加し、ステークホルダーが持つ現場知や生活知と専門知を統合する方法を提案する。これにより、そもそものシナリオプランニングの効果である、意思決定の質の向上、メンタルモデル[12]の拡大と発見の促

11　専門家が持つ直観的意見や経験的判断を、反復的に質問紙調査を実施することにより、収束・集約する方法。

12　人が何らかのモノやヒトに対して持っているイメージや仮説。

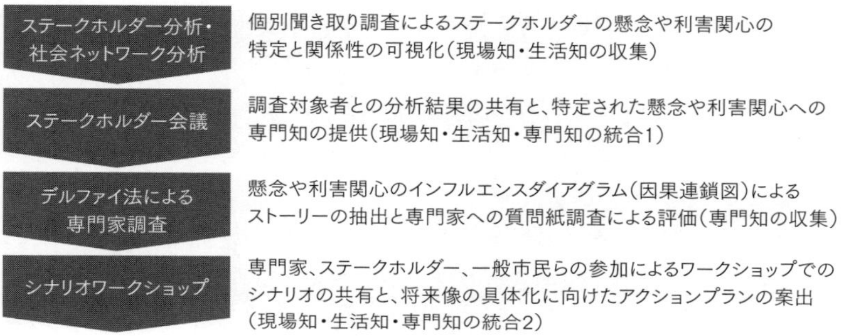

5.2 共同事実確認を促進する超学際的アプローチ

ステークホルダー分析・社会ネットワーク分析	個別聞き取り調査によるステークホルダーの懸念や利害関心の特定と関係性の可視化（現場知・生活知の収集）
ステークホルダー会議	調査対象者との分析結果の共有と、特定された懸念や利害関心への専門知の提供（現場知・生活知・専門知の統合1）
デルファイ法による専門家調査	懸念や利害関心のインフルエンスダイアグラム（因果連鎖図）によるストーリーの抽出と専門家への質問紙調査による評価（専門知の収集）
シナリオワークショップ	専門家、ステークホルダー、一般市民らの参加によるワークショップでのシナリオの共有と、将来像の具体化に向けたアクションプランの案出（現場知・生活知・専門知の統合2）

図5.2.6　統合型将来シナリオづくりのフロー

	どうなったら／どうしたら⇒	どうなる⇒	さらにどうなる⇒	最終的にどうなる	閾値（ティッピングポイント）
ストーリー1					
...					
ストーリー＊＊					

図5.2.7　デルファイ調査に用いられる各ストーリーの構成

進、組織の認識力の向上、マネジメント力の強化等[16]が期待される。また、ステークホルダー分析のようなコミュニティベースのボトムアップ的なアプローチは、ステークホルダーや市民の能力開発や、地域社会の脆弱性の低減などの効果を持つとされる[17-19]。このような効果の発揮を通じて、ほぼすべての当事者間に生じ得る潜在的な認知や考え方のギャップが解消され、納得できる科学的知見の形成が期待される。

　以上で説明した方法論の手順は図5.2.6に示す通りである。まず、これまで述べてきたステークホルダー分析・社会ネットワーク分析の結果を共有するために、調査対象者、特に強い懸念や利害関心が持たれている論点に関わる専門家の参加によるステークホルダー会議を開催する。この段階で最初の現場知・生活知・専門知を統合する機会が設定され、懸念や利害関心が科学的根拠のあるものか否かなどについて、参加者から一定程度の理解を得る。

　次に、ステークホルダー会議での議論を踏まえて、懸念や利害関心を因果関係の明確なストーリーとして抽出・表現し（図5.2.7）、各ストーリーに対して、専門家へのデルファイ調査により、確実性（当該ストーリーが将来確実に起こるイベ

ントなのかどうか）と重要性（仮に起こったとした場合に地域社会に及ぼす影響は重要なのかどうか）からの5件法（5段階）による評価を行う。ここで重要なことは、科学的に見て急激な変化が発生し得る閾値（ティッピングポイント）を、可能な範囲で専門家から調査することである。これより、複数のシナリオの分岐点が明確に設定できる。

以上のデルファイ調査を少なくとも2度にわたって実施することにより、頑健な専門家の判断へと収斂を図る。この結果を踏まえて、確実性が高く重要性も高いストーリー群を「ベースストーリー」、確実性は低い（あるいは不明である）ものの重要性が高いものを「重要な検討ストーリー」、確実性は低い（あるいは不明である）が重要性は高くない（あるいは不明である）ものを「モニタリングすべきストーリー」、それ以外は「検討対象外ストーリー」として整理し、閾値を勘案しながらこれらのストーリーを適宜組み合わせ、複数のシナリオ案を設定する。

最後に、専門家、ステークホルダー、一般市民らの参加によるワークショップを開催する。ここでシナリオ案を共有し、インプットを得ながら適宜修正しつつ、将来像の具体化に向けて誰が何をすべきかというアクションプランを案出することにより、参加者に「自分事」としての気づきを与えることになる。この最終段階で再び、現場知・生活知・専門知の統合の機会が設定され、シナリオが完成し、一連の統合型将来シナリオづくりは終了となる。

5.2.5 おわりに

本節で紹介した統合型将来シナリオづくりは、著者らにより気候変動適応について適用された事例が各地で増えつつある。ある事例では、ステークホルダーはステークホルダー会議、シナリオ案の共有という複数の機会を通じて専門知を獲得しながら、将来の地域社会における不確実性や脆弱性のポイントについて理解が深まったと考えられることが指摘されている[20]。また、シナリオ案の共有においても、あるステークホルダーからはリスクを安易に回避できるとしたストーリーには真実味がなく、リスクを回避できない事態を想定したストーリーも必要だとの指摘があったなど、シナリオプランニングの趣旨を十分に踏まえたスタンスで臨む姿勢も見られたことが報告されている。その一方で、例えば長期的なリスクを予防原則的な視点から順応的に政策に組み入れるといったような地域社会としての意思決定の質の向上については、必ずしも十分な効果が得られなかった

ことが指摘されている。今後もこのような手法の適用事例を増やしつつ、政策立案主体への気づきを与え、短期的な課題にとらわれない政策立案のあり方へと徐々に変えていくことが重要な課題であるといえる。

参考文献（5.2節）

[1] Ozawa, C. and Susskind, L. :Mediating science—intensive policy disputes, *Journal of Policy Analysis and Management*, 5（1）, pp. 23-39, 1985.
[2] iJFF：『共同事実確認のガイドライン』2014, 10.
http://ijff.jp/publications/iJFF-guideline.pdf（2017年7月閲覧）
[3] Susskind, L. and Thomas-Larmar, J. : Conducting a Conflict Assessment, *Consensus Building Handbook* (Susskind, L., McKearnan S. and Thomas-Larmar, J.), pp.99-136, Sage Publications, 1999.
[4] 松浦正浩, 城山英明, 鈴木達治郎：ステークホルダー分析手法を用いたエネルギー・環境技術の導入普及の環境要因の構造化,『社会技術研究論文集』, 5, pp.12-23, 2008.
[5] 馬場健司, 松浦正浩, 篠田さやか, 肱岡靖明, 白井信雄, 田中充：ステークホルダー分析に基づく防災・インフラ分野における気候変動適応策実装化への提案—東京都における都市型水害のケーススタディ—,『土木学会論文集G（環境）』, 68（6）, pp.II_443-II_454, 2012.
[6] 馬場健司, 松浦正浩, 谷口真人：科学と社会の共創に向けたステークホルダー分析の可能性と課題—福井県小浜市における地下水資源の利活用をめぐる潜在的論点の抽出からの示唆—,『環境科学会誌』, 28（4）, pp. 304-315, 2015.
[7] Yanow, D. : *Conducting Interpretive Policy Analysis*, Sage Publications, 2000.
[8] Fischer, F. : Reframing *Public Policy: Discursive politics and deliberative practices*, Oxford University Press, 2003.
[9] 西條剛央：『構造構成主義とは何か 次世代人間科学の原理』, 北大路書房, 2005.
[10] Bourne L. and Walker, D.H.T. : Visualising and mapping stakeholder influence, *Management Decision*, 43（5）, pp. 649–660, 2005.
[11] Prell, C., Hubacek, K. and Reed, M. : Stakeholder analysis and social network analysis in natural resource management, *Society & Natural Resources*, 22（6）, pp. 501-518, 2009.
[12] ウオウター・デノーイ, アンドレイ・ムルヴァル, ヴラディミール・バタゲーリ（安田雪 監訳）：『Pajekを活用した社会ネットワーク分析』, p. 146, 東京電機大学出版局, 2009.
[13] ウオウター・デノーイ, アンドレイ・ムルヴァル, ヴラディミール・バタゲーリ（安田雪 監訳）：『Pajekを活用した社会ネットワーク分析』, pp.153-155, 東京電機大学出版局, 2009.

- [14] 鈴木務:『ネットワーク分析』, pp. 86-87, 共立出版, 2009.
- [15] ウオウター・デノーイ, アンドレイ・ムルヴァル, ヴラディミール・バタゲーリ (安田雪 監訳):『Pajekを活用した社会ネットワーク分析』, pp.371-409, 東京電機大学出版局, 2009.
- [16] 木下理英, 角和昌浩:シナリオ・プランニング—不確実性への対応, 『日本の未来社会 エネルギー・環境と技術・政策』(城山英明, 鈴木達次郎, 角和昌浩 編著), pp.30-45, 東信堂, 2009.
- [17] Adger, W. N., Dessai, S., Goulden, M., Hulme, M., Lorenzoni, I., Nelson, D.R., Naess, L. O., Wolf, J. and Wreford, A. : Are there social limits to adaptation to climate change?, *Climate Change*, 93, pp. 335-354, 2009.
- [18] van Aalst, M. K., *et al*.: Community level adaptation to climate change: The potential role of participatory community risk assessment, *Global Environ. Change*, 18, pp. 165-179, 2008.
- [19] Gero, A., Meheux, K. and Dominey-Howes, D. : Integrating community based disaster risk reduction and climate change adaptation: examples from the Pacific, *Natural Hazards and Earth System Sciences*, 11, pp. 101-113, 2011.
- [20] 馬場健司, 土井美奈子, 田中充:気候変動適応策の実装化を目指した叙述的シナリオの開発—農業分野におけるコミュニティ主導型ボトムアップアプローチと専門家デルファイ調査によるトップダウンアプローチの統合—, 『地球環境』, 21 (2), pp. 113-128, 2016.

5.3 オントロジーによるネクサス・シナリオの設計・評価支援

5.3.1 はじめに

データやモデルを知識として捉えることができるように、シナリオ[1]もまた順序立てられた形式で記述された知識であると捉えることができる。私たちは、この知識の集積をどのように理解すればよいのだろうか。

シナリオを作成するため、「アイデア発想」「シナリオ構築」「シナリオ評価」の3局面に対して、これまでに様々な手法が開発されてきた[3]。また、持続可能社会に向けたシナリオの作成を支援する3Sシミュレータ (3S: Sustainable Society

---

1 ここでいうシナリオは、前節の最後で触れられたシナリオプランニング[1, 2]で用いるシナリオのことである。

Scenario）も開発されている（文献 [5, 6] など）。これらのツールが開発されている中で、本節で注目するのは、作り上げられたシナリオがどのような特徴を持っているのかという点である。シナリオの内容から理解を共有する方法は、これまで十分に議論されてきたとはいえない。そこで本節では、内容を志向したシナリオ設計・点検の方法として、「オントロジー工学」を用いた手法に着目する。

「オントロジー」はもともと哲学の用語で、「存在に関する体系的な理論」のことをいう。オントロジー工学は、それをコンピューターが理解可能な形式で表現して工学的に応用するための、知識工学分野の手法である。このオントロジー工学においては、オントロジーは「対象世界に現れる概念（用語）の意味や関係性を明示的に定義した概念体系[7]」を意味し、知識の背景にある暗黙的な情報を明示するという重要な役割を担う。例えば、同じ「資源」という言葉でも、物質資源のみを意味するのか、経済的資源、人的資源、観光資源といったものまで含むのかは、分野や文脈により異なるだろう。このような概念の意味の違いや関係性を対象世界ごとに明確に定義したものがオントロジーである[8]。

本節では、まずオントロジー工学の手法について概説した後、「別府市の温泉利用を対象とした将来シナリオ作成」にオントロジーを用いるとどのような効用があるのかについて議論する。

5.3.2 オントロジー

知識工学を一領域として含む人工知能の立場では、オントロジーに「概念化の明示的な規約」（explicit specification of conceptualization）[9]という定義を与え、これに基づいて、対象世界を構成する概念要素の「一般-特殊関係」「全体-部分関係」などをモデル化するための基礎理論や構築の方法論が開発されている。これについて、本項ではオントロジー構築・利用ツール「法造」[2]を用いて解説する。

オントロジーは、対象世界を記述するための概念と、それらの概念間の関係から成り立っている。概念間の関係には、「一般-特殊関係（is-a関係）」「全体-部分関係（part-of関係）」「属性関係（attribute-of関係）」という3つの代表的なものがある[10]。まず、is-a関係は、AとBの間に〈A is-a B〉という関係が成り立つとき、

---

2 オントロジー工学の基礎理論に基づき、対象世界の本質的な概念構造を把握するための、オントロジーの開発・利用環境。http://www.hozo.jp参照。

AはBを特殊化した概念であること、すなわち「AはBの一種である」ことを意味する。このとき、Aを「下位概念」、Bを「上位概念」と呼ぶ。例えば図5.3.1では、「groundwater（地下水）is-a water（水）」の関係があり、この場合、waterが上位概念、groundwaterが下位概念である。ここでのwaterとgroundwaterは、「基本概念」と呼ばれる。基本概念とは、定義に当たり他の概念を必要としない概念のことであり、以下、特に断りがなければ、基本概念のことを「概念（クラス）[3]」と呼ぶ。

part-of関係は、構造的な部分関係を表す。例えばpumping up groundwater（地下水の汲み上げ）という概念は、input（入力）としてのgroundwaterとoutput（出力）としてのsurfaceとの間に、それぞれpart-of関係（図中のp/o）を有する。

attribute-of関係は、ある概念に密接に依存している概念との関係をいう。例えば図5.3.1のgroundwater（地下水）とsurface water（表流水）は、それぞれsite（場所）とのattribute-of関係（図中のa/o）を有する。これにより、「waterはsiteによって異なる性質を持つ」ということが表現されている。

このように、is-a関係の他にpart-of関係やattribute-of関係などを用いることで、各概念をより詳細に定義できる。また、先の例でsite（場所）と表示されている箇所は、コンテキスト（文脈）に依存して決定される役割を表し、「ロール」と呼ばれる。また、ロールが参照する概念に制約を与えることを「クラス制約」という。クラス制約にはロールを担い得る概念を記述する。例えば、図5.3.1のgroundwater（地下水）の定義では、siteロールを担うことができる概念をクラス制約として記述することになる。地下水は地下にある水であるから、それが存在するsite（場所）はunderground（地下）に限られなければならない。これがクラス制約である。

また、2つの概念間にis-a関係があるとき、その下位概念は、上位概念の持つ性質（part-of関係、attribute-of関係など）を継承する。これを「性質の継承」と呼ぶ。このように、概念は、「継承」と「特殊化」によるオントロジー構築のプロセスを通して定義される。

ここで注意しなければならないのは、オントロジーが扱うのは、実際にある

---

3 オントロジーの概念（クラス）は、それに所属する個物（インスタンス）に共通な性質を定義したものである。

5.3 オントロジーによるネクサス・シナリオの設計・評価支援

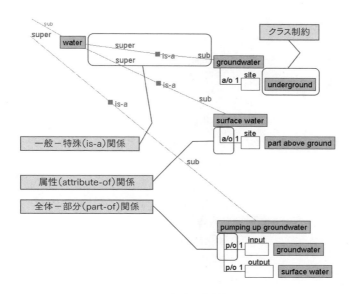

図5.3.1　概念の定義例

個々の語彙ではなく、一般性を有するものとしてあらかじめ定義された概念である、ということである。例えば、実際になんらかの書面に記述されたgroundwaterという文字と一般的な意味でのgroundwaterという概念とを明確に分けて考える。前者は個物（インスタンス）であり、後者は概念（クラス）に当たる。オントロジーで扱うのは概念の方である。

5.3.3　シナリオ設計・評価への適用

　では、シナリオを設計し、評価しようとするとき、オントロジーはどのような役割を果たすのだろうか。ここでは、GDPとエネルギー消費に着目した持続可能社会シナリオを例に説明する。

　原は、長江デルタ流域の中心都市である上海市および江蘇省のエネルギー集約型産業セクターについて、将来シナリオを作成し分析を行っている[11]。ここで作られたシナリオは、「成り行きシナリオ」「最善の利用可能技術の大規模普及シナリオ」「広域循環システム、産業エコロジーの大規模普及シナリオ」の3つで、議論の対象になる指標は、GDP、エネルギー強度[4]、エネルギー消費量である。

原は、3つのうち「最善の利用可能技術の大規模普及シナリオ」「広域循環システム、産業エコロジーの大規模普及シナリオ」の2つは、それぞれ独立して展開するだけではなく同時追求が十分可能であり、むしろ、それにより一層の相乗効果が生まれる可能性もある、と述べている。このように、比較対照となる目標を設定してストーリー・ラインをつくり、指標を設定して目標の達成状況を評価するとともに、そこに至るための条件を明らかにすることを、シナリオ・アプローチという。このシナリオ・アプローチにオントロジーを導入することで、示すべき目標、条件、指標項目とシナリオを構成する語彙を明確に定義でき、かつ、これらの意味的な関係を記述することができる。そして、これにより、因果関係を明示しながらシナリオのストーリー・ラインを記述できるとともに、ストーリー・ラインと目標、条件、指標項目を関連付けることができる。

図5.3.2は、「太陽光パネルの普及」を目標として「自然エネルギー由来の発電量が増える」状態に至るまでのストーリー・ラインを示し、条件および指標項目と関連付けたものである。このように、オントロジー工学に基づいて記述された因果論理は、内容と体系を「見える化」し共有していくことを通して、シナリオの設計と点検に貢献するものである。シナリオ設計の初期段階においては、オントロジーが提供する共通の概念と因果連鎖は、議論すべき目標、条件、指標項目の範囲について考える手がかりを与え、それに従って議論することで、シナリオの大枠をデザインすることができる。例えば水と食料ネクサスに関するシナリオを作ろうとしたときに、生態系や廃棄物に関わる条件付けや指標設定が必要になることは想像に足ることだろう。このとき、水、食料、シナリオのゴールという3要素の相互関係の中で、生態系や廃棄物といった具体的なトピックがどういった論理関係によって位置づけられているのかを俯瞰できると、よい隣接領域や関連領域を提案することができる。この俯瞰を実現するのが、オントロジーを用いた知識構造化技術である。

シナリオ設計が進むにつれ、目標、条件、指標項目は、より具体的になってゆく。それらに関わる語彙をオントロジー上で定義して組み込むことにより、シナリオがどの領域（分野、立場（主体）、観点）をカバーしているのか、逆に他に選択し得る領域があるのか、因果連鎖上抜けている概念がないか、構築したシナリオ

---

4 単位GDP当たりのエネルギー消費量。エネルギーの効率性を表現する指標。

5.3　オントロジーによるネクサス・シナリオの設計・評価支援

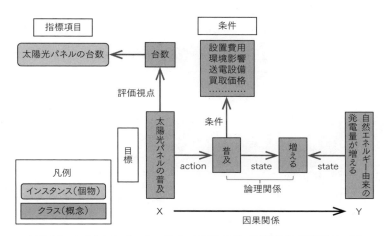

図5.3.2　シナリオのストーリー・ラインと目標、条件、指標項目の関連付けの例

がどのような特徴を持っているのかといったことを点検することができ、その結果を手がかりに、シナリオの修正を検討することもできる。次項では、その具体的な試行例を紹介する。

5.3.4　オントロジーによるシナリオ設計・点検の試み
(1) デルファイ調査で項目立てられたプロセスの概念記述

　将来シナリオを設計するための代表的な方法に、前節で紹介した「デルファイ調査」と呼ばれる手法がある。ここでは、デルファイ調査から抽出された要素を対象世界とし、オントロジーを用いてシナリオを設計・点検する手順の例示を試みる。

　図5.3.1に示されたデルファイ調査では、「どうなったら/どうしたら」「どうなる」「さらにどうなる」「どうする」「最終的にどうなる」というプロセスについて、専門家に対し質問紙形式での調査を2回繰り返した。この方法を別府市の温泉利用に適用して得られた結果については、5.6節でより詳しく紹介されるが、その中から一例として、「泉源の揚湯（採取）量の現状維持」というストーリーのうち「泉温が下がる」ケースの一部を取り出して説明しよう。

　表5.3.1に「揚湯（採取）量の現状維持」を出発点とし、「最終的にどうなる」の項目群につながる選択肢の流れを示す。この因果連鎖を、オントロジー工学に基

表5.3.1　デルファイ調査票における選択肢の流れ:「揚湯(採取)量の現状維持」を起点とする例

ストーリーNo.	どうなったら／どうしたら⇒	どうなる⇒	さらにどうなる⇒	どうする⇒	最終的にどうなる
■泉源について①					
21a	揚湯(採取)量の現状維持　一般温泉3万t＋沸騰泉3万t	泉温が下がる	温泉中のシリカ等が析出して流路が詰まる	管を差替える	元通り温泉が湧出する(＋)
21b					管の差替えだけでは詰まりを解消できず泉源を閉める(－)
22a				代替掘削を行う	別の流路で湧出する(＋)
22b					掘削の申請が許可されず、泉源を閉める(－)
23			湯温調整の水道代が減り、区営浴場の経費削減になる		

表5.3.2　デルファイ調査票の項目とオントロジーの概念との対応

「どうなったら」	－	「現象」
「どうしたら」	－	「行為」
「どうなる」	－	「状態」
「さらにどうなる」	－	「状態」
「どうする」	－	「行為」
「最終的にどうなる」	－	「状態」

づいて記述してみる。繰り返すが、シナリオの要素は個物(インスタンス)であり、オントロジーで扱われるのは概念(クラス)であるので、以下では個物(インスタンス)と概念(クラス)とに分けつつ議論を進める。準備として、表5.3.1における「どうなったら/どうしたら」「どうなる」「さらにどうなる」「どうする」「最終的にどうなる」を、それぞれオントロジー工学における概念に対応付ける(表5.3.2)。なお、ここで参照したのは、ロールの扱いなどに優れた特徴を有する上位オントロジー「YAMATO (Yet Anther More Advanced Top-level Ontology)」[12]である。

(2) デルファイ項目間の因果論理についての概念記述

ここからは、図5.3.3を用いて説明する。図5.3.3は文献[13]で設計したサステ

5.3 オントロジーによるネクサス・シナリオの設計・評価支援

イナビリティ・サイエンスのオントロジーを基礎に、水・エネルギー・食料ネクサスに関わる概念を組み込んだオントロジーで、別府市における温泉利用を議論するために必要な基本的な概念を網羅している[14]。左右のウインドウとも同じオントロジーを表示しているが、左側はis-a関係による分類階層に集中して示し、右側は概念（クラス）の定義と、定義のために用いられたすべての関係を示したものである。

まず、「どうなる」「さらにどうなる」に対応する概念「状態」は、その所有者を記述することで定義する。例えば、表5.3.1の「元通り温泉が流出する」は、「元通り流出する」状態がそれを所有する「温泉」によって実現されるというインスタンスである。また、「どうなったら」に対応する概念「現象」と、「どうしたら」「どうする」に対応する概念「行為」は、図5.3.3内の「プロセス」の下位概念であるため、それぞれプロセスの性質を継承する。現象と行為の違いは、現象が動作主のいないプロセスであるのに対し、行為は動作主がいるプロセスである点である。

現象と行為の継承元となるプロセスは、それに関与するものが置かれた状態の遷移によって記述される。つまり「どうなったら/どうしたら」の次の「どうなる」は、現象/行為概念の「最終状態」ロールのクラス制約に当たることになる。また、表5.3.1「どうなる」の「泉温が下がる」という現象は、「ある温度という状態をもつ温泉について、その温度が低下する」ということを意味し、この場合の「プロセスに関与するもの」は温泉を指す。

一方、サステイナビリティ・サイエンスのオントロジーの上位概念の一つに「対策」がある。その下位概念で、現在の状況に変化をもたらす「現在型対策」には、「行動型対策」と「技術型対策」とがあり、いずれも原因と結果のどちらに対処するのかによって分類される。そのうち原因への対策（図5.3.3左ウインドウ中の「要因対策」）は、原因となる物事が過剰な場合には抑制・改良・代替・分断、過小な場合には、増進・改良・代替が該当する。

なお、図5.3.3左ウインドウ中の「行動型対策」では、part-of関係にある行為ロールが記述され、クラス制約が、行為の下位概念である「活動」を参照している。よって、行動型対策を出発点としても1ステップでプロセスの下位概念にたどり着く。以上の整理をもとに、流れをまとめたものが図5.3.4である。

図5.3.4では、表5.3.1の「温泉中のシリカ等が析出して流路が詰まる」という状態のインスタンスは、「管を差替える」「代替掘削を行う」といった代替型対策（図

第5章 ネクサスにおけるトレードオフ問題の可視化・問題解決手法

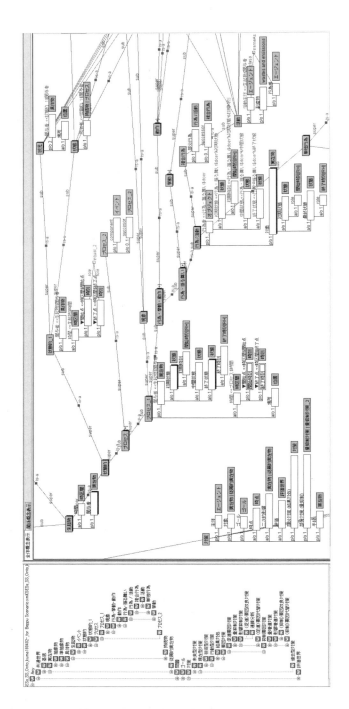

図5.3.3 「プロセス」と「対策」の下位概念(抜粋)の説明

5.3 オントロジーによるネクサス・シナリオの設計・評価支援

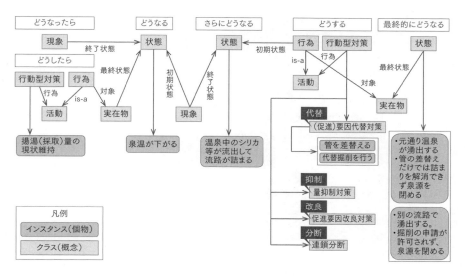

図5.3.4 オントロジー工学に基づいた因果論理の記述
（表5.3.1「揚湯（採取）量の現状維持」を起点に「最終的にどうなる」に当たる項目（終点）に至る流れ）

5.3.3左ウインドウ中の「(促進)要因代替対策」)」が選ばれている。これに対して、オントロジーの概念を見ると、「抑制(シリカの量を減らす)」「改良(流路を改良する)」「分断(シリカを取り除いてしまう)」といった対策が見えてくる(実際にできるかどうかは別だが)。このように、それぞれの上位概念を確認することによって選択肢を把握・点検し、必要に応じて実施することができる。ただし、効果の裏には「副作用」があることも多い。そこで、副作用や副生成物（副産物）をロールとするpart-of関係を用意し、性質を継承することで、この点について考える機会を持ち続けることができる。

また、オントロジーを用いることで、例えば、揚湯（採取）量の現状維持が生態系の保全とどのような概念を介して結びついているかの明示といった、温泉利用の文脈とは別のゴールに至るパスを記述することもできる。一方で、一つのゴールへのパスを複数記述できる場合もある。複数のパスを抽出して可視化することで、作成したシナリオがどのような領域をカバーしているのか、シナリオのストーリー・ラインを俯瞰したときにどのような傾向が見えるのかなどを確認することができる。このように、オントロジーの持つ基本的な構造や性質に基づいて

概念を詳細化し、インスタンスと結びつけることにより、内容を把握しながらシナリオの設計と点検を支援することが可能となる。

5.3.5 おわりに

本節では、オントロジー工学による手法を概観した後に、別府市を対象とした将来シナリオ作成を想定したときに、オントロジーを用いることで、その作成と点検にどのような効用があるのかを紹介した。繰り返すが、オントロジーが扱うのは、個物（インスタンス）ではなく、概念（クラス）である。しかし、現実世界を表現するのは、人や書物が用いているインスタンスとしての語彙である。とりわけ環境問題や地域課題を扱う領域では、そもそも、課題そのものを見つけて共有しなければならないことが多く、キーワードとなる語彙を探索する作業がしばしば行われる。それゆえに、現場の事象とオントロジーをつなぐ存在として語彙をどう抽出しデータとして処理するかが重要になる。一方オントロジーは、個別の事象から抽出された語彙をつなぐ共通の概念を提供することができる。したがって、環境・サステイナビリティ領域の知識を即地的かつ汎用的に扱う上では、語彙抽出・解析の技術とオントロジー工学の技術をセットで運用できるようになることが目標となる。

この点を踏まえて、ネクサス・シナリオの設計・評価支援にオントロジーをどのように使っていけばよいかを改めて考えてみよう。語彙抽出・解析とオントロジー工学をセットで考えるということは、見かたを変えれば、文書情報との連携を取るということである。ネクサス・シナリオに関連する文書情報としてまず考えられるのは、国や国際機関による政策課題、地方自治体が策定する環境基本計画や総合計画などである。オントロジーを介すると、これらがどのようにつながっているのかを明らかにすることができる。この方法を別府市でのシナリオ設計に適用すると、例えば第2次別府市環境基本計画から、その上位にある第3次大分県環境基本計画、さらには環境省の環境基本計画、国連のSDGs（Sustainable Development Goals、持続可能な開発目標）に至る計画体系を理解しながら、別府の特徴を捉えたシナリオの設計が可能となる。

また、地域づくりや環境保全の現場で活動している方々の語りや、行政計画の作成に関わっている行政職員や参加市民による意見などを文章に起こして、記載された語彙とオントロジーをつなげていくことも可能である。これにより、例え

ば第2次別府市環境基本計画において、計画が実際の環境系の地域づくり事業や市民活動とどのように関係しているのかを点検することができ、実際の事業や活動の特徴を把握した上でのシナリオ設計に貢献できる。

このように、オントロジーは公共計画同士や計画−事業−活動の間を共通の概念で結びつけることができる知識連携の道具である。計画や活動といった様々な場面から得られた知識を体系化したオントロジーは、散在する知識を効果的に活用する観点から、シナリオ設計・評価に貢献すると考えられる。これまでの議論は、「現場1−データ1（語彙1）−概念−データ2（語彙2）−現場2」という枠組みでまとめることができる。オントロジーは、この中の概念部分を扱う知識体系としての役割が期待される。現場には、「実際に活動を行っている場」と「インターネット空間にある場」があり、さらに、それぞれに「実践活動の場」と「政策や仕組みを考えるための場」がある。これらの異なる種類の場を結びつけることが、環境と地域の持続可能性領域においてオントロジー工学に求められる最大の役割であるといえる。

参考文献（5.3節）

[1] ピーター・シュワルツ：『シナリオ・プランニングの技法（Best solution）』，東洋経済新報社，p.272，2000.
[2] アダム・カヘン：『社会変革のシナリオ・プランニング—対立を乗り越え、ともに課題を解決する』，英治出版，p. 235，2014.
[3] 木下裕介，水野有智，梅田靖：ビジョン構想とシナリオ・アプローチ，『想創技術社会：サステイナビリティ実現に向けて』（池道彦，原圭史郎 編著），pp. 35-58，大阪大学出版会，2016.
[4] Kishita, Y., Hara, K., Uwasu, M., and Umeda, Y. : Research Needs and Challenges Faced in Supporting Scenario Design in Sustainability Science: A Literature Review, *Sustainability Science*, Vol. 11, No. 2, pp. 331-347, , 2016. doi:10.1007/s11625-015-0340-6
[5] Umeda, Y., Nishiyama, T., Yamasaki, Y., Kishita, Y., and Fukushige, S. : Proposal of Sustainable Society Scenario Simulator, CIRP J. Manufacturing Science and Technology, Vol. 1, No. 4, pp. 272-278, 2009. doi:10.1016/j.cirpj.2009.05.005.

［6］木下裕介，山崎泰寛，水野有智，福重真一，梅田靖：持続可能な製造業の実現に向けた持続可能社会シナリオシミュレータの開発（第1報）―構造的なシナリオ記述に基づく論理構造の分析―，『精密工学会誌』，Vol. 75, No. 8, pp. 1029-1035, doi:10.2493/jjspe.75.1029., 2009.

［7］溝口理一郎：『オントロジー工学』，オーム社，p. 275, 2005.

［8］熊澤輝一，古崎晃司，溝口理一郎：オントロジー工学によるサステイナビリティ知識の構造化，『サステイナビリティ・サイエンスを拓く―環境イノベーションに向けて―』第13章（原圭史郎，梅田靖 編著），pp. 186-209, 大阪大学出版会，2011.

［9］Gruber, T. R. :A Translation Approach to Portable Ontology Specifications, *Knowledge Acquisition*, 5（2）, pp.199-220, 1993.

［10］來村徳信：オントロジー工学の基礎概念と広がり，『オントロジーの普及と応用』1章（人工知能学会 編集，來村徳信　編著），pp.1-20, オーム社，2012.

［11］原圭史郎：アジア地域の産業セクター将来シナリオを考える―中国・長江デルタ地域の事例，『サステイナビリティ・サイエンスを拓く―環境イノベーションに向けて―』第13章（原圭史郎，梅田靖 編著），pp.24-43, 大阪大学出版会，2011.

［12］溝口理一郎：『オントロジー工学の理論と実践』，pp.113-141, オーム社，2012.

［13］Kumazawa, T., Kozaki, K., Matsui, T., Saito, O., Ohta, M., Hara, K., Uwasu M., Kimura M., Mizoguchi, R. : Initial Design Process of the Sustainability Science Ontology for Knowledge-sharing to Support Co-deliberation, *Sustainability Science*, Vol.9（2）, pp.173-192, 2014.

［14］遠藤愛子，熊澤輝一，山田誠，加藤尊秋：水・エネルギー・食料ネクサスシステムのデザイン・視覚化とフューチャー・デザイン，『水環境学会誌』，Vol.40（a），No.4, pp.134-138, 2017.

5.4 質問紙調査による一般市民のネクサス問題や社会的意思決定手法に対する態度の国際比較

5.4.1 はじめに

　本章のこれまでの節において紹介された各種手法は、科学的知見（エビデンス）をステークホルダーや一般市民が理解し、専門家と共に確認しながら潜在的なコンフリクトを解決し、合意を形成していくための方法論であり、支援ツールであった。一方で、このような超学際的（トランスディシプリナリ）アプローチが有効に機能するには、人々がそのような場に果たして参加するのかどうか、どのよ

5.4 質問紙調査による一般市民のネクサス問題や社会的意思決定手法に対する態度の国際比較

表5.4.1　インターネット質問紙調査の実施要領

実施期間	2014年12月15日～12月18日
調査対象	インドネシア、フィリピン、日本に居住する一般市民（20歳代、30歳代、40歳代以上の各年齢カテゴリーで男女50名ずつを割り付け、各国300人ずつを調査会社の全国のモニターから抽出、調査票は各国の公用語で記述））
実施方法	電子メールで依頼／ウェブ画面で回答
調査項目	地熱発電所建設のリスク・ベネフィット認知、4つの側面のトレードオフに対する評価、受容性、個人属性など
回収	900（各国300）

うな社会的意思決定プロセスを望むのかといった意向や態度がキーとなるだろう。つまり、人々がネクサス問題に対してどのような態度を持ち、問題解決手法についてどのような選好を持つかを明らかにすることは、超学際的アプローチをデザインする上で重要な知見となる。そこで本節では、地熱資源を題材に、主に水とエネルギーのトレードオフ問題を焦点を当てて、地熱資源の豊富な3カ国における一般市民を対象とする質問紙調査を実施した結果について紹介する。

方法としては、表5.4.1に示すように、世界第2位の地熱資源を持つインドネシア、同4位のフィリピン、そして同3位の日本に居住する一般市民を対象として、インターネット上で質問紙調査を実施した。なお、いずれの国においても再生可能エネルギー導入の支援制度は最近になって導入されているものの、その資源量から見て地熱発電の導入が十分に進んでいる状況にはない[1, 2]。つまり、一定以上の開発の余地がある状況にある。また、日本ではインターネット調査会社に登録するモニターの層が必ずしも特別な層とはいえなくなっているが、インドネシア、フィリピンではまた異なる状況が見込まれるなどの相違を考慮する必要がある。

5.4.2 地熱発電所の建設に際してのリスク・ベネフィット認知

まず、地熱発電所の建設に際してのリスク認知について、1位から3位まで尋ねた結果に、1位3点、2位2点、3位1点と得点付けし、平均をとったものを図5.4.1に示す。いずれの国においても「水質汚濁への悪影響」、「動植物など生態系への悪影響」が高い得点となっているが、日本は他の2カ国と比べやや低い。日本においては「特に何もない」が他の2カ国よりも高い値となっており、日本人の受動的な特性を表していると考えられる。

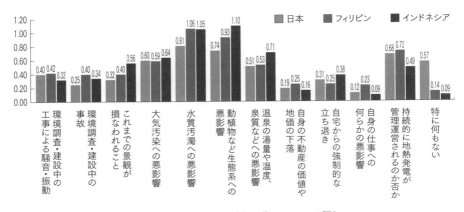

図5.4.1　地熱発電所の建設に際してのリスク認知

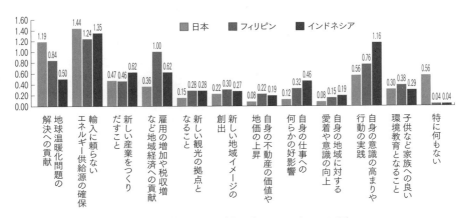

図5.4.2　地熱発電所の建設に際してのベネフィット認知

　同様に、地熱発電所の建設に際してのベネフィット認知について尋ねた結果を図5.4.2に示す。いずれの国においても「輸入に頼らないエネルギー供給源の確保」が最も高い値となっている。2番目に高かったのは、日本では「地球温暖化問題の解決への貢献」、フィリピンでは「雇用の増加や税収増など地域経済への貢献」、インドネシアでは「自身の意識の高まりや行動の実践」となっており、国ごとに異なる結果となった。また、ここでも「特に何もない」は日本でのみ比較的多く選択されていることがわかる。

5.4 質問紙調査による一般市民のネクサス問題や社会的意思決定手法に対する態度の国際比較

5.4.3 地熱発電所の建設を巡る4つの側面のトレードオフに対する評価

地熱発電所の建設が持つ4つの側面(地球温暖化問題の解決、地域振興への効果、自然資源への影響、温泉資源への影響)のトレードオフについて尋ねた結果を図5.4.3に示す。4つすべての側面ついて統計的に有意な偏りが見られ、国ごとに回答の傾向が大きく異なっている。

「地熱発電所建設の重要な理由は、何よりも地球温暖化問題の解決を期待するためである」とのトレードオフについては、インドネシアで「支持する」側の回答が最も多く、7割近くの回答者が選択した。一方で、「支持しない」側の回答は日本で最も少なく、ベネフィット認知において「地球温暖化問題の解決への貢献」の得点が高かったこととも整合的である。

「地熱発電所建設の重要な理由は、何よりも地域振興上の効果を期待するためである」とのトレードオフでは、3カ国のうちフィリピンで「支持する」側の回答が6割以上と最も多かった。インドネシアにおいても半数以上が「支持する」側の回答であったのに対し、日本では3割程度とやや少ない傾向が見られた。日本では「どちらでもない」の回答が半数程度を占めており、地域振興上の効果についての判断が難しいと考えられている可能性がある。

「地熱発電所建設により希少な自然資源に重大な悪影響が出る場合は、建設す

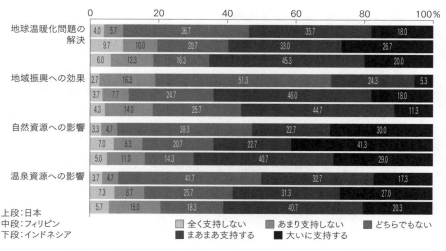

図5.4.3 地熱発電所建設を巡る4つの側面のトレードオフに対する評価

べきでない」の質問では、すべての国で半数以上が「支持する」側の回答となっており、自然資源への懸念が大きいことがわかる。特にフィリピンでは「大いに支持する」が4割以上を占める一方で、日本では「支持しない」側の回答が1割以下と非常に少ない。

「地熱発電所建設により地域の温泉資源に重大な悪影響が出る場合は、建設すべきでない」とのトレードオフについては、自然資源への悪影響について尋ねた場合と傾向が近く、すべての国で半数以上が「支持する」側の回答となっていた。また、4つすべてのトレードオフに対して、日本においては「どちらでもない」の回答が他の2カ国よりも多かった。

5.4.4 地熱発電所の建設を巡る社会的意思決定方法と受容性に対する評価

さらに、建設計画の是非をめぐって紛糾した場合の社会的意思決定の方法として望ましいものを尋ねた結果を図5.4.4に示す。ここでも統計的に有意な偏りが見られた。日本では「住民による投票」が最も多く選択されたが、フィリピン、インドネシアでは「共同調査や科学的根拠の確認（共同事実確認）」が最も多く、特にインドネシアでは7割以上を占める結果となった。いずれの国でも「市町村長による判断」は1割以下とほとんど選択されなかった。

さらに、地熱発電と地域社会の共生のために必要なことの1位から3位までを尋ね、1位3点、2位2点、3位1点と得点付けし、国ごとに平均をとったものを図

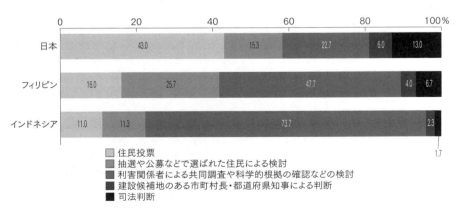

図5.4.4　地熱発電所建設が紛糾した場合の社会的意思決定方法に対する評価

5.4 質問紙調査による一般市民のネクサス問題や社会的意思決定手法に対する態度の国際比較

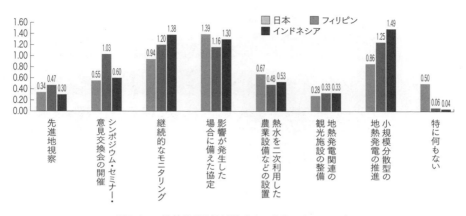

図5.4.5　地熱発電と地域社会との共生のための工夫

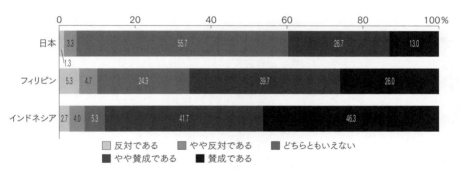

図5.4.6　総論としての地熱発電所の導入に対する受容性

5.4.5に示す。日本では、「影響が発生した場合に備えた当事者間の保証なども含めた協定」が最も得点が高く、これについては他の2カ国でも多い。だだし、フィリピン、インドネシアでは、これに加えて「継続的なモニタリング」、「小規模分散型地熱発電の推進」の3つが同程度で高い。

図5.4.6は、地熱発電所を積極的に導入することに対しての考えを尋ねた結果を示したものである。すべての国で「反対である」側の回答は1割以下と非常に少なく、地熱発電所の建設に否定的な層の存在は小さいことがわかる。一方で、「どちらともいえない」はやはり日本で半数以上を占めており、反対は非常に少なかったものの、肯定的な意見は他の2カ国よりも少ないという結果であった。

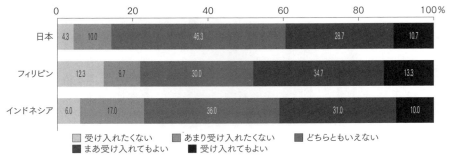

図5.4.7 各論としての地熱発電所の導入に対する受容性

　図5.4.7は、十分な検討や調整がなされた結果として、自宅近くに新たな地熱発電所が建設されることが決まった場合、受け入れてもよいと思うかを尋ねた結果を示したものである。つまり、図5.4.6は総論として、図5.4.7は各論としての地熱発電導入に対する態度ということになる。いずれについても統計的に有意な偏りが見られている。日本では総論と各論を比較した場合、「受け入れてもよい」とする回答数の変化は小さかったが、「どちらともいえない」とする回答が減少し、各論では「受け入れたくない」とする回答がやや増加している。フィリピンにおいても、各論で「受け入れたくない」とする回答は総論での「反対である」側の回答数の2倍以上であり、各論では否定的な傾向が強まっている。インドネシアでもその傾向は顕著であり、総論で導入に対して「賛成である」は9割近かったのに対し、各論では「受け入れてもよい」とする回答は4割程度に留まっている。

5.4.5 社会的意思決定プロセスへの関与意向

　図5.4.8は、総論として、事業主体が建設計画を検討する際に、一般市民が情報提供を受けたり意見を求められたりする機会が必要か否かについての集計結果を示している。これについても統計的に有意な偏りが見られた。日本では「特には機会の必要性を感じない」の回答が14.7％と他の2カ国と比べて高い値となっており、「問題解決に協力するくらいの機会が必要」が23.0％と最も低く、関与に対してやや消極的な傾向がうかがえる。一方、インドネシアでは「問題解決に協力するくらいの機会が必要」が65.7％と半数以上の人が積極的な関与が必要と考えていることがわかる。フィリピンもインドネシアと同様に「特には機会の必要性

5.4 質問紙調査による一般市民のネクサス問題や社会的意思決定手法に対する態度の国際比較

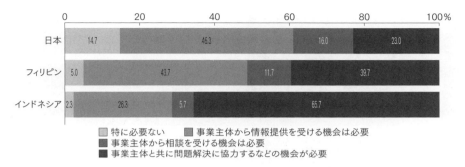

図5.4.8 総論としての地熱発電所建設計画への一般市民の関与の必要性評価

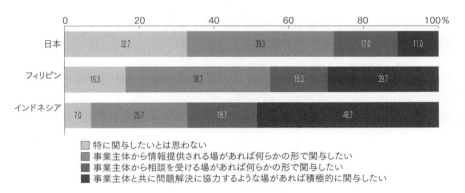

図5.4.9 各論としての自宅近隣での地熱発電所建設計画への自身の関与意向

を感じない」が5.0％と小さく、関与の必要性が高く考えられている。

図5.4.9には、各論として回答者の自宅の近くが新たな地熱発電所の建設候補地であった場合を想定し、環境アセスメントを含めた建設計画の検討に、回答者自身が関与するか否かについての集計結果を示している。これについても統計的に有意な偏りが見られた。総論での場合と同様に、日本では「特には関与したいと思わない」が32.7％と他の2カ国と比べて高く、やや消極的な傾向が見られる。他の回答に関しても総論の場合と同様の傾向が見られ、インドネシアでは「問題解決に協力する場があれば関与したい」が48.7％とほぼ半数の回答であり、最も積極的に関与したいと考えられている。同様の設問を用いた、大規模風力発電所の建設計画についての調査でも、各論では総論よりも関与意向が低下する結果が示さ

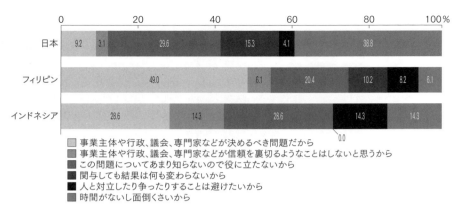

図5.4.10　自宅近隣での地熱発電所建設計画へ自身が関与したくない理由

れ[3]、今回の調査においてもすべての国で同様の傾向が示されている。

さらに、図5.4.9において関与したくないという回答者に限定して、その理由を集計した結果を図5.4.10に示す。これについても統計的に有意な偏りが見られた。「この問題についてあまり知らないので役に立たないから」という自身の知識や能力に関する理由は3カ国ともに一定以上挙げられているものの、それ以外の傾向は大きく異なる。日本では「時間がないし面倒くさいから」が38.8%と最も多く、また「関与しても結果は何も変わらないから」といった効力感に対する懸念の回答が2カ国と比べ高いことが特徴的である。他の2カ国では「事業主体や行政、議会、専門家などが決めるべき問題だから」という回答が多く、意思決定主体の正統性に関わる理由が多く挙げられている。この結果からは、時間制約や効力感について配慮したプロセス設計が求められることが示唆される。

以上の総論、各論への関与意向の有無により、馬場、田頭[4, 5]の提示している分類を参考に、回答者を4つの層に分類した結果を図5.4.11に示す。すなわち、総論・各論ともに関与意向を持つ「活動的参加」、総論は関与意向を持たず、各論では持つ「潜在的参加層」、総論では関与意向を持ち、各論では持たない「観察層」、総論・各論ともに関与意向を持たない「無関心層」となっている。すべての国で「活動的参加層」が最も多くなっており、フィリピンでは82%、インドネシアでは91.7%とほとんどがこの層に含まれる。しかし、日本では「観察層」「無関心層」が2カ国に比べて多く、やや受動的な態度が見てとれる。

5.4 質問紙調査による一般市民のネクサス問題や社会的意思決定手法に対する態度の国際比較

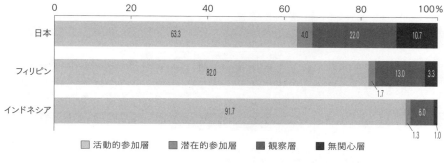

図5.4.11　地熱発電建設計画に対する住民の関与層

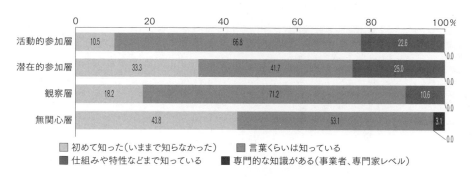

図5.4.12　日本における関与層別の地熱発電に関する知識

　ここで、日本の各層について性別、年代といった個人属性などとの関連を見てみると、「観察層」「無関心層」には30代が多い傾向がある。また、地熱発電に関する知識の状態との関連を見た結果を図5.4.12に示す。「活動的参加層」では「初めて知った」という人が少なく、詳細な知識を持つ人が最も多かった。逆に、「無関心層」では「初めて知った」という人が最も多く、また、「観察層」では「初めて知った」という人が「活動的参加層」に次いで少なく、「言葉くらいは知っている」という人が最も多かった。したがって、積極的な参加意向を持つ人は何らかの知識を持っている傾向がある一方で、一定の知識を持ちながらも様子を見る「無関心層」もある程度存在しているという傾向があり、この点は大規模風力発電所についての同様の調査結果[3]と類似している。なお、地熱発電に関する知識の状態については、3カ国で大きく異なっており、日本では詳細な知識を持つ人が

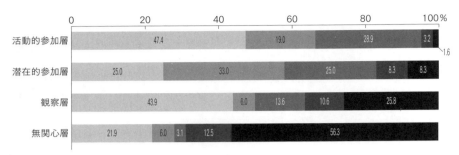

図5.4.13　日本における関与層別に見た自宅近隣での地熱発電所の建設是非を巡る社会的意思決定方法

18.0％であるのに対して、フィリピンでは40.0％、インドネシアでは23.7％となっている。消極的な関与意向や態度の消極さはこのことが背景の一つとして考えられる。

最後に、日本におけるこの関与層別に、仮に自宅近隣で建設計画の是非を巡って紛糾した場合の社会的意思決定の方法として望ましいものを尋ねた結果を示す（図5.4.13）。まず「活動的参加層」では、「住民投票」や「共同調査や科学的事実の確認（共同事実確認）」を選好する人が多い。共同事実確認については潜在的参加層でも多く支持されており、何らかの関与意向を持つ人にとっては、一定程度は支持される傾向がある。また「観察層」「無関心層」では、多くの人が「司法の判断」を選好する傾向が見られる。

5.4.6　おわりに

以上で見てきたように、まず、「地熱発電所建設により地域の温泉資源に重大な悪影響が出る場合は、建設すべきでない」とのトレードオフについては、すべての国で半数以上が「支持する」側の回答であった。次に、日本では社会的意思決定プロセスに関与する意向を持つ人が少なく、共同事実確認のような科学的知見をベースとする社会的意思決定手法が必ずしも支持されていないが、フィリピンとインドネシアでは大いに重視されている傾向が見られた。これには、各国のモニ

ターの性格の相違、知識の状態の相違が背景の一つにあると考えられる。ただし、社会的意思決定プロセスに何らかの関与意向を持つ層には、知識をある程度持っている人が多いため、日本においても共同事実確認が支持される素地がある程度は存在している。また、関与意向を持たない層には、時間制約や効力感について配慮したプロセス設計により理解が得られる可能性がある。

参考文献（5.4節）
［1］新エネルギー財団：フィリピンの地熱発電の現状，2013.
　　https://www.asiabiomass.jp/topics/1311_03.html（2014.5.1閲覧）
［2］島田寛一：インドネシアの地熱発電に関する動向，『地熱技術』，35，pp. 15-24，2010.
　　http://energy-indonesia.com/03dge/jinetsudoko1.pdf（2014.5.1閲覧）
［3］馬場健司，田頭直人：再生可能エネルギー技術の導入に係る社会的意思決定プロセスのデザイン―風力発電立地のケース―，『社会技術論文集』，6，pp. 77-92，2009.
［4］馬場健司：NIMBY施設立地プロセスにおける公平性の視点―分配的公正と手続き的公正による住民参加の評価フレームに向けての基礎的考察―，『都市計画論文集』，37，pp. 295-300，2002.
［5］馬場健司：意思決定プロセスにおけるアクターの役割―NIMBY施設立地問題におけるハイブリッド型住民参加の可能性―，『都市計画論文集』，38，pp. 217-222，2003.

5.5 オンライン熟議によるステークホルダーのネクサス問題や社会的意思決定方法に対する態度の変容[1]

5.5.1 はじめに

前節では、ネクサス問題や社会的意思決定手法に対する一般市民の態度を、特に情報提供をすることなく分析したが、本節では、専門知（エビデンス）の提供が、一定の利害関心を有するステークホルダーに対して、事前と事後でどのような態度変容を与えるのかを分析していく。このような観点は、例えば、日本でも革新的エネルギー環境戦略の策定の際に実施された討論型世論調査（Deliberative

---
1　本節は馬場他[11]からの抜粋であり、より詳細は当該文献を参照されたい。

Polling、以下DP）など、5.1節で紹介された各種手法に共通するものといえる。

全世界におけるDP適用事例の横断的分析結果では、専門知の提供による参加者の知識の変化などがしばしば指摘される[1, 2]。また、DaviesとGangadharan[3]やLuskinら[4]はDPのオンライン上の実験を、Grönlundrら[5]やDelborne[6]はコンセンサス会議のオンライン上の実験を行っている。これらはいずれも、ランダムサンプリングに基づく一般市民により構成されたミニパブリックス[2]を対象としたものである。以下では、一般市民ではなく、一定の利害関心を有するステークホルダーを対象として、専門知を提供しつつステークホルダー同士の議論を経て、その事前と事後で、ネクサス問題や社会的意思決定手法に対して、どのように態度が変容するのかについて確認していくインターネット上の実験（以下、オンライン熟議）の結果について紹介する。題材としては、前節と同様に地熱資源を取り上げ、主に水とエネルギーのトレードオフ問題を焦点を当てている。ただし本節では、専門知の提供が、ステークホルダーのネクサス問題に対する態度をどのように変容させるのかを明らかにすることに主眼がある。これにより、オンライン熟議という超学際的（トランスディシプリナリ）アプローチの適用を通じて、今後のリアルな世界での適用に資する知見を得ることが目的である。

5.5.2 調査と分析の方法

表5.5.1に実験の概要、図5.5.1に実験のフローを示す。まず、インターネット調査会社のモニターに対して数問の簡単なスクリーニングのための質問紙調査（以下T1、あるいはスクリーニング調査）を実施して、この問題に一定の利害関係を有すると考えられる、日本全国のA. 温泉地居住者、B. 温泉地関連産業関係者、C. 温泉愛好者、D. 地球環境志向者を抽出し、これらの属性と「地熱発電の導入に対する賛否」の回答により、50人ずつの3つのコミュニティを構成した。各コミュニティともに、Aが約7割、CとDが約1割ずつであるが、賛否の割合は、約8割が賛成のコミュニティ、賛成と中立が半々のコミュニティ、約8割が中立のコミュニティとしている（表5.5.2）。

各コミュニティに対して、著者らが構成した地熱工学と地球化学などの専門家

---

2 無作為抽出などにより、一般市民を十数人から数百人集めて、社会の縮図となるよう構成された場のこと。

5.5 オンライン熟議によるステークホルダーのネクサス問題や社会的意思決定方法に対する態度の変容

表5.5.1 オンライン熟議実験の概要[11]

実施期間	2014年3月3日～3月16日
スクリーニング調査項目	現在の地熱発電や温泉への関与状況、地球環境問題への関心、一般論としての地熱発電積極的導入に対する賛否、個人属性など
スクリーニング調査対象者	A. 温泉地居住者、B. 温泉関連産業関係者、C. 温泉愛好者、D. 地球環境志向者 ＊いずれも調査会社のモニター
参加者	149人
質問紙調査項目	地熱発電所建設に関わるリスク・ベネフィット認知、地熱発電所建設の公益性に対する考え方、一般論としての地熱発電積極的導入に対する賛否、具体論としての自宅近隣での地熱発電所の受容性、温泉と地熱発電との共生に必要な工夫など

```
1. スクリーニング調査
●簡易な調査項目の設定とスクリーニング調査の実施(T1)
●ステークホルダーの抽出とリクルーティング
              ↓
2. 専門知に関する資料の作成
●専門家パネルの構成と論点の特定
              ↓
3. 熟議の実施(2週間程度)
●論点1に関する専門知の提供と熟議前質問紙調査(T2)
●論点1に関する熟議
●論点2に関する専門知の提供と熟議
●論点3に関する専門知の提供と熟議
●熟議後質問紙調査(T3)
              ↓
4. 分析結果のまとめ
●利害関心の抽出と態度変容分析
```

図5.5.1 オンライン熟議実験のプロセス[11]

パネルの支援を受けながら専門知を逐次的に提供し、モデレーターにより熟議が進められた。なお、専門知については、プレゼンテーション作成ソフトを用いて作成されたカラースライドを、ウェブ上でトピックごとに3回に分けて提供する形式とした（1回目が5枚、2回目が3枚、3回目が6枚）。各回ともに、参加者は、モデレーターより、最初に資料を読んだ感想から発話（書き込み）を求められるため、参加者がこの資料を読まずに熟議に参加することはあり得ないと考えられる。

表5.5.2　各コミュニティの参加者の構成[11]

（各セルの数値は%）	賛成	中立	反対	合計
コミュニティ1（賛成多数）				
A. 温泉地居住者	76.9	20.5	2.6	100.0
B. 温泉関連産業関係者	66.7	0.0	33.3	100.0
C. 温泉愛好者	75.0	25.0	0.0	100.0
D. 地球環境志向者	80.0	20.0	0.0	100.0
合計（N＝51）	76.5	19.6	3.9	100.0
コミュニティ2（賛成中立半々）				
A. 温泉地居住者	52.9	47.1	0.0	100.0
B. 温泉関連産業関係者	66.7	33.3	0.0	100.0
C. 温泉愛好者	57.1	42.9	0.0	100.0
D. 地球環境志向者	50.0	50.0	0.0	100.0
合計（N＝50）	54.0	46.0	0.0	100.0
コミュニティ3（中立多数）				
A. 温泉地居住者	8.8	79.4	11.8	100.0
B. 温泉関連産業関係者	100.0	0.0	0.0	100.0
C. 温泉愛好者	0.0	100.0	0.0	100.0
D. 地球環境志向者	0.0	85.7	14.3	100.0
合計（N＝48）	10.4	79.2	10.4	100.0

　第1回目の内容は、参加者の知識レベルをある程度合わせるため、「地熱発電とは何か」というトピックに関連して、地熱利用の可能性と意義、地熱発電の仕組みと日本における現状、地熱発電のコストと建設上の課題、地球温暖化問題と地熱発電、地熱発電の長所と短所について、日本地熱学会、政府、電気事業連合会などの資料より作成して専門知を提示した。

　第2回目は、「これまでの地熱発電の論点」に関連して、温泉への影響について、日本地熱学会と日本温泉協会という立場の異なる両者の見解を提示した。地熱発電の利用と温泉利用との因果関係について、はっきりした影響はこれまで認められていないとする日本地熱学会と、非常に重大な影響があった事例が数多くあると主張する日本温泉協会をはじめとする関連団体の見解を、同様のバランスで提示した。

　第3回目は、「これからの地熱発電の論点」に関連して、環境省の「温泉資源の保護に関するガイドライン」や自然公園法や環境アセスメントの規制緩和、経済

5.5 オンライン熟議によるステークホルダーのネクサス問題や社会的意思決定方法に対する態度の変容

産業省の固定価格買取制度、小規模分散型の温泉発電などの新しい制度的、技術的動向について提示した。

なお、モデレーターは地熱発電や温泉については専門知識を持っておらず、専門知の資料を介して著者らと一定の流れについて確認したのみである。モデレーターの果たした役割は、冒頭の参加者同士の自己紹介における応答と3回のトピック提示時の趣旨説明のほかには、過度に説明不足と考えられる参加者にさらなる書き込みを促すこと（例えば、「難しい問題ですね」とだけ書き込んだ参加者に、どんな点が難しいと思ったか具体的に書き込むよう促すなど）であった。こうした点から、本実験におけるモデレーターは、杉山[7]が熟議において指摘するモデレーターの役割の3つの原則のうち、①話の交通整理に徹する、②話になるべく介入しない、という役割を果たしつつ、逐次的な専門知の提供を行って参加者に議題に関する情報を与えながら、参加者の言葉足らずな書き込みには補足を促し、③議論が深まるように務めるという役割も、一定程度は果たしていたと考えられる。なお、冒頭の参加者同士の自己紹介での情報は当人に任されてはいるものの、多くの参加者が職業や当該問題についての基本的な利害関心について述べており、参加者は相互の立場や利害関心を知った上で議論を行ったといえる[8]。

また、ステークホルダーに専門知を提供することによる態度変容への影響を明らかにするため、専門知の提供や熟議の前と後の2回にわたって、ほぼ同一の設問によるウェブでの質問紙調査を実施している（以下、熟議前の調査をT2、熟議語の調査をT3とする）。態度変容を計測する設問には、5.4節の国際比較で用いた質問紙調査項目と同じものがいくつか含まれている。これに加えて、発話（書き込み）データもログとして記録されている。したがって、各参加者にはT1〜3の質問紙調査データ、発話データの合計4種類のデータセットが存在し、分析の対象は、この4種類のデータセットが揃っている107サンプルに限定している。分析の大きな流れとしては、まず質問紙調査データを用いて態度変容分析を行い、次に発話データをテキストマイニング手法により分析し、態度変容の背景を探る。

5.5.3 質問紙調査データを用いた分析

(1) 総論としての地熱発電への態度とその変容

まず、地熱発電所建設に関わるリスク認知について、複数回答形式で尋ねた全

体での集計結果を表5.5.3に示す。熟議前後を通じて特に多くの参加者がリスクとして認知したのは「温泉の湯量や温度、泉質への悪影響」(59.8％⇒84.1％)、「生態系への悪影響」(50.5％⇒62.6％)である。これら2つほどではないものの、熟議前後を通じて比較的多くの参加者がリスクと認知したものとして、「将来も持続的に地熱発電が管理運営されるのか否か」(45.8％⇒48.6％)、「これまでの景観が損なわれること」(35.5％⇒39.3％)、「実際に蒸気が噴出するのか否か(事業としての採算が合うのか否か)」(32.7％⇒38.3％)などが挙げられる。逆に、熟議前後でリスクと認知した参加者が大きく減少したものとして「建設中の工事騒音」(25.2％⇒9.3％)が挙げられる。これら複数回答形式の各選択肢の選択率の熟議前と熟議後の差については、「温泉の湯量や温度、泉質への悪影響」、「生態系への悪影響」、「建設中の工事騒音」において統計的に有意な差が見られている。

　表5.5.4は同様に、地熱発電所建設に関わるベネフィット認知について、同様に尋ねて得られた結果を示したものである。熟議前後を通じて特に多くの参加者がベネフィットとして認知したのは「輸入に頼らないエネルギー供給源の確保」(86.0％⇒82.2％)、「地球温暖化問題の解決への貢献」(65.4％⇒65.4％)である。熟議前後での変化は、リスク認知と比べると総じて少なく、「新しい産業をつくりだすこと」が10％ほど増加していることに加えて、「家族への良い環境教育となること」(32.7％⇒22.4％)が、10％ほど減少している点が最大の変化である。この2項目においてのみ統計的に有意な差が見られている。

　表5.5.5、5.5.6は、地熱発電所の建設が持つ4つの側面(地球温暖化問題の解決、地域振興への効果、自然資源への影響、温泉資源への影響)のトレードオフについて尋ねた全体での集計結果を示したものである。地球温暖化問題の解決手段として地熱発電所建設の公益性を認める参加者は、「まあまあ支持する」と「大いに支持する」を合計すると、熟議前後で79.5％⇒74.8％と熟議後にやや減少している。一方で、「地域の温泉資源へ悪影響がある場合は建設すべきではない」との考え方を支持した参加者は、熟議前後で69.1％⇒82.2％と熟議後に大きく増加している。前者には統計的な有意差は見られていないが、後者には有意差が見られている。

　その上で、表5.5.7は、熟議前後での一般論としての地熱発電所建設に対する賛否について尋ねた結果を示したものである。なお、ここではスクリーニング調査時=情報提示前[T1]の回答も含めて示している。これによれば、「やや賛成であ

5.5 オンライン熟議によるステークホルダーのネクサス問題や社会的意思決定方法に対する態度の変容

表5.5.3　地熱発電所建設に関わるリスク認知の選択率の熟議前後での変化[11]

(複数回答形式、N=107、各セルの数値は%)	熟議前[T2]	熟議後[T3]	変化
建設中の交通量増大	12.1	9.3	−2.8
建設中の工事騒音**	25.2	9.3	−15.9
調査・建設中の事故	26.2	27.1	0.9
これまでの景観が損なわれること	35.5	39.3	3.8
生態系への悪影響*	5.5	62.6	12.1
温泉の湯量や温度、泉質への悪影響**	59.8	84.1	24.3
自身の不動産の価値・地価下落	2.8	3.7	0.9
自身の仕事への何らかの悪影響	0.9	1.9	1.0
実際に蒸気が噴出するのか否か（事業としての採算が合うのか否か）	32.7	38.3	5.6
将来も持続的に地熱発電が管理運営されるのか否か	45.8	48.6	2.8
その他	4.7	5.6	0.9
特に何もない	4.7	1.9	−2.8

* 5有意確率、** 1有意確率

表5.5.4　地熱発電所建設に関わるベネフィット認知の選択率の熟議前後での変化[11]

(複数回答形式、N=107、各セルの数値は%)	熟議前[T2]	熟議後[T3]	変化
地球温暖化問題の解決への貢献	65.4	65.4	0.0
輸入に頼らないエネルギー供給源の確保	86.0	82.2	−3.7
新しい産業をつくりだすこと*	33.6	44.9	11.2
新しい観光の拠点となること	14.0	16.8	2.8
新しい地域イメージの創出	21.5	26.2	4.7
雇用増加など地域経済への貢献	42.0	41.1	0.9
自身の仕事への何らかの好影響	0.9	2.8	1.9
自身の地域への愛着や意識の向上	6.5	1.3	3.7
自身の環境・エネルギー意識の高まりや行動の実践	34.6	37.4	2.8
家族への良い環境教育となること*	32.7	22.4	−1.3
その他	2.8	4.7	1.9
特に何もない	0.9	1.9	0.9

* 5%有意確率、** 1%有意確率

表5.5.5 地熱発電所建設を巡る4つの側面のトレードオフに対する評価(地球温暖化問題)の熟議前後での変化[11]

(各セルの数値は%)	熟議前 [T2]	熟議後 [T3]	変化
全く支持しない	2.8	3.7	0.9
あまり支持しない	6.5	6.5	0.0
どちらでもない	11.2	15.0	3.7
まあまあ支持する	50.5	48.6	−1.9
大いに支持する	29.0	26.2	−2.8
合計 (N=107)	100.0	100.0	0.0

表5.5.6 地熱発電所建設を巡る4つの側面のトレードオフに対する評価(温泉資源)の熟議前後での変化[11]

(各セルの数値は%)	熟議前 [T2]	熟議後 [T3]	変化
全く支持しない	2.8	0.0	−2.8
あまり支持しない	5.6	5.6	0.0
どちらでもない	22.4	12.1	−10.3
まあまあ支持する	43.9	45.8	1.9
大いに支持する	25.2	36.4	11.2
合計 (N=107)	100.0	100.0	0.0

る」と「賛成である」を合計した賛成層は、T1時点で50.4%だったものが、「地熱発電とは何か」という論点を提示したT2時点(情報提示後・熟議前)では77.5%、すべての論点を提示し終えたT3時点(熟議後)ではわずかに減少して75.7%と推移している。その主要因としては、中間層が45.8%⇒22.4%⇒18.7%と大きく減少していることが挙げられる。これらのうち、情報提示前〜熟議前には統計的に有意な差が見られているが、熟議前〜熟議後には有意差が見られていない。このことから、初期時点での地熱発電の長所と短所などの基本的な専門知の提供が参加者の態度変容に一定の影響を及ぼした一方で、それ以降の追加的な専門知(立場の異なる組織の見解や今後の制度的、技術的動向など)の提供は、参加者の態度変容にそれ以上の影響を及ぼしていない可能性がある。今回の実験では、初期時点で提示する専門知の内容の影響が大きいことがうかがえる。

表5.5.8は、建設プロセスにおける事業主体からの情報提供の必要性について尋ねた結果を示したものである。ほとんどの参加者が何らかの情報提供が必要と

5.5 オンライン熟議によるステークホルダーのネクサス問題や社会的意思決定方法に対する態度の変容

表5.5.7 地熱発電所建設に対する一般論としての賛否に対する熟議前後での変化[11]

（各セルの数値は%）	情報提示前 [T1]	熟議前 [T2]	変化	熟議後 [T3]	変化
反対である	0.9	0.0	− 0.9	0.9	0.9
やや反対である	2.8	0.0	− 2.8	4.7	4.7
どちらでもない	45.8	22.4	− 23.4	18.7	− 3.7
やや賛成である	14.0	43.9	29.9	43.9	0.0
賛成である	36.4	33.6	− 2.8	31.8	− 1.9
合計（N = 107）	100.0	100.0	0.0	100.0	0.0

表5.5.8 情報提供機会の必要性に対する熟議前後での変化[11]

（各セルの数値は%）	熟議前 [T2]	熟議後 [T3]	変化
そのような機会の必要性を特には感じない	2.8	1.9	− 0.9
事業主体から情報提供を受けるくらいの機会の必要性は感じる	27.1	34.6	7.5
事業主体から相談を受けるくらいの機会の必要性は感じる	23.4	15	− 8.4
事業主体と共に問題解決に協力するなど積極的に関与する機会の必要性を感じる	46.7	48.6	1.9
合計（N = 107）	100.0	100.0	0.0

認識しており、その情報提供のあり方としては、「事業主体と共に問題解決に協力するなど積極的に関与する機会」という、設定した選択肢の中では最も積極的な機会に対する必要性が46.7％⇒48.6％と最も高く、熟議後に微増しているという特徴が見られる。これは、2週間の熟議実験へ参加するという負担を厭わない参加者の特殊性が現れたものとも考えられる。一方で、「事業主体から情報提供を受けるくらいの機会」という基本的なレベルの機会に対する必要性も、27.1％⇒34.6％と少ないわけではなく、より積極的な参加を求める層と基本的な参加を求める層に分かれていることがわかる。

（2）態度変容の要因

以下では、有意差が確認された地熱発電所建設を巡る4つの側面のトレードオフに対する評価と一般論としての賛否に関わる態度変容を、コミュニティ別、ステークホルダーのカテゴリー（4分類）別に見ることによって、態度変容の要因を

分析する。表5.5.9〜5.5.11に主な結果を示す。

　表5.5.9は、温泉資源とのトレードオフとして「地域の温泉資源へ悪影響がある場合は建設すべきではない」という考え方の変容について、ステークホルダー別に見たものである。全体としては71.0%の参加者がこの考え方への支持、不支持の態度を変容させていないものの、地球環境志向者や温泉居住者においては支持（地熱発電建設をより慎重に捉える考え方への支持）が増加し、温泉関連産業関係者においては、逆に中立や不支持（地熱発電建設をより積極的に捉える考え方への支持）が若干増加している。決して大きくはないが、一般的によく見られるものとは逆の傾向ともいえる。これは、従前に必ずしも十分な知識を持っていなかった一部の地球環境志向者が、地熱発電の負の側面を知ることにより、態度が変容した一方で、必ずしも網羅的な知識を持っていなかった一部の温泉関連産業関係者が、地熱発電のメリットを知ることにより、態度が変容した可能性も考えられる。

　全体の傾向としては、表5.5.10、5.5.11に示されるように、態度変容のなかった参加者が59.8%、賛成へ変容した参加者が33.6%、反対へ変容した参加者が6.5%となっている。つまり、「地熱発電とは何か」という基本的な論点を提示した時点では、態度変容した多くの参加者が賛成の方向であったことがわかる。また、コミュニティ別では、スクリーニング調査時＝情報提示前（T1）の段階で賛成多数であったコミュニティ1で一般論としての賛否についての態度変容が最も少なく、安定的に賛成多数が維持・強化されている。一方で、賛成と中立が半々だったコミュニティ2では、次いで態度変容が少なく、反対への変容が他のコミュニティに比べて最も多くなっている。そして中立多数だったコミュニティ3では態度変容が最も多く、その全員が賛成への変容となっている。これらは前述したように、中立的、つまり態度を決めかねていた参加者が専門知の提供を受けることによって意思決定できるようになった結果と考えられる。

(3) 各論としての地熱発電建設を巡る社会的意思決定方法と受容性

　これまでは一般論としての態度について見てきたが、以下では、具体論、つまり仮に自宅の近隣への地熱発電所建設を想定した際、そのプロセスにおける手続き的公正感や決定方法、最終的な地熱発電所の受容性について尋ねた集計結果を示す。なお、これらについては、熟議前には仮想的状況下での具体論として尋ね

5.5 オンライン熟議によるステークホルダーのネクサス問題や社会的意思決定方法に対する態度の変容

表5.5.9 ステークホルダー別に見た地熱発電所建設を巡る温泉利用とのトレードオフに対する評価の熟議前後での変化[11]

(各セルの数値は%)	態度変容なし	支持へ変容	不支持へ変容	合計
温泉地居住者（N = 74）	73.0	21.6	5.4	100.0
温泉関連産業関係者（N = 8）	62.5	0.0	37.5	100.0
温泉愛好者（N = 12）	75.0	8.3	16.7	100.0
地球環境志向者（N = 13）	61.5	38.5	0.0	100.0
全体（N = 107）	71.0	2.6	8.4	100.0

表5.5.10 コミュニティ別に見た総論としての地熱発電所の導入に対する受容性の熟議前後での変化[11]

(各セルの数値は%)	態度変容なし	賛成へ変容	反対へ変容	合計
コミュニティ1（N = 40）	82.5	12.5	5.0	100.0
コミュニティ2（N = 34）	58.8	26.5	14.7	100.0
コミュニティ3（N = 33）	33.3	66.7	0.0	100.0
全体（N = 107）	59.8	33.6	6.5	100.0

表5.5.11 ステークホルダー別に見た地熱発電所建設に対する一般論としての賛否に対する熟議前後での変化[11]

(各セルの数値は%)	態度変容なし	賛成へ変容	反対へ変容	合計
温泉地居住者（N = 74）	64.9	32.4	2.7	100.0
温泉関連産業関係者（N = 8）	62.5	25.0	12.5	100.0
温泉愛好者（N = 12）	33.3	58.3	8.3	100.0
地球環境志向者（N = 13）	53.8	23.1	23.1	100.0
全体（N = 107）	59.8	33.6	6.5	100.0

ても意味のある回答を導出することが困難と判断されたため、熟議後（T3）のみで尋ねたものである。

図5.5.2は、仮に自宅近隣で建設計画の是非を巡って紛糾した場合の望ましい社会的意思決定方法について尋ねた集計結果を示したものである。「建設候補地のある市町村に住む住民による投票」（44.9％）、「建設をめぐって利害が対立して

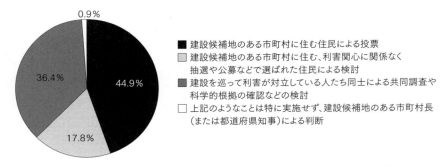

図5.5.2　自宅近隣での地熱発電所の建設是非を巡る社会的意思決定方法[11]

いる人たち同士による共同調査や科学的根拠の確認などの検討（共同事実確認）」（36.4％）、次いで「建設候補地のある市町村に住む、利害関心に関係なく抽選や公募などで選ばれた住民による検討」（17.8％）が支持される一方で、「上記のようなことは特に実施せず、建設候補地のある市町村長（または都道府県知事）による判断」（0.9％）はほとんど支持されていない。つまり、どのような形であれ、住民あるいはステークホルダーが関与しない決定方法は支持されていない。住民投票には、科学的知見をもって合理的な熟議がなされるプロセスは必ずしも担保されていないが、共同事実確認についても一定の支持が得られている。

　図5.5.3は、最終的に十分な調整を経た上であるとして、自宅の近隣への地熱発電所の受容性について尋ねた集計結果を示したものである。「受け入れてもよい」と「まあ受け入れてもよい」の合計した肯定的回答が65.4％を占めているものの、態度を保留した回答も22.4％と少なくない。また、否定的回答も12.1％と一定程度は存在していることに留意する必要がある。

　最後に図5.5.4は、これからの温泉と地熱発電との共生に必要な工夫として、複数回答形式で尋ねた結果を示したものである。特に必要な工夫であるとの回答が多かったのは、「温泉に影響が発生した場合に備えた当事者間の協定」（71.0％）、「中立的な第三者による蒸気や湯量などの継続的なモニタリング」（68.2％）、「大学や研究機関による温泉と地熱発電に関する科学的な知見やデータの蓄積」（55.1％）の3つである。もちろん「熱水を二次利用した温室野菜ハウス栽培・融雪施設・養殖施設などの設置」（46.7％）といったハード面での共生に向けた施設整備や「温泉と地熱発電との共生に関するシンポジウム・セミナーの開催」

5.5 オンライン熟議によるステークホルダーのネクサス問題や社会的意思決定方法に対する態度の変容

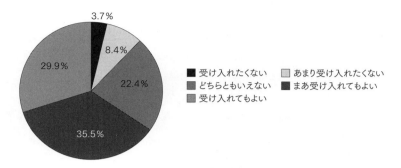

図5.5.3　自宅近隣での地熱発電所の受容性[11]

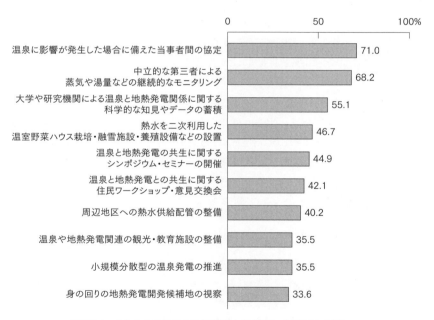

図5.5.4　これからの温泉と地熱発電との共生に必要な工夫[11]

（44.9％）、「温泉と地熱発電との共生に関する住民ワークショップ・意見交換会の開催」（42.1％）といったソフト面での工夫も挙げられている。

なお、図5.5.2〜5.5.3で見た社会的意思決定方法や受容性については、いずれも、コミュニティ別とステークホルダーのカテゴリー別の間に有意差が観察され

ていない。このことは、インターネット上という、実際の地域コミュニティや顔の見えるステークホルダー同士での熟議空間ではないことに起因する可能性も考えられる。そこで以下では、熟議における発話の内容が参加者の態度変容にいかなる影響を及ぼしたのかについて検証しておく。

5.5.4 発話データのテキストマイニング分析
(1) 熟議全体の概要
まず、岩見ら[10]の方法を参考にしつつ、発話データの全体を用いて、どのような熟議が行われたかの全体像を把握する。分析の対象としたデータは、各コミュニティのすべての発話データのうち「自己紹介」トピックを除いた合計383語である。テキストマイニングでは名詞のみを抽出し、その中でも一般名詞、複合名詞、サ変名詞を分析の対象とする。さらに、熟議の論点に直接的な関わりのない単語を削除しつつ、出現頻度順に上から100語(実際には、出現頻度が同数の単語があったため102語)を、クラスター分析[3]に用いる語として選定した。

図5.5.5は、上記の102語について、クラスター分析を適用した結果を踏まえて意味のあるまとまりを見い出し、可能な限り整理したものである。意味があると見い出せたまとまりについてはA〜Uの記号を割り当てて見出しを付けているが、同じクラスターに構成される単語に共通の意味を見出しにくいものや、他のクラスターとの相違が不明なものなどは「判読不可能」として積極的に解釈を加えていない。この結果によれば、熟議全体は3つの論点に大別されることがわかる。

まず、①全体的なテーマ(A〜D、U)である。これは、全体を通して話題になることの多かった代表的な論点といえる。話題の中心である地熱発電が、環境との関係でどう捉えられるのかが話し合われたことがうかがえる。地熱発電はクリーンなエネルギーとして認識されている一方で、開発による温泉への影響が懸念され、その結果として環境負荷が少ないとされる温泉発電への注目度が高くなっていることがうかがえる。

次に、②ミクロなテーマ(E〜N)は、原子力発電の代替としての地熱発電、課題としての初期費用、地下資源の因果関係、再生可能エネルギーの普及と推進、

---
3 何らかの似た傾向を示す集団(クラスター)を作り、対象を分類する統計学的方法。

5.5 オンライン熟議によるステークホルダーのネクサス問題や社会的意思決定方法に対する態度の変容

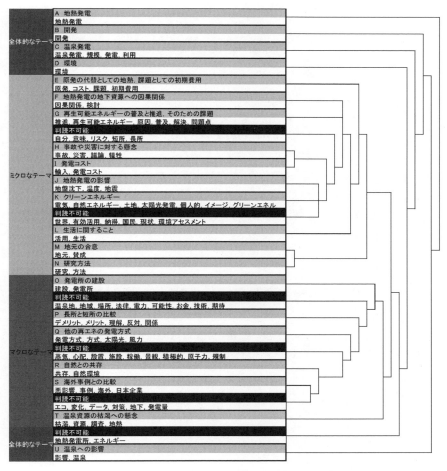

図5.5.5 テキストマイニングによる発話データのクラスター分析結果

そのための課題、事故や災害に対する懸念、発電コスト、地熱発電の影響、生活に関すること、地元の合意など、地熱発電導入の際の具体的な論点といえる。

最後に、③マクロなテーマ（O～T）は、発電所の建設、長所と短所の比較、他の再生可能エネルギーの発電方式、自然との共存、海外事例との比較、温泉資源の枯渇への懸念といった地熱発電の導入の際により包括的な論点といえる。

(2) コミュニティ別の特徴

次に、コミュニティ別の発話データを分析し、それらが5.5.3項で見た質問紙調査データの分析結果とどのような関係を示すかについて簡単に見てみよう。

コミュニティ1における発話データを見ると、原発事故という過去から学び、将来に向けて自分たちが正確な知識を持つことの必要性を論じているといえる。つまり、目的意識の明確な熟議となっている可能性がある。また、コミュニティ1には640個の発話データがあり、他のコミュニティと比べると最も多く活発である。このことは約8割が地熱発電導入へ賛成のコミュニティであることが背景にあると考えられる。

コミュニティ1において発話パターンが類似する参加者同士をクラスター分析で分類した結果と、質問紙調査データにおける各種の態度変容との関係性を見たところ、特に有意な傾向は観察されなかった。以下に、具体的な発話データ(書き込み例)を示す。

(a) 長期的な視野に関するもの

温泉が好きなので、資料を見て残念です。ただし、何かをなしていこうとするときにはいろいろなことを乗り越えていかなければならないと思います。(中略)原発のような致命的な解決できない問題がないのであれば、再生可能エネルギーは推進していくに値するものだと思います。ただ、過去の事例は、温泉地と競合する発電所を作ったことが原因のように思います。競合しないところに作るか、温泉に影響ある前提で進めるかしないと思います。そういう意味では、情報公開と、我々が正しい認識を持っていくことが重要なのだと思います。

(b) 原発事故、専門知に関するもの

もんじゅでも原発事故でも犠牲者がおられたことはニュースで知っています。そして今でも苦しんでおられる方が沢山います。今日の朝刊にも除染廃棄物の不安で苦しんでいる人の記事がありました。3年過ぎても何の解決策もないのかと憤りを感じました。(中略)私は原発ゼロを願っています。そのためにそれに代わるエネルギーとして地熱発電が開発されたらよいと思いましたが、今回このトピックスでいろいろと教わり難しい問題があることを知りました。私は専門的な知識がないので具体的には何も言えませんが、学識者や技術者や地元の方たちと議論されて事故や災害が起こらないように開発できればよいのにと願っています。

5.5 オンライン熟議によるステークホルダーのネクサス問題や社会的意思決定方法に対する態度の変容

次にコミュニティ2における発話のデータを見ると、環境アセスメント、データの必要性、技術的話題などの専門知を要する話題が、主として地熱発電の影響を懸念する文脈で立ち上がっていることがわかる。コミュニティ2は、地熱発電導入への賛成と中立が半々であり、態度を決めかねている半数の人々が、その判断に必要な材料を得るために、以上のような熟議の内容となっている可能性が考えられる。コミュニティ2において発話パターンが類似する参加者同士をクラスター分析で分類した結果と、質問紙調査データにおける各種の態度変容との関係性を見たところ、地熱発電所建設を巡る4つの側面のトレードオフに対する評価のうち、自然資源と温泉資源への悪影響の考え方に関する態度変容について有意差が観察されており、その傾向は、前項の分析で反対への態度変容が最も多かったコミュニティであることとも整合的である。以下に、具体的な発話データ（書き込み例）を示す。

(c) 海外事例に関するもの
　ニュージーランドやフィリピンでは、はっきりと影響が出ているのに、日本だけは影響が認められないというのを一概に信じることができないな…と思いました。日本は温泉地が沢山あり、観光地にもなっています。枯渇や湯温低下になると温泉業に携わっている人たちやそこの町全体が大打撃を受けてしまいます。「温泉に影響なく地熱発電ができる」というような凄いものが開発できればと思いますけど、技術大国の日本でも、ずっと先の話でしょうね。

(d) 環境アセスメントに関するもの
　地熱発電の長所が多くあり、短所を見ても絶対に拒否できるようなことはないのに、なぜ1999年以降新設の地熱発電所がないのか？　そのあたりに（日本の）地熱発電所の本当の課題が見える気がします。あと、地熱発電とシェールガス・オイルと同様の技術的課題（と今までの技術的進歩）があるはずですが、そのあたりの深耕がもう少しされるといいですよね。

(e) データの必要性に関するもの
　筋湯に関していえば、影響があったと思います。現在はとりあえず地熱発電に使った湯を回してもらって湯量は確保しているそうですが。廃湯との風評被害も

あるそうで…（中略）温泉として開発されていないところで、湯量の変動などのデータをとって解析し、開発を進めれば、温泉地近くでも影響を類推できるのではないでしょうか。活火山付近の開発は危険を伴うとか、温泉は個々違って類推は難しいのかもしれません。まぁ素人考えです。

　最後にコミュニティ3における発話データを見ると、観光、二酸化炭素削減、電気料金といったより包括的な話題がその特徴になっている。コミュニティ3は約8割が中立であり、497個の発話データしかなく、他のコミュニティと比べると最も不活発である。つまり、散発的な論点がその都度あがっては消え、一定の方向性を示したり、熟議が深まったりする様子はあまり明確には見られない。
　コミュニティ3において発話パターンが類似する参加者同士をクラスター分析で分類した結果と、質問紙調査データにおける各種の態度変容との関係性を見たところ、一般論としての賛否と、地熱発電所建設を巡る4つの側面のトレードオフに対する評価のうち自然資源への悪影響の考え方への態度変容について有意差が観察された。以下に、具体的な発話データ（書き込み例）を示す。

(f) 電気料金に関するもの
　他の国の発電量とかも確かに知りたいですね、電気料金がこれ以上上がると自分は生活ができなくなるから、切実な問題として、2～3年ぐらいで、電気代が下がる方向が出せればいいと思っています。原子力が賛成とかじゃないですけど、電気代が上がると結構厳しいです。地熱発電も時間はかかると思うけど、なんとかしてほしいのが自分の思いです。

(g) 観光に関するもの
　バランスの問題ですね　日本のように国土が狭いところに大規模な発電所は難しいかと思います。小規模で自然環境に配慮できる物がよいように思われます。温泉の湯量もそうですが温度が変わってしまいますし地元産業に影響が出てしまっても困りますね。

(h) 再生可能エネルギーに関するもの
　地下を掘り下げるというのは、他の水力、風力、太陽光、に比べたらかなりの自

5.5 オンライン熟議によるステークホルダーのネクサス問題や社会的意思決定方法に対する態度の変容

然に対する干渉になってしまいますね。それによって様々な変化が起こり、それがもちろん温泉へも影響するのですね。温泉は日本の心ですし、それによって観光地として存在する場所が沢山あるわけで…。そういう場所が、地熱発電所建設によって閑散としてしまうのを想像すると確かに寂しいですね。そして水蒸気爆発の事故も起きている。しかし、このまま、原発に変わる発電源を考えず、環境に対してなんのアプローチもしなかったら、温泉どころではないと思うので、もっと改善点というか開発をしていきたいとは思います。（略）

5.5.5 熟議の場としての評価

　最後に、著者らが熟議の効果の評価の基準として特に着目している、参加者の能力向上（知識や意見の変化など）や熟議の質（特定者による議論の支配、集団極化など）を表し得る、参加者による3つの側面からの評価結果を見ておこう。

　図5.5.6は、参加者自身による熟議の期間中の情報収集の状況を示したものである。全く何もしなかったのは9％であり、91％が何らかの情報収集を行っている。参加者が一定の関心を持つステークホルダーである以上、これまで関心が薄かったということはないものと考えられるが、それでもなお、専門知の提供などにより地熱発電に対しての一定の興味が引き起こされたことを示している。

　図5.5.7は、参加者自身の変化を示したものである。地球環境問題に対する関心の変化としては、12.1％が変わらず、87.9％が高まったとしている。また、地熱発電に関する知識の変化としては、2.8％が変わらず、97.2％が高まったとしており、DPで指摘される知識の向上が本実験でも示された。

　図5.5.8は、5つの基準から見たコミュニティの評価を示したものである。これらは、政策との距離感がDPとは異なるため、本来の効力感とは若干の意味合いが異なる可能性もある。「自分の意見は納得のいくまで話し合われた」といった基準には20.5％しか肯定的評価が寄せられていないものの、「他の参加者から十分に情報提供がなされた上で自分は意思決定できた」への肯定的評価は51.4％、「自分は他の参加者の話をよく聞くことができた」への肯定的評価は72.9％を占めるなど、参加者にとって今回のコミュニティがインプットを受ける場、そしてその上で判断を下す場として一定の効果があったといえる。つまり、本実験を通じて、地熱資源にトレードオフの問題が存在するなどといった気づきをステークホルダーへ与えた可能性が考えられる。なお、これらの各基準への評価と、態度変容

第5章 ネクサスにおけるトレードオフ問題の可視化・問題解決手法

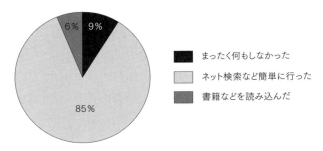

図5.5.6 実験参加者自身の情報収集の状況[11]

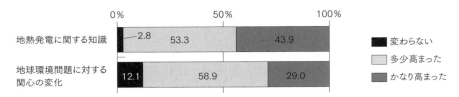

図5.5.7 実験参加者自身の知識や関心の変化[11]

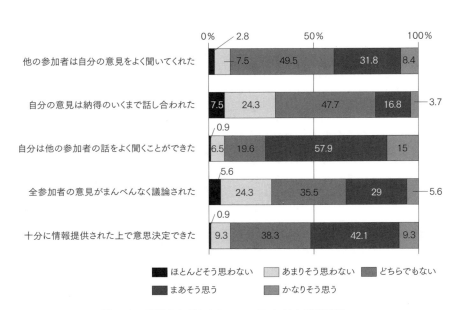

図5.5.8 実験参加者によるコミュニティに対する評価[11]

5.5 オンライン熟議によるステークホルダーのネクサス問題や社会的意思決定方法に対する態度の変容

表5.5.12 地熱発電所建設に対する一般論としての賛否に対する熟議前後での変化に見るコミュニティ別の熟議の集団極化[11]

	コミュニティ1	コミュニティ2	コミュニティ3
サンプル数	40	34	33
平均値（T1）	4.43	3.94	2.97
平均値（T2）	4.45	3.94	3.88
平均値（T3）	4.3	3.94	3.73
標準偏差（T1）	0.84	0.92	0.59
標準偏差（T2）	0.68	0.78	0.65
標準偏差（T3）	0.65	0.98	0.94

（発電所建設に対する一般論としての賛否）、発話回数について、独立性の検定を行った結果、有意な傾向はいずれについても見られなかった。したがって、熟議の中で態度が変容したか否か、また熟議の中で発話回数の多寡は、熟議の評価には影響を及ぼしていないといえる。

　表5.5.12は、表5.5.7で用いた3つの時点における地熱発電所建設に対する一般論としての賛否の評価のうち「反対である」を1点、「賛成である」を5点とした場合の平均値と標準偏差をコミュニティ別に求めたものである。これらを吟味することにより、Luskinら[9]が試みているように、本実験の熟議において、集団極化が起こったか否かについて一定の考察が可能である。

　コミュニティ1では、賛成者が多いため平均値は高値でほぼ一定、標準偏差は時間の経過とともに一貫して小さくなっており、一定の集団局化が起こっているものと考えられる。ただし、それが集団極化の本来の意味である、極端な方向に走りやすい傾向というわけでもない。前述の書き込み例に示されるように、地熱発電の負の側面を知った上で、配慮すべき点を検討しなければならないという学習が見られることから、多様性のあるステークホルダーによる活発な議論の中で態度が収斂していったものと考えられる。

　コミュニティ2では、平均値はコミュニティ1よりも低い値で一定、標準偏差は大きく変動し、最終的には全コミュニティで最も高い値となっている。コミュニティ3では低かった平均値が高くなり、また標準偏差も一貫して高くなり、コミュニティ2と近い値となっている。これらの2つのコミュニティでは態度を決めかねている参加者が多いため、議論をリードする存在も少ないので、集団極化

を招かず、むしろ中立的な意見から賛成、あるいは反対への両方の変化が見られるなど、態度変容が多方面にわたっているものと考えられる。ただし一方で、このような特性を持つコミュニティでは、より活発な議論とするため、モデレーターの介入度を高めることも重要と考えられる。

　以上の結果を踏まえると、DPやフォーカスグループインタビューのような形式では、初対面の相手と短時間のうちにうちとけ、お互いの意見を十分に言い合うことが難しい状況も十分にあり得るが、本実験の場合、ステークホルダーが安心して意見表明できた可能性が指摘される。現実に相手と対峙した状態では、互いの顔色や口調、態度、社会的な立場等によって、いわゆる「声の大きい」参加者がその場の議論の方向性をコントロールし、議論の支配が行われてしまう場合が見受けられるが、本実験の場合は年齢、性差、社会的な立場等に拘泥しない自由な発言機会が保障されるというメリットがある。またDPやフォーカスグループインタビューなどでは参加者を長時間拘束することが困難であることから、通常は数時間程度の議論で終始することが多い中、2週間という時間をかけて意見が蓄積され醸成されたことの意義は大きいと考えられる。そしてこのことは、集団極化というよりは、むしろ中立的な意見から賛成、あるいは反対への両方の変化が見られるなど、態度変容が多方面にわたっていることにもつながっているものと考えられる。

5.5.6　おわりに

　以上、地熱資源を題材として取り上げ、オンライン熟議実験を実施し、専門知の提供が、ステークホルダーのネクサス問題や社会的意思決定方法に対する態度をどのように変容させるのかを明らかにしてきた。以下に、得られた主な知見を取りまとめる。

　第1に、「地熱発電所建設により地域の温泉資源に重大な悪影響が出る場合は、建設すべきでない」とのトレードオフについては、これを支持したステークホルダーは、熟議前後で大きく増加する傾向が見られた。

　第2に、一般論としての地熱発電所建設に対する賛否については、賛成層はT1時点（熟議前）からT2時点（情報提示後・熟議前）では大きく増加し、T3時点（熟議後）ではわずかに減少している。その主要因として、中間層が大きく減少していることが挙げられる。これは、専門知の提供による参加者の問題への理解が

5.5 オンライン熟議によるステークホルダーのネクサス問題や社会的意思決定方法に対する態度の変容

進んだためと考えられる。つまり、初期時点での地熱発電の長所と短所などの基本的な専門知の提供が参加者の態度変容に一定の影響を及ぼしている一方で、それ以降の追加的な専門知（立場の異なる組織の見解や今後の制度的、技術的動向など）の提供は、参加者の態度変容にそれ以上の影響を及ぼしていない可能性がある。今回の実験では、初期時点で提示する専門知の内容の影響が大きかったことがうかがえる。

第3に、初期的な態度の異なる参加者で構成される各コミュニティでは、その変容の様相は異なっている。初期段階で賛成多数であったコミュニティでは、一般論としての賛否についての態度変容が最も少なく、安定的に賛成多数が維持・強化されている。一方で、賛成と中立が半々だったコミュニティでは、次いで態度変容が少なく、反対への変容が他のコミュニティに比べて最も多い。そして中立多数だったコミュニティでは態度変容が最も多く、その全員が賛成へと変容した。

第4に、地熱発電所建設の是非をめぐる望ましい社会的意思決定方法として最も支持された住民投票には、科学的知見をもって合理的な熟議がなされるプロセスは必ずしも担保されていない。超学際的アプローチの根底をなす方法論である共同事実確認では、ほぼすべての当事者が納得できる科学的知見を科学者・専門家等との協働で探索・形成する。これについては、前節の国際比較では日本人からの選好が低い傾向が見られたが、オンライン熟議を経て、より多くの支持が得られた。

第5に、本実験の熟議の場としての評価は、参加者の能力向上や熟議の質（特定者による議論の支配、集団極化など）に関連した側面からは、地熱資源にトレードオフの問題が存在するなどといった新しい気づきをステークホルダーへ与えたこと、ステークホルダーが安心して意見表明できたこと、集団極化が起こらなかった、つまり議論が極端な方向に走らなかったことなどの可能性が指摘される。賛成多数であったコミュニティでは、活発な議論の中で態度が収斂していったものの、態度を決めかねている参加者が多く議論をリードする存在も少ないコミュニティでは、集団極化を招かなかった。ただし、より活発な議論とするため、モデレーターの介入度を高めることも重要となる。

参考文献（5.5節）

[1] Luskin, R. C., Fishkin, J. S. and Jowell, R. : Considered Opinions: Deliberative Polling in Britain, *British Journal of Political Science*, 32, pp.455-487, 2002.

[2] Fishkin, J. S., He, B., Luskin, R. C. and Siu, A. : Deliberative Democracy in an Unlikely Place: Deliberative Polling in China, *British Journal of Political Science*, 31, pp 1-14, 2001.

[3] Davies, T. and Gangadharan, S. P. : *Online Deliberation: Design, Research and Practice*, CSLI Pub lications, 2009.
http://odbook.stanford.edu/static/filedocument/2009/11/10/ODBook.Full.11.3.09.pdf［2015, June 22］.

[4] Luskin, R. C., Fishkin, J. S. and Iyengar, S. : Considered Opinion on U.S. Foreign Policy: Evidence from Online and Face-to-face Deliberative Polling, The Center for Deliberative Democracy, Research Papers, 2006.
http://cdd.stanford.edu/2006/ considered-opinions-on-u-s-foreign-policy-face-to-face-versus-online-deliberative-polling/［2015, June 22］.

[5] Grönlund, K., Strandberg, K. and Himmelroos, S. : The Challenge of Deliberative Democracy Online―A Comparison of Face-to-face and Virtual Experiments in Citizen Deliberation, *Information Policy*, 14, pp. 187-201, 2009.

[6] Delborne, J. A., Anderson, A. A., Kleinman, D. L., Colin M. and Powell, M. : Virtual Deliberation? Prospects and Challenges for Integrating the Internet in Consensus Conference, *Public Understanding of Science*, 20（3）, pp.367-384, 2011.

[7] 杉山滋郎：討論型世論調査における情報提供と討論は機能しているか, 『科学技術コミュニケーション』, 12, pp.44-60, 2012.

[8] 馬場健司, 高津宏明：オンライン熟議実験を用いたファシリテーターの機能の比較検討―再生可能エネルギー資源の利用を巡る社会的意思決定問題の例―, 『市民参加の話し合いを考える』（村田和代 編）, pp. 177-198, ひつじ書房, 2017.

[9] Luskin, R. C., Fishkin, J. S. and Hahn, K. S. : Deliberation and Net Attitude Change, Prepared for presentation at the ECPR General Conference, Pisa, Italy, 2009.

[10] 岩見麻子, 大野智彦, 木村道徳, 井手慎司：公共事業計画策定過程の議事録分析によるサブテーマの把握とサブテーマを介した委員間の関係性の可視化に関する研究, 『土木学会論文集G(環境)』, 69(6), pp.II_71-II_78, 2013.

[11] 馬場健司, 高津宏明：オンライン熟議実験を用いた地熱発電と温泉利用の資源間トレードオフを巡るステークホルダーの態度変容分析, 『社会技術論文集』, 14, pp.58-72. 2017.

サイエンスアゴラにおける「機能派」と「情熱派」の対話の試み

2017年11月24日、東京都テレコムセンタービルにて開催された「サイエンスアゴラ2017」の一環として、ネクサスプロジェクトがワークショップ「温泉と地熱発電を科学する！　世代や国籍を超えて文化を継承するには？」を主催した。そこには、プロジェクト関係者だけでなく、一般討論者として市民モニター25名をリクルートし参加してもらった。

本ワークショップの目的の一つは、自然科学的なアプローチである温泉科学（例えば、3.1、3.3、4.3節などを参照）と人文社会科学的なアプローチ（例えば、2.2、2.3節、第5章などを参照）を、特に温泉の文化的な側面にも着目しながら並行して適用することである。その過程は、研究者だけで開催するのではなく、温泉の愛好家や環境問題の解決に関心がある市民にも広く開かれたものとして設計され、サイエンスアゴラの基本理念とも合致するものであった。

2017年のサイエンスアゴラ全体のテーマは「越境」であり、本ワークショップは、上記の「科学的アプローチの越境」に加え、大学生からシニア層まで多世代参加を呼びかけ世代間で熟議を進めることを通じた「世代の壁の越境」も目指すものであった。

ワークショップ当日のプログラムは2部構成とした。時間帯は午後2時間で、前半は3人の専門家からの話題提供が各15分（いずれも本書の分担執筆者である遠藤愛子氏、斉藤雅樹氏、野田徹郎氏）、後半は参加者を年代や性別、関心事項が偏らないように4テーブルに分け、ワークショップを50分実施した。

ワークショップでは、ファシリテーターの進行で、最初に自己紹介を実施し、①参加者それぞれにとって温泉とは何か、②4テーブルのうち2テーブルは文化班として「日本で残すべき温泉文化はどのような文化か？　世代・国籍を超えて、それを継承していくためには何が必要か？」、③残りの2テーブルは地熱班として「温泉と共生しながら地熱発電を増やすことは可能か？　そのために必要な条件は何か？」の3テーマを設定し、各参加者が意見等を付箋に自筆、あるいはファシリテーターが参加者の意見を付箋に書き取り、模造紙上で整理・視覚化した。

ワークショップ中、それぞれの参加者が自身にとっての温泉を語る場面で、斉藤雅樹氏が分類した「機能派」と「情熱派」（2.1節参照）を裏付ける発言が多く出された。付箋を基に振り返ってみると、「美容や健康」「会話のネタ」といった機能的な側面と、「やすらぎ」「人生を変えたもの」といった情熱的な側面が観察された。また、

斉藤氏が2.1節で記したように、同一人物の中に機能と情熱が同居しているようにも見えるし、また「癒し」のように機能と情熱のどちらにも解釈できるようなキーワードも散見された。

「残すべき温泉文化」というテーマについては、温泉の泉質や効能、温泉への入り方に着目した意見から、温泉街・旅館等のインフラを重視する立場、日本の四季を楽しむ意見まで幅広く論じられた。また、もう一つのテーマである「地熱発電と温泉の共生」については、地熱発電の導入には概ね賛意が表明されたものの、経済性評価や発電量の安定性の問題、資源枯渇に配慮する必要性などが提起された。参加者へのアンケート調査結果（回答者30名）では、「地熱発電を積極的に導入すること」に対して、賛成が13名（43％）ともっとも多く、やや賛成が11名（37％）でそれに続いた（やや反対が1名で、反対は0名）。

2時間というワークショップとしては短い時間設定ではあったものの、各テーブルとも限られた時間内で、有意義な意見交換が展開されたように感じられる。ワークショップ後に参加者が回答した満足度調査によれば、「大変満足した」のは5名（17％）、「満足した」のは11名（37％）で合計は過半数を超えた。しかし、「やや物足りなかった」参加者も6名（20％）おられ、どのような点が物足りなかったのか、今後さらなる分析が必要である。

今回の企画全体を通じて、30名前後と小規模ではあったが、科学的な知識の理解を要する課題について熟議の機会を繰り返し設けることは、そのような課題の解決に向けて極めて重要であると再認識した。議論するテーマについて関心を有していれば、研究者の話題提供内容を土台にして、市民自身の言葉で科学について議論をすることは可能であるし、「社会にとって必要な研究テーマを研究者と市民が共同で企画検討し（コデザイン、コラム1.1参照）、そのテーマに沿って市民と研究者が対話を繰り返しながら、ともに研究を進めていくこと（コプロダクション、同様）」が可能であるという証左を示しているのではないだろうか。

5.6 超学際的アプローチによる別府における統合型将来シナリオづくり

5.6.1 はじめに

これまで述べられてきたように、源泉数、湧出量ともに日本を代表する温泉地である別府市には、別府八湯として知られる8つの特徴的な温泉郷が存在し、これらの温泉から立ち上る「湯けむり景観」は、文化庁により「重要文化的景観」に指定されている[1, 2]。そして、コラム4.1でも紹介されたように、温泉から噴き出す蒸気は、食材を蒸す「地獄蒸し」のように、調理にも利用されてきただけでなく、医療、花き栽培、養殖業などにも利用されている。また、共同浴場を設置して近隣住民同士で利用する文化があり、温泉は地域の社交場としても機能してきた。現在、小規模分散型地熱発電の導入が進みつつある一方で、温泉法および大分県温泉法施行条例等により、市内の一部が特別保護地域、大部分が保護地域に指定され、特別保護地域においては新規掘削が禁止されており（ただし代替掘削は可能）、保護地域においては既存の泉源から100mないし150m内での掘削が禁止されている[3]。大分県では、2014年10月に掘削許可基準を一部改定するなどの対応が取られはじめ、温泉資源の利用をめぐって新たに生じている課題や社会経済情勢の変化などに適切に対応するため、2016年3月には、大分県の温泉行政の指針となる「おおいた温泉基本計画」が策定されている[4]。

一方で、エネルギー政策的な側面としては、大分県が全国1位の再生可能エネルギー自給率を維持しており、さらに向上すべく、2003年という全国的に見ても早い時期に制定した「エコエネルギー導入促進条例」に基づいて、新エネルギービジョンを2011年に改訂している[5]。導入目標については、2014年に、より高い数値を設定し[^1]、設備導入補助金やファンドの設立などの各種施策を実施している[6]。別府市としても、再生可能エネルギーの導入に関する調査は進めており、2014年6月には「別府市地域新エネルギーフィージビリティ調査報告書」が公開され、その後、別府市地域新エネルギービジョンが策定された[7]。その一方で、2016年に市内での温泉発電等の導入が自然環境や生活環境と調和しつつ市民との共生をは

---

[^1]: 2015年度の旧目標⇒新目標が、太陽光は136,000⇒645,025kW、地熱発電は157,890⇒158,890kW、温泉熱発電が500⇒1,348kWなど。

かりながら行われるよう「別府市温泉発電等の地域共生を図る条例」も施行され、その後も改正が続いている[8]。コラム3.2でも紹介されたように、別府市では再生可能エネルギーをめぐる導入促進と開発規制の両輪の政策が導入されつつある。

ただし、3.3節でも触れられたように、地熱発電の導入に当たっては、大規模開発に伴うコンフリクトが全国各地で発生しており、小規模分散型であっても、温泉の枯渇などのリスクに対する懸念や、それに基づくコンフリクトが発生することも考えられる。本節では、5.2節で紹介された超学際的（トランスディシプリナリ）アプローチ、すなわちまずステークホルダー分析と社会ネットワーク分析を用いて、別府市における地熱資源をめぐるトレードオフ問題に関連するステークホルダーの利害関心の現状を分析し、どのようなコンフリクトが起こり得るのか、それを未然に回避するにはどのような方策があり得るのかを明らかにする。そしてその結果を踏まえて、デルファイ法やシナリオプランニングを用いて、ステークホルダーの懸念という現場知と本書で紹介された科学的知見（エビデンス）とを統合し、別府の将来シナリオを描き出す。

5.6.2 別府市におけるステークホルダー分析[2]

（1）調査方法

各ステークホルダーへの聞き取り調査は、2014年7月3〜4日（第1回）、8月6〜8日（第2回）、8月20日〜21日（第3回）の合計3回、計7日間で計36団体（53名）に対して実施した（表5.6.1）。したがって、時期としては、行政が制度的対応を取る前の段階であり、その中で示された懸念であることに留意する必要がある。主な質問項目は、1. 地熱・温泉との日常の関わり方、2. 温泉をどう捉えているか、3. 現在の電気や熱の利用状況、4. 小規模地熱発電の利活用への関心とその理由、5. 地熱・温泉の利活用に関する期待や要望、不安や不満、6. 地熱発電と温泉の共生に必要だと考えるもの、7. 他のステークホルダーの紹介などである。

聞き取り調査は半構造化形式で実施され、被調査者は用意された質問項目に関連して想起したことを自由に発言し、調査者の介入は最小限にとどめた。

---

2 本項は馬場他[9]からの抜粋であり、より詳細は当該文献を参照されたい。

5.6 超学際的アプローチによる別府における統合型将来シナリオづくり

（2）調査結果

聞き取り調査で得られた各ステークホルダーの発話データからその利害関心を分析し、地域コミュニティの現状認識、地熱資源の捉え方、小規模地熱発電の捉え方、合意形成への態度の4つの論点を抽出した。表5.6.2は、ステークホルダーの利害関心をまとめたものである。○の記されたセルは、当該ステークホルダーが当該論点に関心を持つことを示している。なお、表5.6.1における学識経験者は、本調査で浮かび上がった論点について専門的知見の提供を受けることを目的として聞き取りを行っているため、表5.6.2からは除外されている。

4つの論点のうち多くのステークホルダーが言及した「地熱資源の捉え方」については、発話データの分析より図5.6.1に示すように、その利用方法を発電として捉えるか否かと、その価値を経済的な側面から捉えるか否かが重要な分岐点となることが示唆されたため、以下ではこの2軸による4つの各象限に沿って説明を加える。ただし、各ステークホルダーの捉え方は、1つの象限に留まらず、複合的となることもあり得る。

表5.6.1　別府におけるステークホルダー調査の実施要領

実施時期	2014年7〜8月		
質問項目	1）地熱・温泉との日常の関わり方、2）温泉をどう捉えているか、3）現在の電気や熱の利用状況、4）小規模地熱発電の利活用への関心とその理由、5）地熱・温泉の利活用に関する期待や要望、不安や不満、6）地熱発電と温泉の共生に必要だと考えるもの、7）他のステークホルダーの紹介など		
調査対象			
所属・職業など	数	所属・職業など	数
別府市	4	機械製造業者	1
大分県	6	掘削業者	2
旅館	6	地域商業共同体	1
温泉事業者	1	ファンド	1
泉源所有者	2	NPO法人	2
観光団体	1	学識経験者	3
発電事業者・コンサルタント	6	計	36

表5.6.2 ステークホルダーの関心リスト

属性＼論点	地域コミュニティの現状認識			地熱資源の捉え方				小規模地熱発電の捉え方					合意形成への態度			合計
	①温泉資源の認識	②観光地としての衰退	③温泉文化の衰退	④非発電利用・経済的価値	⑤非発電利用・非経済的価値	⑥発電利用・経済的価値	⑦発電利用・非経済的価値	⑧基本的な関心	⑨関連知識獲得への関心	⑩地熱発電と温泉との因果関係	⑪直接・間接的な利益	⑫各種コスト	⑬地域住民の意識への配慮	⑭投機的業者に対する懸念	⑮行政の役割	
大分県				○		○	○	○	○	○			○	○	○	9
	○			○	○			○		○			○	○	○	8
																0
	○			○				○		○			○	○		6
	○				○			○		○			○			5
	○			○				○		○					○	5
別府市	○					○		○		○			○	○	○	8
					○			○		○			○		○	5
	○				○			○					○		○	5
	○			○		○		○	○	○			○	○	○	9
旅館経営者		○	○	○	○			○	○	○		○	○		○	10
		○	○	○	○			○		○			○	○	○	9
	○	○	○	○				○		○			○			7
	○		○	○				○	○	○			○	○	○	9
		○		○	○			○		○			○		○	7
観光団体	○			○		○		○	○	○		○	○		○	9
	○			○		○		○	○	○			○		○	8
発電事業者・コンサルタント	○			○		○	○	○	○	○			○	○	○	9
						○	○	○	○	○		○	○	○	○	8
			○	○		○		○	○	○	○	○	○	○	○	10
	○	○		○		○		○	○	○		○	○	○	○	10
					○	○		○		○		○	○		○	6
	○					○		○	○	○		○	○	○	○	9
泉源所有者		○		○	○	○		○	○	○	○		○		○	10
	○	○	○	○	○	○		○	○	○			○	○	○	12
温泉事業者	○			○	○			○		○		○	○		○	8
掘削業者		○		○		○		○		○					○	6
機械製造業者					○			○		○		○		○		4
地域商業団体								○	○	○		○			○	5
地域金融機関	○			○		○		○	○	○			○		○	8
NPO・市民団体	○	○	○	○	○	○	○	○	○	○	○	○	○	○	○	15
	○		○		○			○		○			○		○	7
			○		○			○	○	○			○	○	○	9
合計	18	11	10	23	18	16	6	31	15	30	7	9	25	13	26	

5.6 超学際的アプローチによる別府における統合型将来シナリオづくり

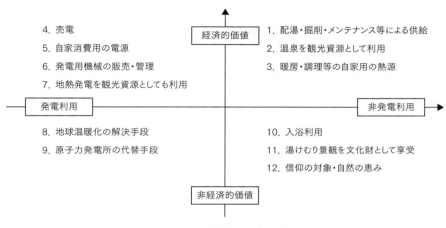

図5.6.1 地熱資源の捉え方

(i) 非発電利用・経済的価値

　旅館経営者や観光関係者は、総じて地熱資源を「重要な観光資源」と捉えていた。複数のステークホルダーが、泉質・湯けむり景観・共同浴場文化など他の温泉地にない特色を持っている点が別府温泉の観光資源としての価値を高めていると考えており、また、別府市の中でも別府八湯の地区ごとの特色を生かした温泉の活用方法に関心を持って取り組んでいるステークホルダーも存在した。このように、別府市の地熱資源に備わる特徴を、温泉や観光資源として利用することによって経済的価値を付加していこうとする捉え方が見られた。また、温泉の掘削・管理を通じて地熱資源を活用しているステークホルダーは、地熱資源の利用用途に関わらず地熱資源を経営資源と捉えていた。

　さらに、温泉や地熱発電とは異なり、暖房や調理など自家用の熱源や、養魚やスッポン・ドジョウ等の飼育、温室栽培等のために地熱資源を活用し、経済的利益を得られることを期待するステークホルダーも存在した。

(ii) 非発電利用・非経済的価値

　非地熱発電利用・非経済的価値について言及したステークホルダーは、総じて地熱資源を「地域コミュニティ全体で共有して使っていくことが望ましいもの」として捉えていた。地熱資源の温泉としての活用方法として、地元民が利用する

共同浴場としての活用に関心の高いステークホルダーが多く見られた。さらに、共同浴場に関連して、温泉を利用することで付随して生まれる景観や文化を享受していると捉えているステークホルダーも多く、その景観や文化を保全することに高い関心を持っていた。

また、昔から地熱資源と付き合ってきた地元の視点として、地熱資源を「自然の恵み」と捉え、信仰の対象として人々が抱いているある種の畏敬の念を観光と両立することで発展してきた現実に言及するステークホルダーも存在した。例えば、別府温泉の中でも特に鉄輪地区の「地獄」と呼ばれている区域は、かつては地元の人々から忌み嫌われる存在だったが、火傷を防ぐための柵が設置され、人々が近づけるようになると、お賽銭が投げられるようになり、やがてバスなども運行されて現在のような形態になってきたとの指摘があった。

一方で、行政の一部のステークホルダーは、共有財産としての地熱資源の適正利用を維持するために、温泉法など一定のルールに基づいた管理が必要と捉えていた。

(iii) 発電利用・経済的価値

発電利用・経済的価値について言及したステークホルダーは、一貫して地熱資源を「活用すべきエネルギー源」として捉えていた。地熱発電への関わり方は3つに大別できる。すなわち、電源として発電した電力から経済的利益を得る関わり方と、発電用機械の販売・管理事業によって経済的利益を得る関わり方、地熱発電を観光資源として観光客を呼び込み、経済的利益を得る関わり方である。

ここでは、(i) 非発電利用・経済的価値への関心と重複して関心をもっているステークホルダーが複数見られた。例えば、温泉の掘削・管理を通じて地熱資源を活用しているステークホルダーは、掘削後の利用用途に関わらず地熱資源を同じ経営資源として捉えていた。これは、元々は入浴用に地熱資源を活用していたが、小規模地熱発電が可能となり、新たな活用方法として入浴用に加えてエネルギー源としての活用を検討しはじめたという経緯があるためである。このような背景もあり、どのステークホルダーも従来の地熱資源活用方法を維持しながら余剰のエネルギーを地熱発電で活用すべきだと考えていた。

また、活用に際しては、経済的価値を生む制度として固定価格買取制度が評価されていた。この制度によって経済的価値がある程度保証されたことで地熱発電

5.6 超学際的アプローチによる別府における統合型将来シナリオづくり

に取り組みはじめたステークホルダーが多く、地熱発電によって複合的利益（地域振興、中小企業振興、観光産業振興）が生まれることが経済的価値につながるとも捉えていた。

(iv) 発電利用・非経済的価値

発電利用・非経済的価値に対する言及はほとんど見られなかった。地熱資源の発電利用よりも、温泉利用によってガスを使わず給湯できているという点が二酸化炭素排出量制限に貢献していると捉えているステークホルダーが若干見られた程度である。一部のステークホルダーからは、原子力発電などに比べて小規模地熱発電は発電量が限られるため、地球温暖化問題の解決策や代替手段となるほどの発電量が期待できないという認識が述べられた。また、原子力発電所や火力発電所が地理的に近くにないため、エネルギー問題などが実感されにくいのではないかという指摘もあった。

一方で、最も重視する価値ではないが、副次的に地球環境問題の解決策としての価値も評価できるのではないかと捉えているステークホルダーも見られた。

(3) 論点の整理

以上の結果を踏まえて論点を整理していく。表5.6.2より、ステークホルダーの関心が高かった論点は、30団体以上のほとんどのステークホルダーが言及した⑧小規模地熱発電に対する基本的な関心、⑩地熱発電と温泉との因果関係、次いで23〜26団体のステークホルダーが言及した⑮行政の役割、⑬地域住民の意識への配慮、④非発電利用・経済的価値による地熱資源の捉え方、そして18団体が言及した①温泉資源の認識、⑤非発電利用・非経済的価値による地熱資源の捉え方となっている。

つまり、小規模地熱発電への基本的な関心は非常に高いものの、それが必ずしも十分な知識に裏付けられていない、「脆弱な関心」といえる。そしてこのように地域コミュニティの多くのステークホルダーが脆弱な関心をもつ状況を解除する一つの方法として、行政からの情報提供、掘削基準の設定などへの期待は大きい。もちろん、行政が科学的知見を生み出すことを期待されているわけではないが、学識経験者とともに可能な限り頑健な科学的知見を基にした、基準の設定やわかりやすい情報の翻訳者としての役割が期待されているものと考えられる。

また、小規模地熱発電への基本的な関心は非常に高いものの、現状においては、確実な見通しの得られていない発電利用よりも、地熱資源を重要な観光資源、経営資源として利用することが多くのステークホルダーから支持されている。その上で、経済的価値と非経済価値のいずれかではなく、いずれの価値も生み出すものとして捉えるステークホルダーが多い。したがって、個々のステークホルダーにとって観光資源、経営資源であると同時に、地域コミュニティ全体での共有資源であるとの認識を持つステークホルダーも少なくない。このことは、自身の泉源の使用が他者の使用に影響しないための配慮を重視することにつながっているものと考えられる。

　さらにこのことは、旅館経営の後継者不足や外部の投機的業者の進出などにより、温泉が近隣住民の信頼関係に基づいて供給されるものではなくなるかもしれないという懸念ともつながっている。つまり観光地としての衰退、温泉文化の衰退と相まった地域活性化の必要性やコミュニティの崩壊への危機感へ結びついていると考えられる。換言すれば、結束型社会関係資本の衰退が避けられないところで、橋渡し型社会関係資本の強化の必要性が出てくることへの懸念ともいえる[3]。

　一般的に、この両者は相補的な存在とされており、どちらかが減耗した分をどちらかで単純に代替できるのではない。したがって、高齢化や後継者不足により結束型社会関係資本の衰退はある程度は不可避にしても、発電利用の検討や外部業者の進出に際して橋渡し型社会関係資本が相補的に機能するには、まずはステークホルダーの知識や理解のレベルを同じ程度にし、その上で必要に応じて、議論の場や合意形成の場を設定することが重要となる。

　各ステークホルダーが地域活性化やコミュニティ崩壊に対してどのようにアプローチしていくかは、総論としての地熱資源の捉え方、そして具体論としての小規模地熱発電に関する科学的知見の依拠先と理解度に依存しており、それが地熱資源とそれによる影響の因果関係の有無についての見解などに違いをもたらしている。

---

[3] 人々の協調行動を活発にすることによって社会の効率性を高めることのできる、「信頼」「規範」「ネットワーク」といった社会組織の特徴を指す概念。「結束型」は組織の内部における人と人との同質的な結びつきで、内部で信頼や協力、結束を生むもの、「橋渡し型」は異なる組織間における異質な人や組織を結びつけるネットワークとされる。

5.6 超学際的アプローチによる別府における統合型将来シナリオづくり

(4) 潜在的なコンフリクトと未然防止のための共同事実確認

　聞き取り調査では、ステークホルダー間で一定の見解の相違は見られたものの、目立った利害対立は見られなかった。小規模地熱発電への不信感を表しているステークホルダーにも、他の事業者が利用することに対して反対し、行動に起こそうという意見は見られなかった。ただし、何らかの影響が出た時には反対の立場を表明すると考えられるステークホルダーや、より具体的に新たな掘削を伴うものには反対するというステークホルダーも見られた。したがって、現在は明確なコンフリクトは発生していないものの、将来的には発生する可能性がある。

　また、学識経験者からは、現在温泉と地熱を巡る状況は比較的落ち着いているものの、熱水の源流での資源保護が最重要であることは変わりないとの見解が示された。源流で熱水資源が脅かされると下流域全域に影響が及ぶ。また、上流域での地熱資源の乱開発が進めば明確な反発が予想されるという点でも、利害対立のリスクは依然として残る。したがって、あらかじめ地熱資源への影響についての説明を行い、何らかの影響が出た場合の解決策について合意をしておくことによって、そのようなリスクを回避する必要がある。

　前述したように、別府では地域住民の理解を得ることの重要性は十分に認識されており、そのための取り組みも既に行われていたが、その対象となっている範囲は、比較的狭い近隣レベルに留まっていた。例えば、別府八湯ではそれぞれ従来の温泉利用や運営を独自に行うなど、各地域の独立性が高い傾向が見られるが、地理および利害の観点から見ても、もう少し広い範囲で、専門知と現場知の統合[4]、現場知同士の統合[5]を図ることが重要であると考えられる。もちろん、競争的な個人や企業の営為を超えた協調行動は難しいが、多くのステークホルダーに通底する温泉資源の枯渇やコミュニティの崩壊といったリスク認知の共有により、可能となることもある。このため、例えば今はまだ十分に把握されていない温泉の湯量・泉質・温度の変化など、多くのステークホルダーが新規掘削の際に懸念を持っている温泉資源の現状について、長期モニタリングを行い、科学的知見を共同で確認していく試みも一つの方法として考えられる。そしてこれは、次

4　大分県温泉審議会との接続、学術機関とのより一層の連携など。
5　例えば、それぞれに地熱資源活用に関する現場知を蓄積している地熱発電を事業としている企業同士の現場知の共有。

節で紹介する市民参加型温泉一斉調査とモニタリングとして実現されつつある。

加えて、従来にはないブランディング価値を秘めている地熱資源の地域コミュニティでのリフレーミング[6]も重要となる。聞き取り調査では、地熱発電の地球温暖化対策としての側面はほとんど認識されていなかった。しかしながら、大きく気候が変動していく時代にあって安定供給可能なエネルギー源をもつことはレジリエントな[7]地域コミュニティの実現に大きく寄与する。また、世界遺産やジオパークが観光資源として成立しているように、「気候変動期における地球科学的に見て重要な自然」としての地熱資源が当該地域に賦存しているという事実を共同で確認したり、気づきを促したりすることも、もう一つのリフレーミングの方法として考えられる。このような方法により、潜在的なコンフリクトを回避し、また顕在化の可能性があるコンフリクトを未然に回避することのできるよう、例えば地熱資源の持続可能な利用とはどのようなものか、という包括的な課題(アジェンダ)設定で合意形成の場を設定することができるものと考えられる。そしてこれは、次節で紹介される市民参加型温泉一斉調査とモニタリングとして実現されつつある。

5.6.3 別府市におけるステークホルダーの社会ネットワーク分析[10]

5.2節で説明したように、表5.6.2を用いて、論点とステークホルダーを関心の有無により紐づけられている2部ネットワークを作成することができる。この2部ネットワークから次数中心性指標を算出し、中心的なステークホルダーと論点の特定を行う。

(1) ステークホルダー論点2部ネットワーク

図5.6.2は2部ネットワークグラフを示したものである。図では、丸いノードがステークホルダーを、四角のノードが論点を表す。この結果を用いて、中心となるステークホルダーと論点を把握するために、次数中心性の算出を行った。ステークホルダーの次数中心性を表5.6.3に、論点の次数中心性を表5.6.4に示す。表5.6.3のステークホルダー次数中心性は、指標値が高いほど多くの論点に対し

---

6 これまでと異なる枠組みで捉え直すこと。
7 短期、長期の様々なリスクに対して柔軟に予防、適応する能力を持つこと。

5.6 超学際的アプローチによる別府における統合型将来シナリオづくり

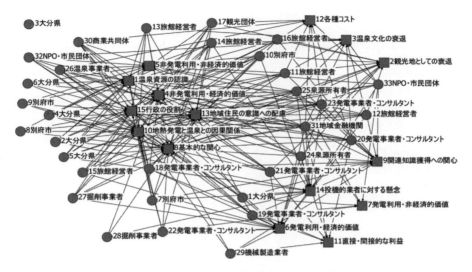

図5.6.2 ステークホルダー論点2部ネットワークグラフ

関心を持っていることを示している。表5.6.4の論点の次数中心性は、指標値が高いほど多くのステークホルダーから関心を持たれていることを示す。

(2) 1部ステークホルダーネットワーク

 以上で見てきたステークホルダー論点2部ネットワークを1部ネットワーク変換し、ステークホルダーネットワークグラフとして可視化したところ、ネットワーク密度指標[8]は0.94と完全グラフに近く、非常に密度が高い構造が見られた。そこで、m-スライス手法により、多重線9以上の凝集的な関係性の強いネットワークの抽出を行った（図5.6.3）。図5.6.2において2部ネットワークの次数中心性に示されたように、「地域金融機関」を中心に、「発電事業者・コンサルタント」や「旅館経営者」、「泉源所有者」など地熱資源開発および温泉として地熱資源に既に関わっているステークホルダーによって構成されていることがわかる。ネットワーク構造としては、「地域金融機関」を中心とするスター型のネットワークが

---

8 すべてのノード間がリンクによってつながっている完全グラフを1、ノード間に全くリンクのない状態を0とし、ネットワーク内においてリンクがどの程度あるのか割合を示す指標。

表5.6.3 2部ネットワークステークホルダー次数中心性

属性	中心性
1. 大分県	0.6
2. 大分県	0.533
3. 大分県	0
4. 大分県	0.4
5. 大分県	0.533
6. 大分県	0.333
7. 別府市	0.533
8. 別府市	0.333
9. 別府市	0.333
10. 別府市	0.6
11. 旅館経営者	0.667
12. 旅館経営者	0.6
13. 旅館経営者	0.467
14. 旅館経営者	0.6
15. 旅館経営者	0.467
16. 旅館経営者	0.6
17. 観光団体	0.533
18. 発電事業者・コンサルタント	0.6
19. 発電事業者・コンサルタント	0.533
20. 発電事業者・コンサルタント	0.667
21. 発電事業者・コンサルタント	0.667
22. 発電事業者・コンサルタント	0.4
23. 発電事業者・コンサルタント	0.6
24. 泉源所有者	0.667
25. 泉源所有者	0.8
26. 温泉事業者	0.533
27. 掘削事業者	0.4
28. 掘削事業者	0.267
29. 機械製造業者	0.333
30. 商業共同体	0.533
31. 地域金融機関	1
32. NPO・市民団体	0.467
33. NPO・市民団体	0.6

表5.6.4 論点2部ネットワーク次数中心性

属性	中心性
1. 温泉資源の認識	0.545
2. 観光地としての衰退	0.333
3. 温泉文化の衰退	0.333
4. 非発電利用・経済的価値	0.545
5. 非発電利用・非経済的価値	0.485
6. 発電利用・経済的価値	0.545
7. 発電利用・非経済的価値	0.182
8. 基本的な関心	0.939
9. 関連知識獲得への関心	0.455
10. 地熱発電と温泉との因果関係	0.909
11. 直接・間接的な利益	0.212
12. 各種コスト	0.273
13. 地域住民の意識への配慮	0.758
14. 投機的な業者に対する懸念	0.394
15. 行政の役割	0.788

5.6 超学際的アプローチによる別府における統合型将来シナリオづくり

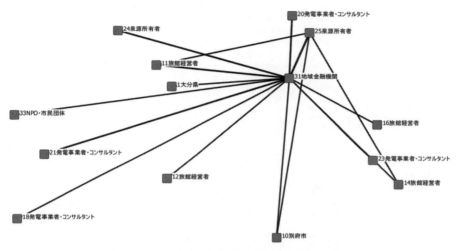

図5.6.3　ステークホルダー多重線9以上ネットワークグラフ

形成されており、それ以外のステークホルダー間の関係性は比較的弱いと考えられる。

(3) 論点ネットワークブロックモデル

論点1部ネットワークの構造パターンについて分析するために、m-スライス手法により多重線6以上の論点ネットワークの隣接行列を作成し、さらにブロックモデルを作成して階層クラスター法により論点を4クラスターに分類した結果を、表5.6.5に示す。1列目と1行目はクラスターIDで、2列目と2行目は表6.9の論点IDと対応している。

表5.6.5ではクラスター4の論点間が最もセルの色が濃く、次数中心性の高い論点によって構成されている。クラスター4は、「地域住民の意識への配慮」「行政の役割」「非発電利用・経済的価値」「基本的な関心」「地熱発電と温泉との因果関係」という、表5.6.4で示した次数中心性の高い論点から構成され、論点ネットワークの中心に位置している。また、クラスター1と3はクラスター4との関係性が強いが、クラスター1では分類されている論点間のつながりがないのに対して、クラスター3では分類されている論点間のつながりが見られる。また、クラスター2にはほとんどつながりがない論点が分類されていた。このことから、ク

247

表5.6.5 論点多重線6以上ブロックモデル

クラスター	論点ID	1/2	1/14	1/3	1/12	2/7	2/11	3/6	3/9	3/1	3/5	4/13	4/15	4/4	4/8	4/10
1	2	0	0	0	0	0	0	1	2	0	2	4	5	6	6	5
1	14	0	0	0	0	0	0	2	3	4	3	7	5	5	8	6
1	3	0	0	0	0	0	0	0	2	1	2	4	3	5	5	5
1	12	0	0	0	0	0	0	0	1	0	1	2	3	2	4	4
2	7	0	0	0	0	0	0	0	0	0	0	1	0	0	1	1
2	11	0	0	0	0	0	0	2	2	0	0	1	0	0	2	1
3	6	1	2	0	0	0	0	0	6	1	0	7	7	6	11	9
3	9	2	3	2	1	0	0	6	0	2	1	8	6	5	10	9
3	1	0	4	1	0	0	0	1	2	0	7	9	11	9	12	13
3	5	2	3	2	1	0	0	0	1	7	0	10	9	10	9	12
4	13	4	7	4	2	1	1	7	8	9	10	0	16	13	20	19
4	15	5	5	3	3	0	0	7	6	11	9	16	0	14	20	20
4	4	6	5	5	2	0	0	6	5	9	9	13	14	0	17	16
4	8	6	8	5	4	1	2	11	10	12	12	20	20	17	0	24
4	10	5	6	5	4	1	1	9	9	13	12	19	20	16	24	0

ラスター4を中心に、クラスター3がその周辺に、さらに外側にクラスター1が続き、最も外側にクラスター2が位置する構造であることがわかる。

クラスター3には、「発電利用・経済的価値」「関連知識獲得への関心」「温泉資源の認識」「非発電利用・非経済的価値」が分類されており、小規模地熱発電導入に関するより積極的な論点と従来の温泉資源利用に対する論点が混在している。これは、小規模地熱発電をより積極的に導入することに関心が強いステークホルダーは、同時に従来の温泉資源利用や「非発電利用・非経済的価値」といった、地域の温泉文化などの論点についても配慮していると考えられる。

クラスター1には、「観光地としての衰退」と「投機的業者に対する懸念」、「温泉文化の衰退」、「各種コスト」などの論点が分類されており、小規模地熱発電に対する懸念や、従来の温泉利用を取り巻く現状についての懸念から構成されていることがわかる。先に述べたように、クラスター1に分類される論点間には相互のつながりがないことから、これらの懸念事項は独立しており、強く認識共有されていない状況にあると考えられる。

5.6 超学際的アプローチによる別府における統合型将来シナリオづくり

5.6.4 ステークホルダー会議での情報共有と現場知のさらなる収集

　以上の結果をステークホルダー間で共有するため、ステークホルダー分析の対象となった方々に加えて、別府市民を中心とした温泉愛好家ら32人の参加を得て、2015年8月7日夕方に、別府市内のホテルにてステークホルダー会議を開催した[9]。

　議事次第は以下の通りである。最初の30分で著者らがステークホルダー分析結果を話題として提供し、これを踏まえて、約10人ずつ3グループを構成し、別府温泉の好きなところ、課題、地熱を別府の持続可能な発展のための資源とするためにはという3つのトピックについて1時間弱の議論を行った。そして最後に、各グループからの報告と総括を行った（図5.6.4）。

　図5.6.5～5.6.7は、各グループでの各トピックについての議論の結果をまとめたものである。別府市のステークホルダーに市外の温泉愛好家が加わったことにより、第三者目線での意見が数多く挙げられた。特徴的な意見としては、「全国の温泉と比較しても別府ほど温泉の個性、バリエーションが豊富なところは他にない」、「地元の人が別府の魅力に気が付いていないか、逆に1番と思い込み他を知ろうとしない」、「枯渇や衰退の経験がないので危機感が薄く、温泉の魅力に関する情報発信力が弱い」、「温泉の湯量が多いのでかけ流しで半分以上捨てても気にしない、お湯の無駄使いでもったいないという感覚がない」、「温泉観光と地熱エ

図5.6.4　ステークホルダー会議の様子

9　ここでは、コラム5.2で紹介される別府温泉博物館による温泉マイスター講習会と2部構成で開催された。

ネルギー利用をドッキングさせたらよいとは思うが、他の温泉地の失敗事例から常に学び反面教師にすべき」、「地熱利用と同時に新規掘削のルールづくりや規制、モニタリングはもっと強化すべき」といったものが挙げられる。

5.6.5 デルファイ法による専門家調査と将来シナリオの作成
(1) 調査の設計と実施

これまでの調査や分析で明らかにしてきたステークホルダーの利害関心を基に、変化は延長線上ではなく不連続にも起こることを前提に、起こり得る変化への適切な対応をあらかじめ検討すべく、2040年ころの別府市を想定した叙述的なシナリオを作成した。まず、シナリオの素材となる初期的なストーリーを作成するため、地球工学、地球化学、温泉科学、海洋生態学、気候変動、各種政策など9名の専門家パネルを構成し、2016年11月13日に京都大学地球熱学研究施設にて、続いて2017年2月13日に総合地球環境学研究所にて、シナリオ検討のためのワークショップの場を持った。そこでは、表5.6.2や図5.6.5～5.6.7に示された別府の地熱資源を巡る人々の懸念等を模造紙に掲示し、それぞれの専門的見地から、確実性や重要性、閾値（ティッピングポイント）等、自由にコメントを追加していった。これらの専門家は、本書で科学的知見を記してきた著者らであり、彼らの専門知とステークホルダーの現場知とを叙述的なシナリオとして統合するのが目的である。

著者らはここで得られた知見を整理して数十のストーリー[10]を作成し、調査票を設計し、上記の専門家パネルに2回にわたる質問紙調査を実施した。そして、最終的に温泉（泉源）に関わる54個のストーリー、地熱発電に関わる11個のストーリー、地域社会に関わる8個のストーリーのそれぞれについて、確実性と重要性（深刻さ）の観点より評価されたデータを収集した。表5.6.8に調査票の一部を例示する。また、図5.6.8は、各ストーリーに対する専門家の評価結果を示したものである。最終的なシナリオを構成するストーリーを抽出するため、まず、確実性と重要性が高いストーリー群を「ベースストーリー」、確実性は低い（あるいは不明である）ものの重要性が高いストーリー群を「重要な検討ストーリー」、確

---

10 何がどうなったら、何が起こり得るのか、そうなれば最終的にどうするのか、といった段階を追って因果関係を示したもの。

5.6 超学際的アプローチによる別府における統合型将来シナリオづくり

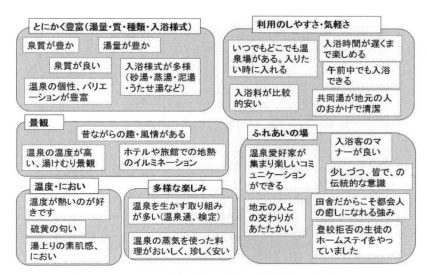

図5.6.5　ステークホルダー会議の結果1（別府温泉の好きなところ）

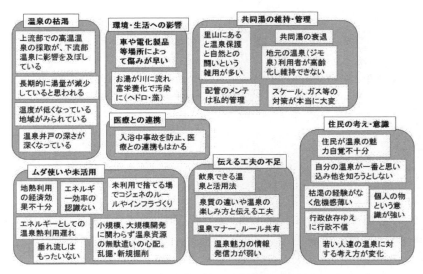

図5.6.6　ステークホルダー会議の結果2（別府温泉の課題だと思うところ）

第5章 ネクサスにおけるトレードオフ問題の可視化・問題解決手法

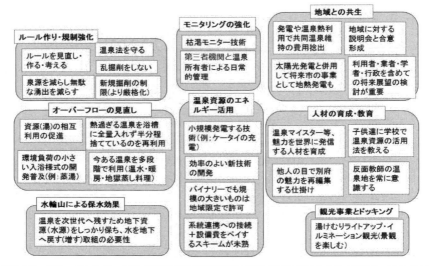

図5.6.7　ステークホルダー会議の結果3（地熱を別府の持続可能な発展のための資源にするには？）

実性は低い（あるいは不明である）が重要性は高くない（あるいは不明である）ストーリー群を「モニタリングすべきストーリー」、それ以外は「検討対象外ストーリー」として整理した。以下、それぞれについて説明を加える。

(2) 調査結果に基づく各ストーリー
(i) ベースストーリー（確実性・重要性とも専門家の評価が平均以上）
●別府への移住定住者の増加

　2040年ころの別府市。日本全体の人口減少と高齢化を背景として、県や市を中心に移住・定住促進策がとられた結果、最近20年間ほどかけて、別府の地域性は少しずつ変容した。例えば、移住・定住の準備段階として湯治客の増加を促したり、長期滞在に関する相談デスク等が設置されたりしている。

　また、別府市が養老特区として指定・認知されるようになり、温泉・ケアつきコミュニティ等に対して高齢者の人気が高まっている。こうした移住者・定住者等の影響で、別府の温泉における入浴スタイルが徐々に変化している。

　一方、従来からの別府市民も高齢化しており、移住・定住者の年齢バランスも偏ったことから、税収減により公営温泉を従来通り維持することが難しくなっている。

5.6 超学際的アプローチによる別府における統合型将来シナリオづくり

表5.6.8 デルファイ調査の一部

■泉源について①

No.	どうなったら／どうしたら⇒	どうなる⇒	さらにどうなる⇒	どうする⇒	最終的にどうなる
1	泉温が下がる（主に適温よりも低い場合）			加温して温泉を提供する	コスト増になるが、従来通り温泉を提供できる
2a				更に深く掘削／代替掘削を行う	元通りの泉温のお湯が出る（＋）
2b					掘削後、泉温が復活しない（－）
2c					掘削の申請が許可されず、別の対策を取る（－）
3				泉源を転売する	
51				他の泉源から温泉提供を受ける	コスト増になるが、従来通り温泉を提供できる
4				泉源を閉じる／廃業する	別府全体の貯留槽が回復し、廃業旅館の一部が復活する
5a			温泉中のシリカ等が析出して流路が詰まる	管を差替える	元通り温泉が湧出する（＋）
5b					管の差替えだけでは詰まりを解消できず泉源を閉める（－）
6a				代替掘削を行う	別の流路で湧出する（＋）
6b					掘削の申請が許可されず、泉源を閉める（－）
7			湯温調整の水道代が減り、区営浴場の経費削減		区営浴場の魅力を保てる（＋）
52a			排水の温度・濃度が下がる	排水処理がしやすくなり（これまで出来なかった排水処理が出来るようになり）、河川への排水負荷が減る	河川の水質低下（改善＋）
52b					海洋への栄養塩流出低下（－）
52c					ティラピアの減少（＋）
8		湯量が減少する		加水する	泉質は変化するが、従来通り温泉を提供できる
9				ポンプで汲み上げる	汲み上げコストが上がるが、従来通り温泉を提供できる
10a				更に深く掘削／代替掘削を行う	湯量が元通りになる（＋）
10b					掘削後、湯量が復活しない（－）
10c					掘削の申請が許可されず、別の対策を取る（－）
53				他の泉源から温泉提供を受ける	コスト増だが、従来通り温泉を提供できる
54		湯量が減少する		循環装置を導入する	泉質は変化するが、従来通り温泉を提供できる
11	新規・代替掘削が進む一般温泉4万t（現状3万）＋沸騰泉3万t			泉源を転売する	
12				泉源を閉じる／廃業する	別府全体の貯留槽が回復し、廃業旅館の一部が復活する
55				給湯方法の変更（源泉掛け流しをやめ、循環殺菌方式にする等）	コスト上昇、満足度低下、泉質維持、もしくは悪化。しかし温泉宿の継続は可能。
13		湯量が減少し、泉温が下がる		別府市内の泉源を部分的に一括管理する	別府の温泉の多様性が失われる（－）
14a		泉源、泉質ともに温泉法による「温泉」ではなくなる	観光業が成立せず、税収も落ち込む	「お湯」のカスケード利用等で新たな産業の確立（＋）	
14b				別府市の破綻（－）	
56		地下水賦存量減少・海底湧水量（栄養塩類）減少	水産資源を含む沿岸域生態系悪化	総量規制又は部分的（大規模利用者のみ又は特定エリア等）集中的（一括）管理	沿岸生態系の回復
57a		地下水の塩水化	地下水の水質悪化	浄水化にエネルギー使用	再生水が利用できる（＋）
57b					エネルギーコスト増（－）

253

第5章 ネクサスにおけるトレードオフ問題の可視化・問題解決手法

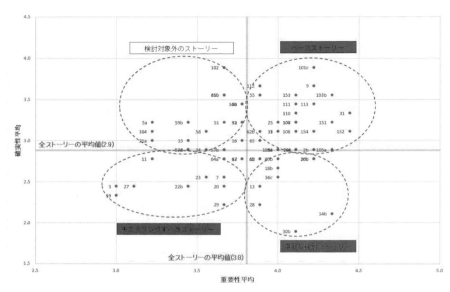

図5.6.8　シナリオ案を構成する各ストーリーに対する専門家の評価結果

●温泉観光の変容

　入浴スタイル変化については、「ONSEN ＝ BEPPU」というフレーズが定着したこともあり、外国人観光客の増加も影響している。かつて「お客さんもマナーが良い」といわれていた別府の温泉マナーもそのままでは維持が難しくなっているため、例えば、外国人が希望すれば、温泉文化の体験や説明を受けられるような窓口が設置されるなど、「入る人も入り方も多様な温泉地」になった。

　日本や別府市全体の人口動向に並行して、泉源所有者の死去や高齢化も進行したため、相続税対策の一環として発電事業者に泉源を転売する例も多い。併せて、地熱（温泉）発電由来の電気買取価格の維持（または上昇）に伴い、発電事業への関心は継続して高く、投機目的での地熱発電への取組みが増加した。県の規制地区（保護地域）を外れた地域において、小規模地熱・温泉発電等の立地が進んだことで、新規掘削や代替掘削が進み、別府全体の揚湯量は日量6～7万t程度まで増加した。

　揚湯量の増加は、①既存源泉の湯量減少、②高温な温泉水の排出規制強化という、主に2つの影響をもたらした。①はポンプを用いた汲み上げや給湯方法の変

更(源泉掛け流しをやめ、循環殺菌方式にする等)で対処されたが、ポンプの導入は汲み上げコストの上昇を招いた。また、給湯方法の変更も同じくコスト上昇、観光客の満足度低下を招き、温泉観光は継続されているものの、持続可能性は低下している。

また、地下水賦存量の減少に伴う海底湧水量(栄養塩類)の減少を通じた沿岸域生態系の悪化(水産資源を含む)も懸念され、揚湯量の総量規制あるいは部分的(大規模利用者のみまたは特定エリア等)な温泉の集中(一括)管理も検討されるようになった。

● 別府市民の関心

地震等の大規模災害時の対策も見据え、地熱発電事業以外のエネルギーの地産地消にも関心が高まってきた。例えば、地熱や太陽光等の自家消費用電力の設置はますます増加し、電力だけでなく温泉や地中熱の熱利用等設備の導入も進み、未利用温泉水のカスケード利活用につながっている。

(ii) 重要な検討ストーリー(重要性は高いが確実性はそれほど高くない)
● 進む人口減少・高齢化と観光業界の変容

日本や別府市全体の人口動向に並行して、泉源所有者の死去や高齢化も進行したため、相続税対策の一環として県外や外資系の事業者に泉源を転売する例も多い。結果として、泉源の管理がおろそかになり、配管からの漏水や過剰採取(あるいは、流しっ放し)の問題が生じている。

また、温泉旅館・ホテル等の宿泊施設において後継者不足や施設の老朽化(耐震改修ができない例も含む)が深刻となり、観光業界にも県外や外資系の事業者参入が相次いでいる。こうして新たな形態の温泉・観光ビジネスが参入することで、別府という地域や温泉の特性を理解しない人たちが従来とは異なる温泉の使い方を進めた結果、既存の旅館・ホテル等や住民との葛藤が随所で見られるようになってきた。

このような事態を受け、県や市が温泉台帳のアップデートを徹底するだけでなく、観光業に関連する人たちも温泉や観光の現状をアップデートできる仕組みをつくることがこれまで以上に急務となっている。

● 火山活動の活発化と温泉資源の変化

2016年の熊本地震の数年後、火山活動も活発化し、避難等による一時的な混乱が起きた。そのため、観光客が減少し、追い打ちをかけるように市の人口も減少傾向が続いている。地震や火山噴火の被害からの復旧や復興は不十分で、インフラ投資も不足している。こうした一連の災害により、都市機能そのものが衰退の危機に瀕している。

また、従来からの別府市の人口減少も影響したため、住民向けの比較的な小規模な温泉施設（共同場）が廃業し、地域コミュニティでの温泉文化が衰退する一方で、別府温泉の量的な回復につながっている。しかしながら、各地の源泉で泉温が下がり、お湯の中のシリカ等が析出して流路が詰まる被害が見られること、また、湯量の減少も目立つことから、さらに深く掘削したり代替掘削を行ったりする申請も出された。しかし、掘削後も湯量が復活しないケースも多いことから、特に沸騰泉が予測される高温域で徐々に掘削が許可されなくなり、泉源を閉めるケースも増えている。

泉源を閉じて廃業するケースが増加したことで、数十年後には別府全体の温泉貯留槽が回復することが見込まれている。

(iii) モニタリングすべきストーリー（原則として確実性・重要性とも低いもの）

● 当初は新規・代替掘削が進む

2018年以降数年間は、県の規制対象外地域で新規・代替掘削が進み、別府全体の揚湯量は日量6〜7万t程度まで増加した。その結果、泉温の低下、湯量の減少、地下水の塩水化などの影響が顕在化した。泉温が低下し、適温よりも低くなった源泉は転売され、他の用途に用いられるケースもあるが、排水の温度も下がり、排水処理もしやすくなったことから、河川環境の改善に寄与する側面も見られる。適温まで低下していない源泉では、温度調整用に加水する水道代コストが減少し、温泉の経営が安定化している例もある。

湯量の減少に対しては、加水して従来通り温泉を提供できるように対処している。一方で、地下水の塩水化が起こった地域では、浄水のためのエネルギーコストが増加するというデメリットも発生している。

5.6 超学際的アプローチによる別府における統合型将来シナリオづくり

●課税による規制強化

こうした現象に対し、市は入湯税等をさらに引き上げ、温泉揚湯量の規制を強化する対策をとってきた。税収が増加し、市の財政基盤は強化される一方で、あまり利用されていない源泉の停止や観光客の負担感の増大を招いている。

税収増を受け、市による公共インフラ投資増加の恩恵を受ける地域や業種がある一方で、負担増を忌避する観光客の減少の影響を受ける旅館もあり、別府の中でも課税強化の影響をめぐって二極化現象が起きている。

●温泉揚湯量の安定化へ

課税強化等の影響もあり、結局、別府全体の温泉揚湯量は従来の日量5〜6万tに落ち着いた。しかしながら、それでも過去の揚湯量増加の影響が数年は残っており、さらなる泉温の低下、湯量の減少が見られた。泉温の低下は上記と同様の対処が続けられたが、影響の長期化に伴い、泉源を閉じたり、廃業したりする旅館等も増加している。皮肉なことに、そのことがさらに揚湯量の安定化傾向を強化するという循環につながっている。

泉温低下と湯量減少のダブルパンチに見舞われた地域では、泉源の一括管理をせざるを得ないところまで追い込まれており、一括管理が温泉の多様性の喪失につながるのではないかと危惧されている。

5.6.6 おわりに：超学際的アプローチによる将来シナリオの今後

以上で述べてきたように、ステークホルダー分析と社会ネットワーク分析の結果からは、以下の点が指摘される。

第1に、ステークホルダーのほとんどが小規模地熱発電へ非常に高い関心を示すものの、必ずしも十分な知識に裏付けられていないという意味において、「脆弱な関心」といえる。

第2に、地熱資源を必ずしも確実な見通しの得られていない発電利用として捉えるよりも、重要な観光資源、経営資源として利用することが、多くのステークホルダーから支持されている。その上で、経済的価値だけでなく非経済価値も認め、地域コミュニティ全体での共有資源であるとの認識を持つステークホルダーも少なくない。関連して、従来からの入浴や観光資源としての温泉利用に対する懸念である「観光地としての衰退」や「温泉文化の衰退」、小規模地熱発電導入に

対する懸念である「投機的業者に対する懸念」と「各種コスト」などの論点間のつながりが弱かった点が挙げられる。これらの論点は、異なるステークホルダーによって個別に認識されており、両方を併せて認識しているステークホルダーは少なかった。また、ステークホルダーネットワークにおいて、従来の温泉資源ステークホルダーである「旅館経営者」や「泉源所有者」間のつながりは弱く、小規模地熱発電導入に関しては、十分に論点が共有されていない状況にあると考えられる。

第3に、小規模地熱発電を巡っては一定の見解の相違は見られるものの、顕著なコンフリクトは見られない。その理由として、小規模地熱発電の認知がそれほど広く浸透していないことに伴う定義や理解の混乱が挙げられる。小規模地熱発電は新規掘削を伴わないなど、環境への影響が少ないとされるが、冷却に地下水が用いられることや、発電に十分なエネルギーを得るために多量の温泉水を必要とすることも指摘されている。地熱資源の枯渇には大きな懸念が存在しており、何らかの影響が出たときには反対の立場を表明すると考えられるステークホルダーも見られ、将来的にコンフリクトが顕在化する可能性はある。

したがって第4に、多くのステークホルダーに通底する温泉資源の枯渇やコミュニティの崩壊といったリスク認知の共有により、専門知と現場知の統合、現場知同士の統合を図る必要がある。例えば多くのステークホルダーが新規掘削の際に懸念を持っている温泉資源のモニタリングを行い、科学的知見の事実を共同で確認していく方法が考えられる。加えて、ステークホルダーが認識していない「気候変動期における地球科学的に見て重要な自然としての地熱資源」などといったブランディング価値を共同で確認するリフレーミングも重要となる。

以上により、潜在的なコンフリクトを回避し、また顕在化するかもしれないコンフリクトを未然に回避することのできるよう、例えば地熱資源の持続可能な利用とはどのようなものか、という包括的な課題設定で共同的に事実を確認する場を設定できるものと考えられる。実際に、次節で紹介される市民参加型温泉一斉調査とモニタリングにその萌芽が見られており、今後の展開が期待されるところである。

上記の結果はステークホルダー会議によって共有され、そこで得られた追加的な懸念や利害関心を因果関係の明確なストーリーとして抽出し、それらに対する専門家による評価を経て、3つの将来シナリオが作成された。5.2節でも述べたように、シナリオプランニング的な手法の効果として、①自分を取り巻いている環境をよりよく理解すること、②変化への認識力と適応力を高めること、③未来の

不確実性と不可知性を意思決定者に覚悟させることなどが挙げられる[11]。そしてこのような効果の発揮を通じて、ほぼすべての当事者間に生じ得る潜在的な認知や考え方のギャップが解消され、納得できる科学的知見が形成されることが期待される。関心の高いステークホルダーは、聞き取り調査、ステークホルダー会議等の複数の機会を通じて専門知を獲得しながら、地域社会における不確実性や脆弱性のポイントについて理解が深まるものと考えられる。その際に、詳細な個々の分野の専門知が独立的に提供されるのではなく、統合的で叙述的なシナリオとして提供されることにより地域社会全体の将来シナリオを把握することができるのは、どのような対応策を準備すべきかについて比較的容易に気づきを与えるものと考えられる。そして、地域社会としての意思決定の質の向上の可能性については、まさに地元行政やNPO、専門家らとの協働による市民参加型温泉一斉調査などを活用して、長期的なリスクを予防原則的な視点から順応的に行政計画に組み入れることが考えられるだろう。

参考文献（5.6節）

[1] 大分県（2017）「温泉データ」．
http://www.pref.oita.jp/site/onsen/onsen-date.html（2018年4月26日アクセス）

[2] 別府市（2012）「文化的景観 別府の湯けむり景観保存計画」．
https://www.city.beppu.oita.jp/gakusyuu/bunkazai/yukemuri_keikan_plan.html（2018年4月26日アクセス）

[3] 大分県（2014）「大分県環境審議会温泉部会内規（抜粋）」．
https://www.pref.oita.jp/uploaded/attachment/201262.pdf（2018年4月26日アクセス）

[4] 大分県（2016）「おおいた温泉基本計画」
http://www.pref.oita.jp/soshiki/13070/oitahotspringbasicplan.html（2018年4月26日アクセス）

[5] 大分県（2014）「大分県新エネルギービジョンにおけるエコエネルギー導入目標の改定」．
http://www.pref.oita.jp/uploaded/attachment/184216.pdf（2018年4月26日アクセス）

[6] 別府市（2014）「別府市地域新エネルギーフィージビリティ調査報告書」．
https://www.city.beppu.oita.jp/pdf/sangyou/environment/alternative_energy/torikumi/hokokusho.pdf（2018年4月26日アクセス）

[7] 別府市（2015）「別府市地域新エネルギービジョン」．
https://www.city.beppu.oita.jp/pdf/sangyou/environment/alternative_energy/torikumi/vision/new_energy_vision.pdf（2018年4月26日アクセス）

[8] 別府市 (2016)「別府市温泉発電等の地域共生を図る条例」．
https://www.city.beppu.oita.jp/pdf/sangyou/environment/alternative_energy/onsenreiki/onsenhatsudenjorei.pdf（2018年4月26日アクセス）
[9] 馬場健司, 高津宏明, 鬼頭未沙子, 河合裕子, 則武透子, 増原直樹, 木村道徳, 田中充：地熱資源をめぐる発電と温泉利用の共生に向けたステークホルダー分析―大分県別府市の事例―,『環境科学会誌』, 28(4), pp.316-329, 2015.
[10] 木村道徳, 増原直樹, 馬場健司：大分県別府市の小規模地熱発電ステークホルダーの共通認識に着目した潜在的社会ネットワークの可視化,『環境科学会誌』, 30 (5), pp.325-335, 2017.
[11] 木下理英, 角和昌浩：シナリオ・プランニング－不確実性への対応,『日本の未来社会 エネルギー・環境と技術・政策』（城山英明, 鈴木達次郎, 角和昌浩 編著）, pp.30-45, 東信堂, 2009.

5.7 別府市内の温泉を対象とした市民参加型温泉一斉調査

5.7.1 はじめに

　大分県別府市は日本有数の温泉観光地であり、数多くの温泉が湧出していることで知られている。別府市内では古くから、浴用はもちろんのこと、暖房や蒸気を利用した調理など様々な用途で温泉が利用されてきた。近年は地球温暖化の進行や、2011年3月11日の東日本大震災を契機に、エネルギー資源としての利用も増加しつつあり、温泉資源に対する需要が高まっている。

　行政や温泉資源に強い関心を持つ一部の市民は、さらなる温泉利用の増大による資源の枯渇に漠然とした不安を抱えているが、具体的なデータに基づいた懸念もいくつかあるものの、その多くは不安だけが先行している状況である。他方、関心があまり強くない市民は、今後も変わらずに温泉資源を利用し続けることができると漠然と感じているか、若干の不安を抱きながらも深刻な問題としては捉えていない。このように、同じ温泉地域で生活している人でも温泉資源に対する意識には大きな違いがある。

　このような差異が生じる原因の一つに、温泉資源に対する正しい理解の有無が考えられる。ここでの「温泉資源の正しい理解」とは、資源の特性を科学データに

基づいて解釈して正確に理解するという意味である。従来、温泉の科学データは研究者や行政関係者、温泉の泉源所有者などの一部のステークホルダーが所有するだけで、一般市民が目にする機会はあまり多くなかった。もちろん、温泉の泉質は入浴施設に提示されており、その多くは閲覧可能ではあるが、能動的にデータを閲覧しようとする一般市民はそれほど多くない。また、地域全体の温泉資源の状況を俯瞰的に確認できる機会はほとんどないのが現状である。つまり、同じ地域に住み、同じ資源を利用していても、温泉資源の正しい理解の程度は、人によって大きく異なり、温泉資源に対する意識に大きな隔たりを生じさせている。それは、単に関心の有無ということだけではなく、温泉の科学データにアクセスする理解を得る機会の有無にも大きく影響されていると推察される。

そこで我々は、「温泉資源に対する正しい理解を得る機会」を創り出すことで温泉資源に対する意識の差を解消する一つのアプローチとして、市民参加型の温泉調査「せーので測ろう！ 別府市全域温泉一斉調査」（以下、温泉一斉調査）を2016年と2017年の2回行った。研究者・行政・一般市民などのステークホルダーが一堂に会して温泉の科学データに触れ、ステークホルダー自身が主体となって共有する資源を利用・管理していくために、その土台となる科学データを「採る」「見る」「考える」という一連のプロセスをステークホルダー自身に行ってもらおうというものである。とはいえ、これは一種のイベントであり、「見る」や「考える」のプロセスに十分な時間を確保することはできない。そこで、温泉一斉調査と合わせてWebサイトを開設し、イベント当日に得られた温泉の科学データを図化して公開することで、誰でも、いつでも、どこからでも温泉の科学データにアクセスできるようにした。

本節では、温泉一斉調査の詳細や開設したWebサイトの機能を紹介すると共に、温泉一斉調査の実施により見えてきた、ステークホルダーが協働して行う市民参加型温泉調査の実質的な問題点について考察する。また、温泉一斉調査とは別のSH参加型の新たな温泉の科学データ調査として、市民が継続的に行う温泉モニタリングについても紹介する。

5.7.2　「せーので測ろう！ 別府市全域温泉一斉調査」の詳細

温泉一斉調査は、総合地球環境学研究所の研究プロジェクト「アジア環太平洋地域の人間環境安全保障　水・エネルギー・食料ネクサス」において、著者らの

表5.7.1　温泉一斉調査への参加源泉数と参加者数。訪問調査に参加した人数は、一般参加者・研究者・行政の職員の合計数。

	2016年	2017年
調査地点数（源泉数）	48（65）	48（65）
訪問調査数	35	43
源泉所有者による調査数	13	5
訪問調査に参加した人数	47	53

発案によって企画され、別府市、別府ONSENアカデミア実行委員会、別府温泉地球博物館、別府市旅館ホテル組合連合会、京都大学大学院理学研究科附属地球熱学研究施設、総合地球環境学研究所の6団体の共催で実施された。企画当初から共催団体と意見を交わしながら具体化し、実施内容には様々な団体の意見が反映されている。温泉一斉調査はこれまで、2016年11月13日と2017年11月18日の2回実施された。

　温泉一斉調査の準備段階では、まず、別府市内で、住所が確認できる泉源所有者にイベントへの協力を依頼する案内状を送り、(a) 温泉一斉調査当日に、研究者を含む調査チームの訪問を受け入れて温泉の調査する、(b) 温泉一斉調査当日に、事前に送付した測定機器を使って所有者自身で調査する、(c) 参加できない、の選択肢の中から回答をお願いした。調査当日は (a) の回答者の源泉について、研究者と一般市民から構成する5名程度の複数のチームが、それぞれ3〜5カ所を訪問して調査を行った。また、(b) の回答者の源泉については、事前に測器を送付し、(a) の訪問調査が行われる同じ時間帯に源泉所有者自身が調査し、Web上に開設したデータ登録サイトへのデータ登録を依頼した。また、源泉所有者に採取をお願いした温泉試料は、後日（2017年は当日の午後）訪問して直接回収した。2016年と2017年の調査地点数や参加者等の概要を表5.7.1に示した。

　一般市民へは、市報や共催団体の別府市や特定非営利活動法人別府温泉地球博物館が公開しているWebサイトに案内のチラシを掲載し、イベントの実施の周知を行った。図5.7.1は2017年のチラシである。イベントは午前と午後の部の2部構成であり、午前の部では、参加者は次の手順で訪問調査を行った。

1. 参加者を11 グループに分け、1グループ当たり3〜5カ所の源泉を割り振り、訪問調査に行ってもらう。

5.7 別府市内の温泉を対象とした市民参加型温泉一斉調査

図5.7.1　2017年温泉一斉調査のチラシ（総合地球環境学研究所 寺本瞬氏作成）

2. 各グループは現場で源泉所有者とともに源泉から温泉を採取し、携帯した測器を用いて、水温・電気伝導度・pHを測定する（pHの測定は2017年のみ）。
3. 化学分析用の温泉水をポリ容器に採取する。
4. 測定結果を現地で記録用紙に記録し、スマートフォンを使ってデータと測定時の写真をWebサイトに登録する。

　採取した温泉水は、後日、分析機関[1]にて主要溶存化学成分（ナトリウム、カリウム、カルシウム、マグネシウム、塩化物イオン、硫酸イオン、炭酸水素イオン）を分析した。

　午後の部では、温泉の科学的側面について考える機会として、講演会を実施した。講演会では、午前の部の一斉調査でWebサイトに登録された現地測定データを地図化処理し、当日の結果として報告した。また、2016年は、別府温泉地球博

---

[1] 2016年は京都大学大学院理学研究科附属地球熱学研究施設で分析。2017年は大分県薬剤師会検査センターに委託。

263

物館の由佐悠紀館長による別府温泉の科学的側面についての講演を開催し、2017年には同様に由佐館長による講演と、大分県職員による大分県生活環境部自然保護推進室の温泉資源監視基礎調査事業の概要についての講演を開催した。

5.7.3　結果の公表

　温泉一斉調査で得られた科学データは、原則的にはすべてを公開することとしている。しかしながら、調査対象の温泉が個人や組織の所有物であることから、その状態を示す科学データを所有者の同意なしには公開することは難しい。そこで、この温泉一斉調査では、調査時、もしくは、調査前に源泉所有者から文面にて同意を得られた場所についてのみ、データを一般に公開することとした。また、公共の温泉施設や旅館・ホテルを除く、個人宅にある源泉については、近くの道路上を地点として設定して、正確な場所を特定できないよう配慮した。なお、公開の同意を得られなかった地点数は2016年で全体の31%、2017年は21%であった。また、公開に対する同意の有無に関わらず、採取した温泉水はすべて分析に供し、各々の源泉所有者に対して、所有する泉源の化学分析データを郵送にて報告している。

　前述の通り、公開可能な結果はWebサイト「せーので測ろう！別府市全域 温泉一斉調査 Webマップ」[2]（以下、Webマップ。図5.7.2）内で公開している。Webマップでは、数値データを羅列的に表示するのではなく、科学データに親しみのない方も視覚的に理解できるように、すべて地図上にデータを図化した形で情報を掲載している。

　Webマップは、地域全体の測定結果の分布図を俯瞰的に見るための「地図を見る」と、各データを年ごとや成分ごとに比較して見るための「結果を比較」で構成しており、目的に応じてデータを閲覧できるように工夫している。「地図を見る」では、化学分析結果から水質パターンを分類した結果を地図上に展開し、どの地域にどのような特徴を持った温泉が多いのかを視覚的に把握できるようにしている（図5.7.3）。図5.7.3で示したWebページでは、2016年と2017年のデータがひとまとめになっており、なおかつ、陰イオンのみでの分類という簡易的な表現に

2　http://www.wefn.net/beppu/

5.7 別府市内の温泉を対象とした市民参加型温泉一斉調査

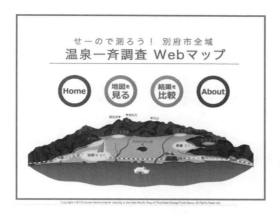

図5.7.2　温泉一斉調査データ公開用Webサイト

図5.7.3　Webマップ：水質パターン分布図。Webマップの背景地図には、OpenStreetMap（© OpenStreetMap contributors）を用いている（図5.7.4、5.7.5も同様）。

なっているが、その先のページにある「ヘキサダイヤグラム分布図」では、より詳細な情報を地図上で見ることができる（図5.7.4）。

「結果を比較」では、左右の地図に異なったタイプの結果を並べて表示することで、様々な測定結果の差異を確認することができる（図5.7.5）。特に、測定年の違いを比較することで、現時点ではまだ1年という短い期間であるが、時間経過による変化を視認できるようになっている。

このようなWebマップという形での公開のほかに、2016年の結果については、大分県温泉調査研究会への報告として大分県温泉調査研究会報告書に結果を公表

しており[1]、その内容については、大分県のホームページで既に公表され、報告書（論文）という形で、温泉一斉調査の一部の結果についての情報にアクセスできるようになっている。

5.7.4 市民参加型温泉一斉調査における諸問題

一連の調査やその結果公開のプロセスを通じて、大きく3つの課題が抽出された。

① データの公開の同意と地理的不均衡

一斉調査で得られたデータは原則としてWebサイトで公開し、制限をかけずに閲覧できるようにすることを掲げていたが、前述の通り、20～30％は所有者の同意を得ることができず、データは得られているが公開ができない源泉が存在する。温泉は自分の土地から湧出することから私的な財産として扱われるが、地下での存在形態は連続的であり、資源という観点では公共的財産だといえる。しかしながら一般的には、源泉所有者に温泉資源が公共財であるとの意識が強く浸透しているとはいえず、温泉の科学データも私的なものとして個人情報の範疇で捉えられているのが現状である。若林・西村[2]はGIS（地理情報システム）が社会に与える影響として、監視やプライバシーの問題とそれに関連した倫理的問題について多くの文献を挙げて展望し、「『市民』、『個人』、『私的領域／公的領域の区分』は、日本国内においても自明の概念ではなく、それらの受容のされ方・程度は地域によっても異なるため、プライバシーの概念と社会との関係性が問題になるであろう。」と述べている。一斉調査の結果は地図上に科学データを載せたいわゆる情報マップという形で公開している。また、データを市民と一緒に採取し、それをWebGIS[3]という形で表現しているという点では、近年様々な角度で研究されている市民参加型GIS（Public participation GIS: PPGIS）[3]と同類のものであり、前述のGISが社会に与える影響で挙げられた、「プライバシーの概念と社会との関係性」と一斉調査における公開不可の問題は、同じ文脈で捉えることができるといえよう。

---

3 インターネットを使って地理情報システムを操作できるようにしたもので、地図を使って情報を公開したり、その情報を加工したりできるシステムのこと。

5.7 別府市内の温泉を対象とした市民参加型温泉一斉調査

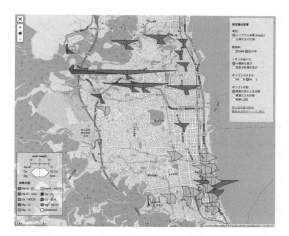

図5.7.4 Webマップ：ヘキサダイヤグラム分布図

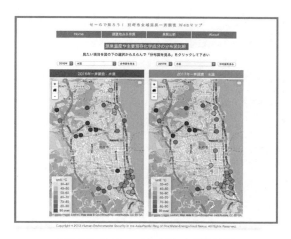

図5.7.5 Webマップ：水温・水質比較図

　WebGISの形で温泉の科学データを公開し、可能な限り俯瞰的に科学情報を共有するという観点では、データの地理的不均衡[4]が、データ公開の可否とも関連する問題として挙げられる。2016年と2017年の温泉一斉調査では、別府市内の

4　データがある場所とない場所が存在すること。

温泉地のうち、南西部付近の堀田温泉と観海寺温泉付近の温泉の採取ができていない。また、採取できたものでも公開不可となったことで、Webマップ上ではデータがない状態となり、これらの要因が合わさってデータの地理的不均衡が生じている。別府は日本有数の源泉数を誇り、別府市のWebサイトによるとその源泉数は2千を超える。時間が限られたイベント内で、すべての源泉を調査することは到底不可能であるが、少なくとも地域的な不均衡を生じさせないように、一定の範囲を代表できる源泉を採取する工夫はできよう。この点については今後の課題である。

② 参加者の多様性の確保

ここまで述べてきたデータ公開やデータの不均衡の問題とは異なり、「市民参加」という観点で根本的な課題も多い。温泉一斉調査における訪問調査では、多くの一般市民が参加しているが、その多くは、共催団体の別府温泉地球博物館が設立している温泉マイスター協会に加入する「温泉マイスター」(コラム6.2参照)であり、温泉に特に強い関心を持つ方々であった。もちろんそれ以外の一般の参加者もいるが、参加者の多様性を確保できているとはいえず、多様な市民に対して温泉資源に対する正しい理解を得る機会を提供する、というイベントの主たる目的が達成できているとは残念ながら言いがたい。市民参加型の調査に一般市民からの公募によって参加者を募る場合、関心の高い一部の市民の参加に限られ、強い関心を持たない大多数の市民は不参加の可能性が高い[4]といわれており、温泉一斉調査でも同様のことが生じているといえる。

③ WebGIS利用における個人差

また、WebGISというデータの公表方法も、温泉資源に対する理解を得る機会を提供するという狙いにおいては、最良の形とは言い切れない。というのも、インターネットを通じてデータを公表する以上、いわゆるデジタルディバイドの問題が生じる。デジタルディバイドとは、インターネットやパソコン等の情報通信技術を利用できる者と利用できない者との間に生じる格差[5]のことであるが、温泉一斉調査で得られたデータにアクセスするためには、少なくとも、インターネットを使ってWebサイトを見ることができる環境があり、Webサイトにたどり着くための手順を知っている必要がある。前述の通り、Webサイトのデータ入

力フォームを用いた測定データの報告を依頼していた。しかし、何名かの高齢の源泉所有者は普段インターネットを使用しておらず、やむなく後日直接本人を伺ってデータを回収した。データ収集時以外にも、公表されたデータの閲覧に際して同様のデジタルディバイドの問題が生じる可能性は十分にある。また、技術的な操作方法の問題だけでなく、Webサイト上に記載されている文言をどの程度理解できるか（単語を知っているかなど）によって、理解や解釈の度合いが変わってしまう可能性もある。温泉一斉調査のWebマップでは、できるだけ平易な文言と簡単な操作方法でデータを閲覧できるように心がけたが、残念ながら誰もが使いこなせ、様々な解釈を加えることができる完璧な情報プラットフォームの構築は容易ではない。このように、データの収集と公開をWebを利用して行う以上、デジタルディバイドやそれに関連する問題は温泉一斉調査において避けて通ることはできない。

　以上のような温泉一斉調査における諸問題の大半は、いずれも市民参加型調査やWebによるデータ公開において往々にして起こり得る問題であり、一朝一夕に解決が可能な問題ではない。Webサイトの使いこなしやデータの見方などに関するワークショップを合わせて開催することで問題を一つひとつ乗り越えていくことが地道ではあるが重要である。また、イベント自体の一般市民への浸透も市民参加を促すためには重要な要素であり、継続してイベントを行うことで、認知度を高めることも重要であろう。

5.7.5 市民参加型温泉モニタリング調査

　温泉一斉調査では、関連する調査として、2017年の温泉一斉調査後から市民参加型の温泉モニタリングを開始している。その方法は、温泉一斉調査の参加者の中から有志を募り、測器を提供し、決められた温泉で定期的に測定をお願いするというものである。温泉モニタリングの目的は温泉一斉調査の目的に加え、数は限られるが、調査間隔の短いデータを定期的に採取することで、年に一度の一斉調査で得られるデータを解釈するための補完的なデータを得ることである。もちろん、データロガーの使用などにより、無人で簡単にデータを取得する方法もある。しかし、市民参加型温泉モニタリングでは一般市民への啓蒙、特に、地域に根ざしたステークホルダーである市民自身が温泉の科学データを扱えるようになるという期待から、データの変化の有無を直接目にし、実感してもらうよう、ス

テークホルダー自身に定期的な測定をお願いしている。原稿執筆時点では、ステークホルダーによって採取されたデータは、専用のWebページを通じて順次データベースに登録されており、これらのデータを公開する仕組みを整えているところである。温泉モニタリングは始まったばかりで、今後どのような問題が生じるのか，もしくはどのような効果が得られるのかは不明であるが、継続することで市民参加型温泉調査のもう一つの形を創れるのではないかと期待している。

5.7.6 おわりに

これまで2回の温泉一斉調査を行い、それを補完する形での温泉モニタリングを開始した。冒頭で述べた「採る」「見る」「考える」の中で、「採る」の部分は、少しずつではあるが体制が整ってきたが、「見る」「考える」の部分についてはまだまだ十分とはいえない。その点については、Webに公開された温泉の科学データをどう見るかといったワークショップの開催なども新たに必要となってくるであろう。温泉一斉調査が温泉の科学データに触れる機会を増やす役割を担うためには、継続的な実施が最低限必要である。

参考文献（5.7節）

[1] 由佐悠紀，山田誠：2016（平成28）年11月13日の別府温泉一斉調査,『大分県温泉調査研究会会報告』, 68, pp.1-7, 2017.

[2] 若林芳樹，西村雄一郎：「GISと社会」をめぐる諸問題―もう一つの地理情報科学としてのクリティカルGIS―,『地理学評論』, 83, pp. 60-79, 2010.

[3] 瀬戸寿一：情報化社会における市民参加型GISの新展開,『GIS―理論と応用』, 18, pp. 31-40, 2010.

[4] 前田洋枝，広瀬幸雄，杉浦淳吉，柳下正治：無作為抽出をもとにした市民会議参加者の代表性の検討,『社会技術研究論文集』, 5, pp. 78-87, 2008.

[5] 総務省：『平成23年版情報通信白書』.
http://www.soumu.go.jp/johotsusintokei/whitepaper/ja/h23/pdf/index.html, licensed under CC-BY 2.1 JP（http://creativecommons.org/licenses/by/2.1/jp/）

Onsen文化を世界ブランドに
― 温泉マイスターを点から線へ、線から面へ ―

APU（立命館アジア太平洋大学）に入学したばかりの留学生に温泉マークの新旧の図柄を見せ、どちらが適切か尋ねた。

温泉マーク（左：旧マーク、右：新マーク。「案内用図記号のJIS改正」（2017年、経済産業省）より引用）

日本ではヨーロッパと異なり熱い温泉に裸でみんなで入湯する独自の文化を形成している。はじめはほぼ全員が新マークを選んだ。しかし、旧マークは300年前からあり、日本で使い続けてきた「温泉マーク」は、湯面に漂う湯気を表した卓越したシンボルであり、湿潤な気候に恵まれた日本ならではの風情ある景色を表しているということを説明すると、みな驚き、全員が「変えない方がよい」と意見を変えた。「この標識はただのマークではなくて、日本人の温泉に対するシンボルですよね。私たちは強い文化があるものに興味を持ちます」と。これは、APUに2016年9月に入学した留学生19名に、初めて温泉に入る「入湯式」でJIS Z8210「案内用図記号」の改正（温泉マークを含む）について尋ねたときの出来事である。

今、日本の温泉街は少子高齢化や若者の温泉離れ等により衰退の一途をたどっているが、一方で海外からのお客様が体験したいモノの第1位は温泉で、88カ所の温泉を巡る別府八湯温泉道にも海外の名人が誕生する等、受け入れ側と訪れる側との間に現状認識のギャップがある。

別府は、南北8km東西4kmの扇状地に2,200を超える源泉があり、毎日、5万KLの温泉が地球の活動の恵みとしてもたらされ、狭いエリアに7種類の異なった泉種の温泉がある稀有な地域である。別府に暮らす人たちにとって、温泉はあるのが当たり前、別府は何もしなくても年間300万人以上の観光客が来てくれるあり得ないエリアでもある。また、別府には、大正13（1924）年に活動を開始した京都大学地球物理学研究所（現京都大学地球熱学研究施設）をはじめとする研究機関等が長年にわたって培ってきた、温泉科学の研究成果が残されている。別府温泉地球博物館はこの恵まれた環境と貴重な研究成果を広くわかりやすく知らせるために設立され、3本の柱で活動している。

①バーチャル博物館
　インターネットを通して、時間と空間を超えて温泉に関する自然科学・医学・社会科学・人文科学など多岐にわたる分野の研究成果を、わかりやすい表現で発信・公開している。
②フィールド博物館
　別府温泉全体を野外の博物館とみなし、多様な温泉現象や文化に触れられるようなコースを設定し「地獄ハイキング」として提供している。
③人材育成
　Onsen文化を世界に発信できる豊富な知識を蓄えた温泉のプロフェッショナル「温泉マイスター」の認定制度や、一般市民を対象に温泉をより楽しんでもらうための「温泉学講座」など、次世代を担う人材を育成している。

　温泉マイスターは、平成20（2008）年に「温泉の魅力を世界に発信できる人材を育成する」ために大分県知事の認証制度としてスタートした。質・量ともに全国一の温泉がありながら、その実態（特に自然科学的な面）は広く知られているとは必ずしもいえないとの認識のもと、自然科学的な分野を中心に、温泉の特徴や生成メカニズムなどを講義。検定試験の合格者には県知事名で「大分県温泉マイスター」の称号を授与していた。その後一時途絶えていたものの、平成23（2011）年「別府温泉地球博物館」の設立を機に、従来の内容に温泉と健康や、温泉文化、異なる温泉に連続して入ることで相乗効果を狙う「機能温泉浴」などを加え、温泉に関する幅広く深い知識を問うものに拡充し、全国ブランドの「温泉マイスター検定」として復活した。地球科学に裏付けられた温泉学の知識を高め、日々の活動を通じて温泉の魅力をより深く味わい、自分の言葉で語ることができるプロフェッショナルの育成を目指し、500人超の合格者を輩出してきた。
　温泉科学の知識を持った温泉マイスターの「点」がつながり「線」となり、お互いに高めあうことで専門分野を持ったプロフェッショナルとなり、さらに、専門家集団の「線」がつながり「面」となることでOnsen文化の価値が向上、世界ブランドになると考えている。温泉マイスターが、海外の方たちに日本の温泉の魅力を伝え、Onsen文化を体感していただき温泉をキーとした新しい時代の観光スタイルを創出する一翼を担えれば幸いである。

第6章
おわりに

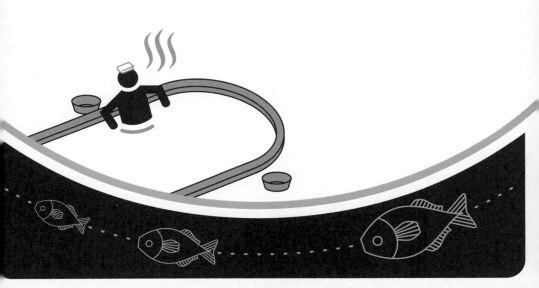

第6章　おわりに

　以上のように、第1章では、ネクサスに関わる基本的な考え方やアプローチなどについて紹介し、第2〜4章では、水、エネルギー、食料それぞれとそのネクサスに関わる自然科学的、と社会科学的な知見を紹介し、そして第5章では、超学際的アプローチにより、専門知と現場知とを統合する各種の可視化・問題解決手法やこれを適用した将来シナリオなどを紹介してきた。以下、章ごとに概要をまとめる。

第1章　水・エネルギー・食料ネクサス

　第1章では、まず、水・エネルギー・食料資源のそれぞれの分野別生産性を向上させるよりは、水・エネルギー・食料のつながりを一つのシステムとして捉え、システム全体の効率性に着目しているネクサス・アプローチの特徴や、地球研ネクサスプロジェクトの4つの特徴について解説された。その4つとは、食料資源として水産資源にも着目した点、世界5カ国11カ所のサイトで専門が異なる約60名のメンバーによって実施された点、それぞれの班が学際的な研究チームとなるようデザインされていた点、政策立案に資することを目的に掲げた点であった。

　また、互いに影響を与えあう水・エネルギー・食料といった、人と社会の生存基盤としての資源に対して、環境や経済、気候変動や貿易などの様々な要因がネクサス構造を変える要素であり、逆にネクサス構造が変わることで結果としてその影響を受ける要素も数多くある。さらに各資源には、生産・輸送・分配・消費などの各プロセスがあり、それぞれのプロセスで、トレードオフ（一方を立てると他方が悪影響を受ける）やシナジー（「ウイン・ウインシチュエーション」相乗効果や、売り手良し・買い手良し・世間良しの「3方良し」）を評価する必要がある。また、水・エネルギー・食料ネクサスのトレードオフの減少とシナジー効果から生み出される新たな資源を、さらなる開発に回すのか、あるいはSDGs（Sustainable Development Goals、持続可能な開発目標）でいわれているNo one will be left behind（誰ひとり取り残さない）のために使うのかといった議論も必要になることが指摘された。

　そして、人間の生存と社会基盤の基礎となる水・エネルギー・食料ネクサスにおいて発生し得るトレードオフやシナジーについて、ステークホルダー間での認知や考え方のギャップを超えて合意を形成し、政策を具現化していくことが求められることが指摘された。つまり、科学的に未解決な問題に取り組むという課題

の性質上、既存の研究分野や文系理系などの垣根を越えた、学際的な研究者同士のつながりから生まれる柔軟な発想が重要な鍵となり、その上で、エビデンスベース政策形成、つまりほぼすべての当事者が納得できるよう、政策決定者、科学者、ステークホルダー、市民らが協働で科学的知見（エビデンス）が模索・形成され、政策に実装化されることが重要である点である。地球研ネクサスプロジェクトが上記の4つの特徴を持っていることは、超学際的アプローチによるコデザイン（協働企画）、コプロダクション（協働生産）を通じて、まさにエビデンスベース政策形成を目指すものであったことを示している。

ただし、それがうまく機能するかは難しいところである。そもそものコデザインの原則として、学際的であること、市民やステークホルダーの学習プロセスが中心にあること、学習の各ステップで生み出される知識を組織知として確立すること、エンドユーザー（市民やステークホルダーなど）のニーズに取り組むことなどの7つが指摘された。このうち学際的であることについては既にそのような研究チームの構成であることを紹介し、本書の各章を読み進められた読者にはそのことはおわかりいただけたかと思う。また、エビデンスベース政策形成の阻害要因とその解決策として、提供する科学的知見の質の改善と科学的知見に対する需要の開拓、科学的知見の提供と政策過程のタイミングの合致と機会の活用、政策担当者の能力向上と政府（自治体行政）による理解力向上などが指摘された。第6章の最後では、これらがいかに満たされ、あるいは満たされなかったのかという視点から、各章のまとめを振り返っていきたい。

第2章 「水」日本の温泉地における文化・制度と別府温泉の科学的特性

第2章では、まず、温泉を「機能」として捉える見方と、純粋に「情熱の対象」として温泉を捉える見方が紹介され、その間に横たわる「壁」の存在が指摘された。これは換言すれば、本書が主たる対象としている温泉という「水」をめぐって浴用ほかの利用と、発電利用との間に存在しているトレードオフを指している。そしてこの「壁」を克服するため、温泉科学や温泉文化は、お互いを攻撃・牽制しあうための武器や防具として用いるのではなく、お互いを理解しあう手段として用いるべきであり、例えば、従来はエビデンスとみなされていない入浴者の体験談を大量に集めて解析することにより温泉の効果を示す「自発的でゆるやかなエビデンス」づくりが進められていることが紹介された。これもまた超学際的アプ

第6章 おわりに

ローチによってエビデンスベース政策形成を進める一つの試みである。

そして、日本の温泉を楽しみに来るインバウンドの来客が、日本人でもたどり着くのが大変な山奥の秘湯の旅館にも押し寄せている現状が紹介された。彼らは、温泉の泉質にこだわるわけでもなく有名シェフの料理を食べたいわけでもなく、ただ日本らしい風景を見て温泉に入り、小さな和室で田舎料理を体験し、浴衣でそぞろ歩きをして写真を撮りたいだけなのである。したがって、日本の多様な温泉文化を後世に残してくためにも、今こそ温泉文化を見つめ直し、時代に合わせた改革の必要性が指摘された。このようなリフレーミング（ある枠組みで捉えられている物事を違う枠組みで捉え直すこと）が、改めて温泉という「水」資源の捉え方を変え、シナジーをもたらす可能性が考えられよう。

続いて、制度論、コモンズ論の視点から温泉が論じられた。ここでは、温泉という共有資源が持つ「排除困難性」と「消費の競合性」という2つの性質により、できるだけ多く汲み上げる誘因が働き、結果的に温泉水位が低下し、自身にも不利益を与える「共有地の悲劇」をもたらすことが、他の天然資源と同様にあることが指摘された。さらに温泉の特殊性として、量のみならず温度についても競合性の問題が生じる点が指摘された。つまり、温泉という「水」資源は他の資源とのトレードオフやシナジーという以前に、単独利用の中でも様々な紛争が発生する潜在性があり、実際に数多く発生した紛争の例が紹介されている。その解決手法として、大別すると共同体による管理、司法を通じた解決、行政による管理、集中管理が存在してきた事例が紹介され、今後はこれらの複数の方法を組み合わせることで、環境ガバナンスの新たな管理手法が生まれる可能性が指摘された。

以上が、温泉という「水」資源に関わる社会科学的視点からの全国各地での事例や横断的な傾向から俯瞰された結果である。資源の有限性に起因するトレードオフとその問題解決策について論じられた。続けて、別府を事例として、この資源の有限性、持続可能性をめぐるいくつかの科学的知見が示された。

まず、過去の重力探査データから重力異常を求めるなどして、地下水や温泉の水位変化を検出する試みについて解説された。その結果、これまで明らかになっていなかった別府地域の温泉の通路や、貯留層の役割を果たす地下構造については、従来推定されてきた鍋山の南側に加えて、堀田温泉の西側付近の深部から高温の熱水（Na-Cl型温泉）が上昇し、熱水から分離した高温の蒸気が地下水に吹き込むことにより、SO_4型温泉（明礬温泉および恵下地獄）が生じ、残りの熱水は

Na-Cl型温泉として浅見川断層や鉄輪断層に沿って別府湾へと流動していること、また、両断層に沿ってNa-Cl型温泉が流動する際に一部が地下水と混合することにより$NaHCO_3$型温泉などの多様な温泉が生じていることが指摘された。

次に、微動探査によって得られたS波速度分布から、深度1,000mまでのS波速度3次元分布モデルを作成し、南部および北部温泉流動経路との関係について考察を行った結果からは、温泉流動経路が湾曲している地点では、透水性が相対的に低いS波速度の高速度領域が分布し、その領域を迂回する形で、湾曲していることが明らかになった。また、北部において温泉流動経路が交差している部分では、深さの異なる2つの温泉流動経路のうち、上側の温泉流動経路が低速度域の領域を迂回する形で湾曲して流動しているのに対し、下側の流動は低透水域の中に局所的に分布する高透水域部分を選択的に通過することで、2つの温泉流動経路が交差していることが明らかとなった。

最後に、統合型水循環モデルを用いて、表流水〜地下水〜海水に至る水循環機構の定量的な把握、水収支による現状把握とシナリオ検討方法および水産資源のポテンシャル評価方法の実装方法について検討した結果からは、別府の温泉資源は、現状の温泉（水）利用が続くと、今後、持続が困難であることが懸念された。

以上の科学的知見をもって、目に見えない水循環（地下水量、栄養塩輸送量）を誰でも理解しやすいよう「見える化（可視化）」することにより、超学際的アプローチによってエビデンスベース政策形成を進めることができる。これらの成果は第5章の将来シナリオに反映されている。

第3章 「エネルギー」地熱資源の発電・熱利用

第3章では、まず、地熱発電と温泉地との共生について温泉側からの典型的な反対論が紹介された。反対論の実態は、温泉利用への影響を問題視する他、関係者の抱く様々な意識が作用し「共生は不可能」との意見を構成しているものである。このような反対論に対し、地熱開発の周辺環境への影響を限りなくゼロに近づけることは可能であること、またリスクがあったとしても、それを補って余りあるメリットがあれば開発を行う価値があるとする視点が導入され得る。特に、地熱は温暖化対策としての地球環境面のメリット、災害時にも安定電源を確保できるという地域生活面のメリットを考えれば、地熱開発を行う意義は大きいといえよう。さらに、温泉経営者にとってリスクが多少残るとしても、適切なモニタ

第6章 おわりに

リングを通じて泉源の状態を正しく知ることができ、何らかの異常が起きている場合は、その原因を探って対処できるというメリットがあり、地熱発電と温泉地は互恵関係を結ぶことができるという方向性が示されている。

　地熱発電と温泉地との共生に向けた、日本の国レベルでの地熱発電を含む再生可能エネルギー推進政策と自然保護政策の交錯状況を見ると、経済産業省と環境省間でやや対立的な関係から連携に移行しつつある現状が明らかになった。具体的には、環境省側において国立・国定公園内の開発禁止・可能範囲が徐々に明示され、利害関係者間の合意形成や温泉法に基づく都道府県知事の掘削許可、都道府県と市町村の関係に議論の焦点が移っている。

　そこで、各県の再生可能エネルギー導入目標を含む計画・ビジョンを特定し、目標年およびエネルギー源別の導入目標を抽出した結果、県単位で地熱・温泉発電の導入目標を有しているのは14県であることがわかった。合計した14県の地熱・温泉発電の導入目標は約85万kWとなり、国の想定のうち最も少ない90万kWに対しても約5万kW不足している。ただし、各県における地熱・温泉発電の導入目標を設定する考え方は多様であり、一概に比較することは困難である。

　全国紙の新聞記事検索を用いて、地熱・温泉発電に関連して起きていると思われる地域紛争を特定した結果、紛争が生じていると判断される県は北海道、山形県、福島県、大分県、鹿児島県であった。これら5県は、北海道を除けば、地熱発電ポテンシャルに対して導入目標が比較的（平均線より）高めに設定されている県であり、その理由としてポテンシャルに比較して導入目標が高めに設定されている県では、既存の温泉観光地や貴重な自然環境を有する地域と地熱・温泉発電の開発予定地が近接する可能性が高くなってしまい、両者の間に相関関係が生じると推定される。

　このような地熱発電と温泉地の紛争が起こりやすい構造を変えていく一つの方向性として、長崎県小浜温泉で温泉事業者自体が発電事業に主体的に取り組む事例や兵庫県湯村温泉で、財産区や町役場が発電事業に取り組んだり、協力したりする事例が示された。

　また、別府温泉の生成過程を踏まえ、これまで明らかになった温泉水流動経路に対して、2011年までの温泉開発および東日本大震災後の小規模地熱発電開発の経緯を振り返りながら発電所の位置を経路上にプロットすると、ほとんどすべての発電所はNa-Cl型の高温熱水（熱水性温泉）の流動経路の上流部に位置する

ことや、小規模地熱発電所のいくつかは掘削制限地域外に建設されているなど重要なことを読み取ることができる。そして、温泉・河川のモニタリング結果からは、温泉排水の影響により河川水のイオン濃度が高まっている可能性が指摘された。つまり、小規模地熱発電開発により河川水質と河川生態系への温泉排水の影響が上流域まで拡大した可能性が指摘された。

こうした事態に対して、大分県に設置された環境審議会温泉部会内規における掘削許可基準の一部改定、「おおいた温泉基本計画」策定、さらに別府市における「温泉発電等の地域共生を図る条例」制定、温泉発電等対策審議会の設置など数多くの対策がとられている。また、温泉温度・圧力・湧出量の自動計測体制や研究者によるモニタリングの体制についても徐々に整備されている。上記の科学的知見の蓄積と政策的対応の現状に鑑みれば、掘削制限区域の見直し、慎重な地下還元と発電計画の再検討が今後の方向性として浮き彫りになった。

このことについて、別府市から、別府市温泉発電等の地域共生を図る条例の制定背景や条例の内容、運用状況と課題が解説された。

第4章 「食料」エネルギー・食料・水・生物・生態系のネクサス

第4章では、まず、温泉熱のカスケード（多段階）利用による農産物の温室栽培や水産資源の陸上養殖という「食料」とのつながりについて、全国各地の事例が紹介された。つまり、温泉水が持つ熱という再生可能エネルギーを利用して食料を生産することは、水・エネルギー・食料ネクサスを象徴する事例であるとの指摘があった。温泉熱利用の場合、原子力発電のように過度に高度な技術は不要であり、重大なリスクもはるかに少ない。一方で、温泉特有の問題として、泉質にもよるが、温泉を通す配管は腐食したり析出した温泉成分（スケール）が付着したりして目詰まりを起こしやすく、清掃や交換などの手間が必要となる。しかしこれは、温泉熱利用設備の運営・管理を日常的に担ってくれる人材が不可欠であり、これは地域における雇用の拡大という便益をもたらし、地域活性化に貢献する可能性が高いことなどが指摘され、様々なシナジー効果をもたらすことが指摘された。

続いて、具体的なシナジーの一例として、別府におけるイチゴ栽培用温室を題材に、冬の暖房への温泉熱の利用によって節約できる電力使用量を試算し、例えば、冬期（2016年12月〜2017年3月）においては約3.8tの温室効果ガスの排出が

第6章 おわりに

削減されたことなどが示された。また、商業的な観点から温泉熱利用システムの投資効果としても、冬の暖房節電のみでもほぼ元が取れることが示された。これらの結果は、誤差が大きい恐れがあるものの、温泉熱利用の簡易的な評価を行う際に一助となるものとして示されている。

以上は、エネルギーと農産物、海産物の食料とのネクサスについて述べられたものであった。加えて、海産物の食料、水、生物・生態系のネクサスについて以下が指摘された。沿岸海域は、人類が自然から得られる「生態系サービス」が、地球上で単位面積あたり最も経済価値が高い場所とされ、これは陸水陸域からの栄養塩負荷量が大きく、海底まで太陽光の届く範囲が広いため、植物プランクトンだけでなく、底生藻類や海草・海藻の一次生産量（光合成量）も大きくなるためとされる。例えば、瀬戸内海や東京湾、有明海といった沿岸海域の河口域を見ると、海苔養殖が多く行われている。海苔が健全に生育するには、水温、光、塩分、流れ、干出といった条件が必要であり、河口域は、河川から常に栄養が供給されるとともに、潮汐による潮の満ち引きによって周期的な自然干出が与えられているため、好適な漁場となることが指摘された。また、海底湧水は、陸から海への隠れた水の流出経路として、また、沿岸海域への物質負荷の重要な一部として最近注目されていることも指摘された。鳥海山麓のイワガキ、北海道沿岸のコンブ、大分県日出町のマコガレイ（通称、城下カレイ）、岩手県大槌町のホタテやワカメ、宮古湾のニシンなど、海底湧水と水産資源との関係が指摘されている場所は数多くある。海底湧水が沿岸海域の生態系や水産資源に与える影響に関する研究は緒に就いたばかりであるが、小浜湾では河川水よりも地下水の方が、栄養塩濃度が高い結果が示されており、今後の研究の進捗が期待される。

これに関連して、別府での温泉排水が沿岸海域の生態系に与える影響について、別府湾の漁港内における魚類の出現状況を調査した結果を報告された。これによれば、冬期にはメジナ、ボラ科、スズメダイ、夏期にはメジナ、メバル属、クロダイなどの魚類の出現が確認され、冬期・夏期ともに温水区における魚類の平均出現頻度は対照区に比べて高かったことが指摘された。その背景に、水温以外の要因も影響している可能性が高く、その要因の一つとして、温泉排水を介して供給される陸域起源の栄養が、海域の基礎生産、一次消費者の生産を高め、それらを捕食する魚類の分布に影響を与えている可能性が示唆された。

そして最後に、別府において温泉熱、蒸気を食料の調理に利用する「地獄蒸し」

の事例が紹介された。別府の中でも山の方に位置する鉄輪温泉では、温泉の源泉や蒸気のことを「地獄」という。そして古くから湯治客の調理器具の一つとして「地獄釜」を有している湯治宿が多数あり、100℃前後の蒸気でいろいろな食材を蒸して食べる文化がある。卵からはじまり、芋、ナス、ニンジン、タケノコといった農産物から、エビ、カニ、サザエ、ホタテなどの海産物に至るまで地元の食材を用いる。このような地域資源のシナジー効果によるネクサスが文化として定着していることの重要性が示唆された。

第5章　ネクサスにおけるトレードオフ問題の可視化・問題解決手法

　以上では、水、エネルギー、食料それぞれについて、あるいはそれらのネクサスに関わる科学的知見と社会科学的な知見に加えて、研究プロジェクトに何らかの形で関与されたステークホルダーからの知見も提供され、まさに専門知と現場知の双方が揃った超学際的アプローチの成果の一端が紹介されてきた。第5章では、以上で示されたトレードオフやシナジーについて、可視化したり、問題を解決したりする手法が紹介された。つまり、これらはコデザインやコプロダクションを通じて、超学際的アプローチを実践することを裏付ける方法論である。

　まず、これまで環境問題の解決のためにとられてきた、コンセンサス会議、討論型世論調査（DP）、計画細胞などの参加型アプローチの適用実績がレビューされた。これによれば、DP手法は気候変動とエネルギーに関連する問題に対して、コンセンサス会議はGMO（遺伝子組換え作物）栽培問題のような科学的知識の理解を必要とする討議に適していることが指摘された。また、参加過程におけるアウトプットとして、コンセンサス会議の中でまとめられた市民提案など自薦の参加者たちの合意文書のタイプと、無作為抽出された参加者の認識分布や複数の選択肢に対する参加者の投票結果等で構成される政策レポートのタイプが見られることが指摘された。さらに、科学的知見（エビデンス）や市民の知識の扱い方に関しては、DPの討議中に、参加者が難解な科学的知見を理解することに注意を払いすぎると、新しい選択肢や情報の追加といった側面は犠牲になりがちであることなどがわかった。これらの手法は意思決定の質的向上に有用であり、各手法の強みを統合した手法の開発が必要であることが示唆された。

　次に、その統合型手法の一つであり、共同事実確認（議論すべき内容や範囲について、複数の異なる見解がある、またはそのような状況が想定される場合に、

第6章 おわりに

ほぼ全員が納得できる「エビデンス（事実）」を特定・整理することで、その後の議論や判断を円滑にする）を促す超学際的アプローチとして、統合型将来シナリオづくりが紹介された。これは、ステークホルダー分析、社会ネットワーク分析、ステークホルダー会議、デルファイ法（専門家が持つ直観的意見や経験的判断を、反復的に質問紙調査を実施することにより、収束、集約する方法）を援用したシナリオプランニングやシナリオワークショップを統合するものであり、この手法を用いて専門知と現場知を統合することにより、不確実性を考慮し、不連続な将来を想定して、それに対していくつかの道筋を描くことが可能となり、将来像の具体化に向けて誰が何をすべきか、アクションプランを案出することにより、「自分事」としての気づきを与えることになる。

さらにもう一つの統合型手法として、オントロジー工学による手法が紹介された。これを、テキスト間の連携を取るという見方に立つと、ネクサスの将来シナリオに関連するテキスト情報として、例えば、第2次別府市環境基本計画から、その上位にある第3次大分県環境基本計画、さらには環境省の環境基本計画、国連のSDGsに至る計画体系が存在しており、これらを理解しながら、別府の特徴を捉えた将来シナリオの設計が可能となることが指摘された。

以上で紹介されたのは、科学的知見をステークホルダーや一般市民が理解し、専門家と共に確認しながら潜在的なコンフリクトを解決し、合意を形成していくための超学際的アプローチであった。一方で、このような方法論が有効に機能するには、人々がそのような場に果たして参加するのかどうか、つまりどのような社会的意思決定プロセスを望むのかといった意向や態度がキーとなる。

これを見るために、地熱資源を巡るトレードオフ問題を題材としたインターネット上での質問紙調査を、地熱資源の豊富な日本、フィリピン、インドネシア3カ国で実施した結果から以下が指摘された。まず、「地熱発電所建設により地域の温泉資源に重大な悪影響が出る場合は、建設すべきでない」とのトレードオフについては、すべての国で半数以上が「支持する」側の回答であったとの指摘があった。また、日本では社会的意思決定プロセスに関与する意向を持つ人が少なく、共同事実確認のような科学的知見をベースとする社会的意思決定手法が必ずしも支持されず、フィリピンやインドネシアでは大いに重視されている傾向が見られ、その背景として、各国のモニターの性格の相違、知識の状態の相違が指摘された。ただ、社会的意思決定プロセスに何らかの関与意向を持つ層は、知識を

ある程度持っている人が多いため、日本においても共同事実確認が支持される素地がある程度は存在しており、また、関与意向を持たない層には、時間制約や効力感について配慮したプロセス設計により理解が得られる可能性があることが指摘された。

また、前述のDP手法と類似するものの、一定の利害関心を有するステークホルダーを対象とする点と、インターネット上で実施する点が大いに異なるオンライン熟議実験により、社会的意思決定手法に対する事前・事後の態度変容を分析した結果からは以下が指摘された。まず、「地熱発電所建設により地域の温泉資源に重大な悪影響が出る場合は、建設すべきでない」とのトレードオフについては、これを支持したステークホルダーは、熟議前後で大きく増加したことが指摘された。さらに、地熱発電所建設の是非をめぐる望ましい社会的意思決定方法として、当事者同士による共同調査や科学的根拠の確認（共同事実確認）も一定の支持が得られた。これらの点は先述の一般市民への質問紙調査の結果とは異なり、専門知の提供やステークホルダー同士の議論による問題への理解が進んだためと考えられる。つまり、共同事実確認といったような超学際的アプローチへの人々の理解は、初期的には高くないものの、オンライン熟議などにより擬似的な経験を積むことにより理解が進むといえる。

この経験を積むことの重要性は、各地で何度か実施した、研究チームとステークホルダーを交えた研究成果の途中経過を共有する機会からもうかがえた。そのうちの一つとして、JST（科学技術振興機構）が毎年秋に主催する「サイエンスアゴラ」での企画としてワークショップ「温泉と地熱発電を科学する！世代や国籍を超えて文化を継承するには？」が紹介された。このワークショップは、一定の関心をもつ市民25名の参加を得て2017年11月に開催された。研究チームからの専門的な話題提供の後、市民が設定されたテーマに沿って熟議を行った。熟議の様子からは、議論するテーマについて一定の関心を有していれば、研究者の話題提供内容を土台にして、市民自身の言葉で科学について議論をすることは可能であり、科学的な知識の理解を要する課題について、熟議の機会を繰り返し設けることは、そのような課題の解決に向けて極めて重要であると再認識できたとの指摘があった。

そして、超学際的アプローチによるトレードオフ問題の解決手法として、先に紹介された統合型将来シナリオづくりの適用結果が報告された。まず、ステーク

第6章 おわりに

ホルダー分析の結果としては、ステークホルダーのほとんどが小規模地熱発電へ非常に高い関心を示すものの、必ずしも十分な知識に裏付けられていなかったこと、多くのステークホルダーが地熱資源を重要な観光資源や経営資源、地域コミュニティ全体での共有資源であるとの認識を持つこと、小規模地熱発電を巡っては顕著なコンフリクトは見られないものの、地熱資源の枯渇には大きな懸念が存在しており、何らかの影響が出たときには反対の立場を表明すると考えられるステークホルダーも見られ、将来的にコンフリクトが顕在化する可能性があることなどが指摘された。この結果はステークホルダー会議によって共有され、そこで得られた追加的な懸念や利害関心を因果関係の明確なストーリーとして抽出、これらに対して、専門家による評価を経て3つの将来シナリオが作成された。詳細な個々の分野の専門知が独立的に提供されるのではなく、現場知と統合された叙述的なシナリオとして提供されることにより、地域社会全体の将来シナリオを把握することができるのは、どのような対応策を準備すべきかについて比較的容易に気づきを与える可能性が示された。そして、地元行政やNPO、専門家らとの協働による市民参加型温泉一斉調査などと相まって、長期的なリスクを予防原則的な視点から順応的に行政計画に組み入れるなど、地域社会としての意思決定の質の向上の可能性が指摘された。

　最後に、このような将来シナリオを作成しただけに終わらせることなく、今後も持続可能な社会実装、政策実装の仕掛けとして、市民参加型の温泉一斉調査が紹介された。これは、温泉の科学データが研究者や行政関係者、温泉の泉源所有者などの一部のステークホルダーで所有されるだけで、一般市民が目にする機会はあまり多くなかったこと、地域全体の温泉資源の状況を俯瞰的に確認できる機会はほとんどないことを背景に、温泉資源の理解が人によって大きく異なり、温泉資源に対する意識に大きな隔たりを生じさせている現状を解消する機会を創り出そうとする試みである。2016年と2017年の2回行った「せーので測ろう！　別府市全域温泉一斉調査」（以下、温泉一斉調査）では、研究者・行政・一般市民らが1つのチームとなって各泉源を訪問し、携帯した測器を用いて水温・電気伝導度・pHなどを測定の上、化学分析用の温泉水をポリ容器に採取、測定結果を現地で記録用紙に記録し、スマートフォンを使ってデータと測定時の写真をWebサイトに登録する、といった手順で行われた。このWebサイト上では、イベント当日に得られた温泉の科学データを図化して公開することで、誰でも、いつでも、ど

こからでも温泉の科学データにアクセスできることが指摘された。さらに、この一日イベントを補完する形で、参加者の中から通年で温泉モニタリングも開始していることも報告された。このように超学際的アプローチにより、科学者とステークホルダーが協働で「採る」「見る」「考える」を実践する試みの中で、「採る」の部分は、少しずつではあるが体制が整ってきたが、「見る」「考える」の部分についてはまだまだ十分とはいえないため、Webに公開された温泉の科学データをどう見るかといったワークショップの開催なども新たに必要となる可能性が指摘された。

なお、この調査活動に大きく貢献している組織の一つに、「別府温泉地球博物館」がある。同博物館は、地元にある京都大学地球熱学研究施設をはじめとする研究機関等が長年にわたって培ってきた温泉科学の研究成果を広くわかりやすく提供するために設立され、バーチャル博物館、フィールド博物館、人材育成の3本の柱で活動していることが紹介された。最近では、「温泉マイスター検定」を実施しており、地球科学に裏付けられた温泉学の知識を高め、日々の活動を通じて温泉の魅力をより深く味わい、自分の言葉で語ることができるプロフェッショナルの育成を目指し、500人超の合格者を輩出してきた。温泉科学の知識を持った温泉マイスターの「点」がつながり「線」となり、お互いに高めあうことで専門分野を持ったプロフェッショナルとなり、さらに、専門家集団の「線」がつながり「面」となることでOnsen文化の価値が向上、世界ブランドになるとの活動の考え方が紹介された。

結びと今後に向けて

本書で紹介された地球研ネクサスプロジェクトの主な成果が集約されたものとして、5.6節で紹介された、行政やステークホルダー、一般市民なども対象とした「将来シナリオ」が挙げられる。これには、第2～4章で紹介されてきた、水・エネルギー・食料とそれぞれについての科学的知見の大部分が、ステークホルダーの懸念に応える形で反映されている。また、第5章で紹介されてきた超学際的アプローチによる可視化・問題解決手法が適用された結果にもなっている。これを模式的に表したものが図6.1である。成果のすべてを1つの図に表現するのは困難であるため、一部のみを取り上げている。

図では、中央に描かれている水、エネルギー、食料に関わる科学的知見を長方

第6章 おわりに

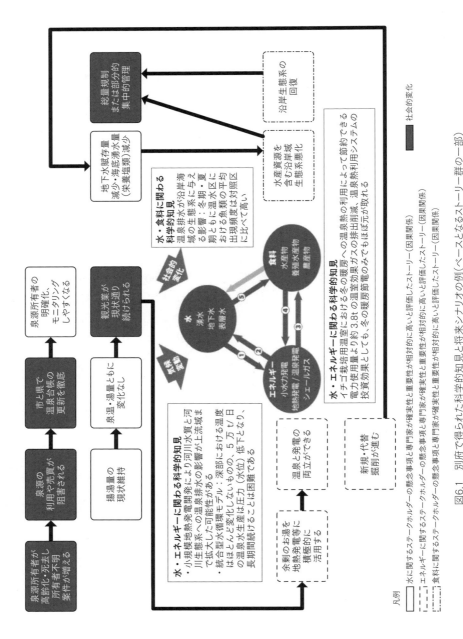

図6.1 別府で得られた科学的知見と将来シナリオの例（ベースとなるストーリー群の一部）

形の枠に表現してあり、それぞれの近傍に、ステークホルダーの懸念事項(例えば、揚湯量の現状維持、新規・代替掘削が進む)や社会的変化(例えば、泉源所有者の高齢化・死去し所有者不明案件が増える)を起点として、さらにどのようなことが起こり得るのか、専門家(本書の著者ら)が確実性と重要性が相対的に高いと評価したストーリー(因果関係)の一部が描かれている。

　繰り返し述べているように、本プロジェクトでは、超学際的アプローチによるコデザイン、コプロダクションを通じて、エビデンスベース政策形成を目指すものであった。1.2節では、そのような政策形成の阻害要因として、提供する科学的知見の質の改善と科学的知見に対する需要の開拓、科学的知見の提供と政策過程のタイミングの合致と機会の活用、政策担当者の能力向上と政府(自治体行政)による理解力向上などが挙げられた。

　提供する科学的知見の質の改善と科学的知見に対する需要の開拓については、本プロジェクトでは、これまでなされていなかった研究分野同士の学際的研究が行われ、新たな科学的知見は多く生成されたという意味において、科学的知見の質的向上は一定程度得られたものと考えられる。また、科学的知見に対する需要の開拓については、各地で何度か実施した、研究チームとステークホルダーを交えた研究成果の途中経過を共有する機会がなにがしかの契機となっているものと考えている。そのような機会に触れることで、ステークホルダーがこういった科学的知見があると助かる、といったような具体的なニーズをどれだけ示すことになったのか、さらに、それを手がかりに科学者がどれだけ研究・分析課題の再設定に動いたりしたのかは正確にはわからないものの、そのようなことが起こる可能性を持つ機会が何度か設定されたことは間違いない。

　科学的知見の提供と政策過程のタイミングの合致と機会の活用については、必ずしも意図的に実施していないといえる。例えば、地方自治体のなにがしかの行政計画の改定時期に合わせて、科学的知見を提供し、それが行政計画に反映されるようにタイミングを合わせたということはない。ただし、掲載までに時間を要する学術誌での科学的知見の発表を待ってから本書という成果の公表へという流れは、限りなく迅速に行われたといえる。また、政策決定者である首長や行政担当者らと意見交換を行う機会を活用することもできた。むろん、用いる言語が異なるなど、学術の世界と政策現場との文化の違いは厳然として存在したものの、これを埋める努力を主として社会科学研究グループが行ったり、政策担当者も積

第6章 おわりに

極的に上記のような機会を設定する調整を行ったりした。こういった努力は結果的に、エビデンスベース政策形成に資する動きとなったのではないか。

　最後に、政策担当者の能力向上と政府（自治体行政）による理解力向上については、上記のような機会により、科学的知見に直接触れることが可能であり、また将来シナリオのような形で翻訳された科学的知見に間接的に触れることが可能であったことは間違いない。ここで示されている長期的なリスク、将来に向けたいくつかの道筋を知ることにより、政策決定の質の向上につながる可能性を本プロジェクトは提供したといえる。ただし、一般的に、多くの日本の自治体の様々な行政計画は、長期的なリスクを見通して策定されることはない。「まち・ひと・しごと創生」に関わる行政計画では、ほぼ唯一2060年までの人口推計のトレンドを用いたりしているが、今世紀末までの気候変動予測が取り入れられたり、さらにそのような人口や気候の変化が地域社会にどのような脆弱性をもたらすことになるのか、といったことまで評価するようなケースはほとんどない。また、シナリオプランニングのような手法で得られた将来像やシナリオを行政計画に取り入れる例はないわけではないが、極めて限定されている。とはいえ、本書の主たる対象である別府には、市民参加型の温泉一斉調査・モニタリングという今後も持続可能な社会実装、政策実装の仕掛けが残されている。こういったプラットフォームを活用して、温泉の科学データに触れ、その蓄積を今後、どう活用し、そして将来シナリオをさらにどう描くのか、ワークショップなどで継続的に検討していくことが、水・エネルギー・食料という資源間のトレードオフやシナジーを再認識し、地域社会としてのさらなる意思決定の質や理解力の向上につながるのではないか。そのようなことを期待して、本書の結びとしたい。

索引

数字・欧文

1部ネットワークグラフ——178
2部ネットワークグラフ——178
DP——162, 169
GETFLOWS——65
m-スライス手法——180
RCT——15
SDGs——11
S波速度構造——58

あ

一次生産者——145
一次生産量——146
芋づる式サンプリング——176
インバウンド——33
エビデンス——13
エビデンスベース政策形成——14, 18, 275
沿岸海域——144
小浜温泉——105
温室イチゴ栽培——134
温室栽培——126
温泉医療——31
温泉科学——28
温泉権——41
温泉所有形態——39
温泉熱利用——124, 135
温泉熱利用システムの投資効果——141
温泉の定義——24, 36
温泉の湧出機構——48
温泉排水——111, 116, 151, 154
温泉発電——105, 113
温泉文化——35
温泉法——24, 36, 40
温泉マイスター——271
温泉モニタリング——83
温泉乱掘——37
温泉流動経路——57, 108
温泉流動図——52
温泉利用形態——38
オントロジー——187
オントロジー工学——187
オンライン熟議——210

か

海水温上昇——127
階層クラスター法——181
海底湧水——146
科学的知見——13
学際研究——3
カスケード利用——126
聞き取り調査——176
機能派——25, 233
城崎温泉における内湯紛争——38, 43
協議会——84, 85
協働企画——13
共同事実確認——16, 174, 243, 281
協働生産——13
共有資源——37
共有地の悲劇——36
魚骨方式——44
魚類の出現状況——153
クラスター分析——222
検討対象外ストーリー——184
合意——86
構造同値——180
固定価格買取制度——90, 113, 119, 240
コデザイン——13, 16
コデザインの7つの原則——17
コプロダクション——8, 13
コンセンサス会議——162, 169
コンセンサスビルディング——86
コンフリクト——2

さ

再生可能エネルギー——80, 98, 126
参加型アプローチ——160
地獄蒸し——157
次数中心性指標——178, 244
システム思考——4
システムマップ——5

索引

自治体——85
質問紙調査——199
シナジー——11
シナリオ——186
シナリオ・アプローチ——190
シナリオプランニング——20, 182
自発的でゆるやかなエビデンス——32
市民参加型温泉一斉調査——260
市民参加型温泉モニタリング調査——269
市民討議会——163, 170
社会的意思決定手法——198
社会ネットワーク分析——177, 244
集団極化——227
集中管理——43
重要な検討ストーリー——184, 255
重力測定——53
重力探査——49
循環方式——44
小規模地熱発電——113
情熱派——25, 233
人為的な水利用——66, 71
水産資源——128, 148, 151
水産資源のポテンシャル評価——74
水質モニタリング——116
ステークホルダー——6
ステークホルダー・エンゲージメント——160
ステークホルダー会議——183, 249
ステークホルダー分析——175, 236
ストーリー・ライン——190
生態系——145
生態系サービス——144, 151
せーので測ろう！別府市全域温泉一斉調査——30, 261
せーので測ろう！別府市全域温泉一斉調査Webマップ——264

た
態度変容——209, 217
多重線——179
地下の水理ポテンシャル——65
地球化学的調査——48
地球研ネクサスプロジェクト——5, 8
地球物理学的調査——48
地質学的調査——48
地熱・温泉発電の導入目標——98
地熱・温泉発電のポテンシャル——97
地熱開発計画——83
地熱発電——80, 90, 210
地熱発電の温泉への影響——82
中心性指標——181
超学際的アプローチ——13, 198
テキストマイニング——177, 213, 222
デジタルディバイド——269
デルファイ調査——183, 191
デルファイ法——182, 282
討議型世論調査——162, 169
統合アプローチ——2
統合型将来シナリオ——183, 235
統合モデル——4
トランスディシプリナリアプローチ——13, 198
トレードオフ——11

な
ネクサス・アプローチ——2
ネットワークグラフ——178

は
バイナリー方式——91, 97
半構造化形式——176
微動アレイ探査——58
微動探査——50
ファシリテーター——87
フォーカスグループインタビュー——176
フューチャー・アース——11
フラッシュ方式——91, 97
ブロックモデル——180
紛争——39, 103
ベースストーリー——184, 252
別府温泉——48, 57, 107
別府温泉地球博物館——271
別府市温泉発電等の地域共生を図る条例——115, 119, 236
別府の地下構造——48
別府八湯——235
ベネフィット認知——200, 214
法造——187

索引

ま
水・エネルギー・食料ネクサス──2
水循環系──69
モデレーター──213
モニタリングすべきストーリー──184, 256

や
湯村温泉──106
湯もみ──125

ら
陸上養殖──129
リスク認知──199, 213
リフレーミング──258, 276
隣接行列──180
論点マトリックス──177

編者・執筆者紹介

編者
馬場健司（東京都市大学）
増原直樹（総合地球環境学研究所）
遠藤愛子（Michigan State University）

執筆者
第1章
遠藤愛子（Michigan State University）── 1.1
谷口真人（総合地球環境学研究所）──コラム1.1
馬場健司（東京都市大学）── 1.2

第2章
斉藤雅樹（東海大学）── 2.1
北出恭子（温泉家）──コラム2.1
遠藤崇浩（大阪府立大学）── 2.2
西島 潤（九州大学）── 2.3
宮下雄次（神奈川県温泉地学研究所）── 2.4、2.5
石井 明（八千代エンジニヤリング（株））── 2.5
山田 誠（龍谷大学）── 2.5
本田尚美（福井県）── 2.5
杉本 亮（福井県立大学）── 2.5
大沢信二（京都大学）── 2.5
藤井賢彦（北海道大学）── 2.5
遠藤愛子（Michigan State University）── 2.5

編者・執筆者紹介

第3章
野田徹郎（産業技術総合研究所）——3.1
増原直樹（総合地球環境学研究所）——3.2、3.3、コラム3.1
鈴木隆志（日本大学）——3.2
馬場健司（東京都市大学）——3.2
大沢信二（京都大学）——3.4
堀 英樹（別府市）——コラム3.2

第4章
藤井賢彦（北海道大学）——4.1
加藤尊秋（北九州市立大学）——4.2
神尾茉奈美（北九州市立大学）——4.2
杉本 亮（福井県立大学）——4.3
本田尚美（福井県）——4.3
小路 淳（東京大学）——4.4
後藤美鈴（入舟荘）——コラム4.1

第5章
増原直樹（総合地球環境学研究所）——5.1、コラム5.1、5.6
馬場健司（東京都市大学）——5.1、5.2、5.4、5.5、5.6
木村道徳（滋賀県琵琶湖環境科学研究センター）——5.2、5.6
熊澤輝一（総合地球環境学研究所）——5.3
山田 誠（龍谷大学）——5.7
王 智弘（総合地球環境学研究所）——5.7
幸 準一郎（別府温泉地球博物館）——コラム5.2

第6章
馬場健司（東京都市大学）
増原直樹（総合地球環境学研究所）

地熱資源をめぐる
水・エネルギー・食料ネクサス
―学際・超学際アプローチに向けて―

©2018 Kenshi Baba, Naoki Masuhara, Aiko Endo
Printed in Japan

2018年11月30日　初版第1刷発行

編著者　馬場健司・増原直樹・遠藤愛子
発行者　井芹昌信
発行所　株式会社 近代科学社
　　　　〒162-0843 東京都新宿区市谷田町2-7-15
　　　　電話 03-3260-6161　振替 00160-5-7625
　　　　http://www.kindaikagaku.co.jp

三美印刷　　　　ISBN978-4-7649-0578-8
　　　　　　　　定価はカバーに表示してあります。